21 世纪全国高职高专机电系列实用规划教材

实用数控编程与操作

主　编　钱东东
副主编　龚肖新
参　编　马　俊　顾　涛
　　　　成　立　殷　铭

内 容 简 介

本书根据 21 世纪我国对高素质高技能型人才培养的需要，着重介绍了现代数控机床的编程与操作方法。

全书共 12 章，主要内容包括：数控技术的概念、发展历程，数控机床的结构组成、分类及加工特点，数控机床常用编程指令和编程方法，数控加工工艺分析及数据处理，典型数控车床与加工中心的编程与操作，用户宏程序编程、自动编程方法，数控加工实训项目和企业生产实例。每章均配有一定数量的习题和专业英语，并增加了实用性较强的参考附录。全书内容丰富、图文并茂、案例生动、实践强化、与企业融合、与国际接轨。

本书可作为职业技术院校数控、模具、机电一体化、机械制造等机电系列同类专业的实用教材，也可以作为数控机床编程或操作技术人员的参考用书。

图书在版编目(CIP)数据

实用数控编程与操作/钱东东主编. —北京：北京大学出版社，2007.12
(21 世纪全国高职高专机电系列实用规划教材)
ISBN 978-7-301-13262-3

Ⅰ. 实… Ⅱ. 钱… Ⅲ. 数控机床—程序设计—高等学校：技术学校—教材 Ⅳ. TG659

中国版本图书馆 CIP 数据核字(2007)第 196740 号

书　　名：	实用数控编程与操作
著作责任者：	钱东东　主编
策划编辑：	徐　凡　赖　青
责任编辑：	孙哲伟
标准书号：	ISBN 978-7-301-13262-3/TH·0086
出　版　者：	北京大学出版社
地　　址：	北京市海淀区成府路 205 号　100871
网　　址：	http://www.pup.cn　http://www.pup6.com
电　　话：	邮购部 62752015　发行部 62750672　编辑部 62750667　出版部 62754962
电子邮箱：	pup_6@163.com
印　刷　者：	北京大学印刷厂
发　行　者：	北京大学出版社
经　销　者：	新华书店
	787mm×1092mm　16 开本　20 印张　456 千字
	2007 年 12 月第 1 版　2013 年 8 月第 4 次印刷
定　　价：	32.00 元

未经许可，不得以任何方式复制或抄袭本书之部分或全部内容。
版权所有，侵权必究　　举报电话：010-62752024
　　　　　　　　　　　电子邮箱：fd@pup.pku.edu.cn

《21世纪全国高职高专机电系列实用规划教材》
专家编审委员会

主　任　　傅水根

副主任　（按拼音顺序排名）

　　　　　　陈铁牛　　　李　辉　　　刘　涛　　　祁翠琴
　　　　　　钱东东　　　盛　键　　　王世震　　　吴宗保
　　　　　　张吉国　　　郑晓峰

委　员　（按拼音顺序排名）

　　　　　　蔡兴旺　　　曹建东　　　柴增田　　　程　艳
　　　　　　丁学恭　　　傅维亚　　　高　原　　　何　伟
　　　　　　胡　勇　　　李国兴　　　李源生　　　梁南丁
　　　　　　刘靖岩　　　刘瑞己　　　刘　铁　　　卢菊洪
　　　　　　南秀蓉　　　欧阳全会　　钱泉森　　　邱士安
　　　　　　宋德明　　　王用伦　　　王欲进　　　吴百中
　　　　　　吴水萍　　　武昭辉　　　肖　珑　　　徐　萍
　　　　　　喻宗泉　　　袁　广　　　张　勤　　　张西振
　　　　　　张　莹　　　周　征

丛书总序

高等职业技术教育是我国高等教育的重要组成部分。从 20 世纪 90 年代末开始，伴随我国高等教育的快速发展，高等职业技术教育也进入了快速发展时期。在短短的几年时间内，我国高等职业技术教育的规模，无论是在校生数量还是院校的数量，都已接近高等教育总规模的半壁江山。因此，高等职业技术教育承担着为我国走新型工业化道路、调整经济结构和转变增长方式提供高素质技能型人才的重任。随着我国经济建设步伐的加快，特别是随着我国由制造大国向制造强国的转变，现代制造业急需高素质高技能的专业人才。

为了使高职高专机电类专业毕业生满足市场需求，具备企业所需的知识能力和专业素质，高职高专院校的机电类专业根据市场和社会需要，努力建立培养企业生产第一线所需的高等职业技术应用型人才的教学体系和教材资源环境，不断更新教学内容，改进教学方法，积极探讨机电类专业创新人才的培养模式，大力推进精品专业、精品课程和教材建设。因此，组织编写符合高等职业教育特色的机电类专业规划教材是高等职业技术教育发展的需要。

教材建设是高等学校建设的一项基本内容，高质量的教材是培养合格人才的基本保证。大力发展高等职业教育，培养和造就适应生产、建设、管理、服务第一线需要的高素质技能型人才，要求我们必须重视高等职业教育教材改革与建设，编写和出版具有高等职业教育自身特色的教材。近年来，高职教材建设取得了一定成绩，出版的教材种类有所增加，但与高职发展需求相比，还存在较大的差距。其中部分教材还没有真正过渡到以培养技术应用能力为主的体系中来，高职特色反映也不够，极少数教材内容过于肤浅，这些都对高职人才培养十分不利。因此，做好高职教材改革与建设工作刻不容缓。

北京大学出版社抓住这一时机，组织全国长期从事高职高专教学工作并具有丰富实践经验的骨干教师，编写了高职高专机电系列实用规划教材，对传统的课程体系进行了有效的整合，注意了课程体系结构的调整，反映系列教材各门课程之间的渗透与衔接，内容合理分配；努力拓宽知识面，在培养学生的创新能力方面进行了初步的探索，加强理论联系实际，突出技能培养和理论知识的应用能力培养，精简了理论内容，既满足大类专业对理论、技能及其基础素质的要求，同时提供选择和创新的空间，以满足学有余力的学生进修或探究学习的需求；对专业技术内容进行了及时的更新，反映了技术的最新发展，同时结合行业的特色，缩短了学生专业技术技能与生产一线要求的距离，具有鲜明的高等职业技术人才培养特色。

最后，我们感谢参加本系列教材编著和审稿的各位老师所付出的大量卓有成效的辛勤劳动，也感谢北京大学出版社和中国林业出版社的领导和编辑们对本系列教材的支持和编审工作。由于编写的时间紧、相互协调难度大等原因，本系列教材还存在一些不足和错漏。我们相信，在使用本系列教材的教师和学生的关心和帮助下，不断改进和完善这套教材，使之成为我国高等职业技术教育的教学改革、课程体系建设和教材建设中的优秀教材。

《21 世纪全国高职高专机电系列实用规划教材》
专家编审委员会
2007 年 7 月

前　言

本书的编写以高等职业教育人才培养目标为依据，结合教育部明确的数控应用专业技能型紧缺人才培养需求，注重教材的基础性、实践性、科学性、先进性、通用性。本书融理论教学、实践操作、企业项目为一体，是职业院校数控、模具、机电一体化、机械制造等机电系列同类专业的实用规划教材。

随着计算机技术的不断发展，真正意义上的且具有广泛用途的数字程序控制机床有了迅速发展。在综合应用电子器件、通信传输、自动控制、伺服驱动、精密测量和新型材料机械结构等方面新技术成果的基础上，国内外的科研机构、厂家企业都不断研制出灵活、通用、万能、适应性好的数控机床，几乎所有品种的机床都实现了数控化。数控机床的操作需要高技能型技术人员，而这方面人才的培养必须借助适时性、针对性、实践性较强的高职教材。为了满足社会与企业的迫切需求，同时考虑到职业院校学生和企业相关技术人员在接受教育和专业培训过程中急需配套实用教材的情况，本书编写组的老师总结多年理论与实践教学经验，深入企业一线采集案例资料，借鉴国内外先进教学资源，参插数控操作必备的专业英语，力求与国际接轨，以便适应我国尤其是地方经济较发达地区职业技术教育发展的需求。

教材内容可分为以下几部分：第一部分为数控编程的基础与理论，第二部分为数控机床常用编程指令和方法，第三部分为典型 FANUC 和 SIEMENS 系统数控机床的操作与技巧，第四部分为学校实训和企业生产的实例及应用，并附有 G 功能、M 功能字及标准代码含义、数控机床安全操作规程、数控机床维护保养等实用参考资料。

教材特色是：理论与实践紧密结合，编程理论阐述力求简单明了，机床操作结合典型设备，突出实践教学特色；大量引用生产实例进行工艺分析与编程，将企业加工技术渗透于专业教学；适量借用德国、新加坡等国外相关数控教学讲义资源，将国外教材新理念体现于本教材之中；专业术语和关键词采用中英文双解，有助于学习者学会阅读进口数控设备资料，熟悉数控专业英语；各章节的习题题型和题量充足，体现精讲多练的原则。本书不仅可以作为职业技术院校机电系列相关专业的实用教材或培训资料，还可以供教师、学生、企业技术人员课外查阅、拓展视野或进一步提高时参考。

本书由苏州工业职业技术学院钱东东任主编，编写了第 2、5、6 章，龚肖新任副主编，编写了第 1、3、4 章及附录，顾涛编写了第 7、12 章，成立编写了第 9、11 章，殷铭编写了第 8、10 章，马俊负责专业英语部分。

编写过程中，苏州精技机电有限公司、苏州众翔金属制品有限公司、长春一东汽车零部件制造有限公司、HUSKY 赫斯基注塑系统（上海）有限公司、Shanghai Mediworks（上海美沃）有限公司、苏州工业职业技术学院机电工程系数控实训部门给予了极大的支持和帮助，在此一并表示衷心感谢。

限于编者的水平和经验，书中存在的不妥之处敬请读者批评指正。

编　者
2007 年 10 月

目 录

第1章 数控加工概述 ………… 1

1.1 数控机床的概念及其特点 …… 1
    1.1.1 数控机床的基本概念 …… 1
    1.1.2 数控机床的特点 ………… 2
1.2 数控机床的产生与发展 ……… 3
    1.2.1 数控机床的产生 ………… 3
    1.2.2 数控机床的发展 ………… 4
    1.2.3 柔性制造技术 …………… 5
    1.2.4 计算机集成制造系统 …… 7
1.3 数控机床的组成和分类 ……… 7
    1.3.1 数控机床的组成 ………… 7
    1.3.2 数控机床的分类 ………… 9
1.4 习题 ………………………… 12

第2章 数控编程基础知识 …… 14

2.1 数控程序编制的概念 ………… 14
    2.1.1 数控编程的定义 ………… 14
    2.1.2 数控编程的步骤 ………… 15
    2.1.3 数控编程的方法 ………… 16
2.2 数控机床坐标系 ……………… 18
    2.2.1 坐标系及运动方向 ……… 18
    2.2.2 机床坐标系与工件坐标系 …………………… 21
2.3 字符与代码 …………………… 23
    2.3.1 字符 ……………………… 23
    2.3.2 代码 ……………………… 23
2.4 常用编程指令 ………………… 24
    2.4.1 准备功能指令 …………… 25
    2.4.2 辅助功能指令 …………… 29
    2.4.3 进给功能指令 …………… 30
    2.4.4 主轴转速功能指令 ……… 31
    2.4.5 刀具功能指令 …………… 31
2.5 加工程序的结构 ……………… 31
2.6 习题 ………………………… 34

第3章 数控加工工艺分析 …… 37

3.1 数控加工工艺性分析 ………… 37
    3.1.1 数控加工工艺内容的选择 …………………… 37
    3.1.2 零件数控加工工艺性分析 …………………… 37
3.2 数控加工走刀路线确定 ……… 39
3.3 确定定位和夹紧方案 ………… 43
    3.3.1 零件的夹紧 ……………… 43
    3.3.2 夹具的选择 ……………… 44
    3.3.3 夹具定位实例 …………… 46
3.4 确定刀具与工件的相对位置 … 47
3.5 选择刀具和确定切削用量 …… 48
    3.5.1 数控加工刀具 …………… 48
    3.5.2 切削用量的确定 ………… 51
3.6 金属切削液的使用 …………… 52
3.7 工艺文件编制 ………………… 53
3.8 工艺分析实例 ………………… 57
3.9 习题 ………………………… 61

第4章 数控编程的数据处理 … 64

4.1 基点坐标计算 ………………… 64
    4.1.1 基点的含义 ……………… 64
    4.1.2 基点直接计算的内容 …… 64
4.2 节点坐标计算 ………………… 66
    4.2.1 节点的含义 ……………… 66
    4.2.2 节点坐标值计算 ………… 67
4.3 绝对坐标与增量坐标计算 …… 67
4.4 刀具中心轨迹计算 …………… 68
4.5 习题 ………………………… 69

第5章 数控车床编程 ………… 72

5.1 数控车床简介 ………………… 72
    5.1.1 数控车床加工的特点 …… 72

5.1.2 数控车床的组成 ……… 73
　　5.1.3 数控车床的分类 ……… 75
　　5.1.4 数控车床与普通车床的
　　　　 区别 …………………… 76
5.2 数控车床程序编制 …………… 77
　　5.2.1 程序编制的坐标系统 …… 77
　　5.2.2 数控车床的基本编程
　　　　 指令 …………………… 79
5.3 数控车床编程实例 …………… 94
　　5.3.1 轴类零件加工程序
　　　　 编制 …………………… 94
　　5.3.2 套类零件加工程序
　　　　 编制 …………………… 97
5.4 习题 …………………………… 99

第6章 加工中心编程 ………… 105
6.1 加工中心简介 ………………… 105
　　6.1.1 加工中心的概念 ……… 105
　　6.1.2 加工中心的分类 ……… 105
　　6.1.3 加工中心主要加工
　　　　 对象 …………………… 106
　　6.1.4 加工中心的自动换刀
　　　　 装置 …………………… 107
6.2 加工中心程序编制 …………… 109
　　6.2.1 机床坐标系与加工坐
　　　　 标系 …………………… 109
　　6.2.2 加工中心的基本编程
　　　　 指令 …………………… 110
6.3 加工中心编程实例 …………… 129
　　6.3.1 孔系零件加工程序
　　　　 编制 …………………… 129
　　6.3.2 壳体类零件加工程序
　　　　 编制 …………………… 132
　　6.3.3 模板类零件加工程序
　　　　 编制 …………………… 136
6.4 习题 …………………………… 139

第7章 用户宏程序编程 ……… 145
7.1 用户宏程序编程基础 ………… 145
　　7.1.1 用户宏程序的概念 …… 145

　　7.1.2 变量及变量的使用
　　　　 方法 …………………… 147
　　7.1.3 变量的种类 …………… 149
　　7.1.4 变量的算术和逻辑
　　　　 运算 …………………… 151
　　7.1.5 转移和循环 …………… 153
　　7.1.6 宏程序的调用 ………… 156
7.2 宏程序实例 …………………… 161
　　7.2.1 圆周孔加工实例 ……… 161
　　7.2.2 矩阵孔加工实例 ……… 162
　　7.2.3 椭圆凸台加工实例 …… 163
　　7.2.4 倒圆角加工实例 ……… 165
7.3 习题 …………………………… 167

第8章 自动编程 ……………… 171
8.1 自动编程基础知识 …………… 171
　　8.1.1 自动编程的原理 ……… 171
　　8.1.2 自动编程的特点 ……… 171
　　8.1.3 自动编程的分类 ……… 172
8.2 自动编程的发展 ……………… 173
8.3 数控语言自动编程 …………… 175
　　8.3.1 数控语言自动编程
　　　　 过程 …………………… 175
　　8.3.2 数控语言自动编程软件
　　　　 系统组成 ……………… 176
　　8.3.3 数控语言自动编程
　　　　 举例 …………………… 176
8.4 图形交互自动编程 …………… 178
　　8.4.1 数控图形自动编程
　　　　 过程 …………………… 178
　　8.4.2 CAD/CAM 关键技术
　　　　 概述 …………………… 179
8.5 常用 CAD/CAM 系统介绍 …… 183
　　8.5.1 常用 CAD/CAM 系统类型
　　　　 及简介 ………………… 183
　　8.5.2 CAD/CAM 应用实例 … 185
8.6 习题 …………………………… 191

第9章 数控车床操作 ………… 193
9.1 FANUC 数控车床操作 ……… 193

9.1.1 FANUC 0i-TB 数控车床操作面板介绍 …… 193
9.1.2 数控车床操作步骤与要点 …… 197
9.1.3 数控车床对刀方法 …… 201
9.2 SIEMENS 数控车床操作 …… 202
9.2.1 SIEMENS 802S/C 数控车床操作面板介绍 …… 202
9.2.2 数控车床操作步骤与要点 …… 206
9.2.3 数控车床对刀方法 …… 213
9.3 习题 …… 215

第10章 加工中心操作 …… 218

10.1 FANUC 加工中心操作 …… 218
10.1.1 FANUC Series 0i-MB 加工中心操作面板介绍 …… 218
10.1.2 FANUC 加工中心手动操作 …… 223
10.1.3 程序编辑与管理 …… 226
10.1.4 对刀及偏置数据设定 …… 227
10.1.5 自动运行 …… 229
10.2 SIEMENS 加工中心操作 …… 230
10.2.1 SIEMENS 802D 加工中心操作面板介绍 …… 230
10.2.2 SIEMENS 加工中心基本操作 …… 237
10.2.3 刀具的设置和管理 …… 242
10.2.4 程序的管理 …… 243
10.2.5 程序编辑 …… 244
10.2.6 自动运行方式 …… 245
10.3 习题 …… 247

第11章 数控加工实训项目 …… 250

11.1 数控车床实训演练 …… 250
项目1：轴类工件实训演练（FANUC 系统）…… 250
项目2：套类工件实训演练（FANUC 系统）…… 253
项目3：螺纹类工件实训演练（FANUC 系统）…… 257
项目4：复合型面实训演练（SIEMENS 系统）…… 260
11.2 加工中心实训演练 …… 266
项目5：加工中心实训演练（FANUC 系统）…… 266
项目6：加工中心实训演练（SIEMENS 系统）…… 269
11.3 习题 …… 274

第12章 数控加工企业生产实例 …… 277

12.1 数控车床企业生产实例 …… 277
12.2 加工中心企业生产实例 …… 280
12.3 习题 …… 290

附录 …… 293

附录A ISO 和 EIA 标准代码 …… 293
附录B G 功能字含义 …… 295
附录C M 功能字含义 …… 298
附录D 数控车床安全操作规程 …… 301
附录E 加工中心安全操作规程 …… 302
附录F 数控机床的维护与保养 …… 303

参考文献 …… 304

第1章 数控加工概述

教学目标：了解数控的概念，认识数控机床的产生和发展，熟悉数控机床的组成及各组成部分的作用，掌握数控机床的工作特点及应用，学会比较数控机床与普通机床之间的区别与联系。

1.1 数控机床的概念及其特点

数控加工是一种自动化加工技术，它综合了计算机、自动控制、电动机、电气传动、测量、监控和机械制造等学科的内容。数控机床是数控加工的执行单元，与其他加工设备相比，它具备了许多独特优点，因此其发展速度极快。

1.1.1 数控机床的基本概念

1. 数字控制

"数控"是数字化信号控制的简称，其英文解释为"Numerical Control"，缩写是"NC"，是指用数字指令来控制机械执行预定的动作，通常由硬件电路发出数字化信号。

"计算机数控"的英文解释为"Computerized Numerical Control"，缩写是"CNC"，主要采用存储程序的专用计算机来实现部分或全部基本数控功能。

2. 数控机床

数控技术是为了满足复杂型面零件加工的自动化需要而产生的。采用数控技术的控制系统称为数控系统，装备了数控系统的机床称为数控机床。

数控机床是一种高效的自动化加工设备，它严格按照加工程序，可以自动地对被加工工件进行加工。从数控系统外部输入的直接用于加工的程序称为数控加工程序，简称为数控程序(NC Program)，它是机床数控系统的应用软件。与数控系统应用软件相对应的是数控系统内部的系统软件，系统软件是用于数控系统工作控制的。

如图1.1所示为国外相关资料表示的程序员(Programmer)、加工程序(NC Program)、

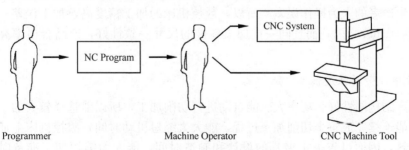

图1.1 国外资料对数控程序和系统的介绍

操作员(Machine Operator)、数控系统(CNC System)、数控机床(CNC Machine Tool)之间的关系。

1.1.2 数控机床的特点

数控机床是由普通机床发展而来的,它们之间最明显的区别是数控机床可以按数控加工程序自动地对工件进行加工,而普通机床的整个加工过程必须通过技术工人的手工操作来完成,如图1.2所示。

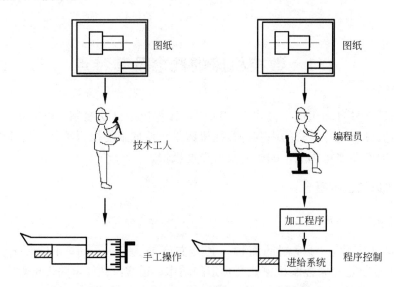

图1.2 普通机床加工与数控机床加工的区别

数控机床加工与普通机床加工相比具有以下特点。

1. 高柔性,适应性强

因数控机床能实现几个坐标联动,加工程序可按对加工零件的要求而变换,所以它的适应性和灵活性很强,可以加工普通机床无法加工的形状复杂的零件。为单件、小批量零件加工及试制新产品提供了极大的便利。

2. 高精度,质量稳定

数控机床的机械传动系统和结构都有较高的精度、刚度和热稳定性;数控机床的加工精度不受零件复杂程度的影响,零件加工的精度和质量由机床保证;数控机床的自动加工方式避免了生产者的人为操作误差。所以,数控机床的加工精度高,加工误差一般能控制在0.005~0.01mm之内,而且同一批加工零件的尺寸一致性好,产品合格率高,加工质量稳定。

3. 高效率,劳动强度低

数控机床结构刚性好、功率大、能自动进行切削加工,所以能选择较大的、合理的切削用量,并能连续完成整个切削加工过程,能大大缩短机动时间;数控机床上通常不需要专用的工夹具,因而可省去工夹具的设计和制造时间,能大大缩短加工准备时间。据统计,普通机床的净切削时间一般占总切削时间的15%~20%,而数控机床可达65%~

70%，可实现自动换刀的带刀库数控机床甚至可达75%～80%，加工复杂工件时，效率可提高5～10倍。

数控机床的加工，除了装卸工件、操作键盘、观察机床运行外，其他的机床动作都是按加工程序要求自动连续地进行切削加工的，操作者不需要进行繁重的重复性手工操作，劳动强度大大减轻。

4. 高投入，技术要求高

初始投资大。数控机床的价格一般是普通机床的若干倍，机床备件的价格也高，另外加工首件时需要编程、调试程序和试加工，时间较长，所以零件的加工成本高于普通机床；数控机床还增加了电子设备的维护，且对操作人员的技术水平要求较高。

因此，通常适合数控机床加工的零件主要有：多品种小批量零件，几何形状复杂的零件，需要频繁改型的零件，贵重的、不允许报废的关键零件，必须严格控制公差的零件。

1.2 数控机床的产生与发展

1.2.1 数控机床的产生

1948年，美国帕森斯(Parsons)公司在研制加工直升机叶片轮廓用检查样板的机床时，首先提出了数控机床的设想，而后在麻省理工学院的协助下，于1952年试制成功了世界上第一台数控机床样机。后又经过3年时间的自动程序编制的研究，数控机床进入了实用阶段，市场上出现了商品化数控机床。

我国于1958年开始研制数控机床，到20世纪60年代末和70年代初，简易的数控线切割机床已在生产中广泛使用。20世纪80年代初，我国引进了国外先进的数控技术，使我国的数控机床在质量和性能方面都有了很大的提高。从20世纪90年代起，我国已向高档数控机床方向发展。

数控技术虽然不是附属于数控机床，但它是随着数控机床而发展起来的，因此，数控技术通常是指机床数控技术。机床数控技术由机床、数控系统和外围技术3部分组成，数控机床综合应用了电子、计算机、自动控制、精密测量等方面的技术，经历了第一代电子管NC、第二代晶体管NC、第三代小规模集成电路NC、第四代小型计算机CNC和第五代微型机MNC数控系统5个发展阶段。前三代系统是20世纪70年代以前的早期数控系统，它们都是采用专用电子电路实现的硬接线数控系统，因此称之为硬件式数控系统，也称为普通数控系统或NC数控系统。第四代和第五代系统是20世纪70年代中期开始发展起来的软件式数控系统，称之为现代数控系统，也称为计算机数控或CNC数控。软件式数控是采用微处理器及大规模或超大规模集成电路组成的数控系统，它具有很强的程序存储能力和控制能力。软件式数控系统具有很强的通用性，几乎只需要改变软件，就可以适应不同类型机床的控制要求，具有很大的柔性。如今微型数控系统(Micro-Computer Numerical Control)，即MNC系统，几乎完全取代了以往的普通数控系统。

1.2.2 数控机床的发展

目前,世界先进制造技术的不断兴起,超高速切削、超精密加工等技术的应用,及柔性制造系统的迅速发展和计算机集成系统的不断成熟,对数控加工技术提出了更高的要求。当前数控机床正在朝着以下几个方向发展。

1. 高速化和高精度化

速度和精度是数控机床的两个重要指标,它直接关系到加工效率和产品质量。

(1) 数控系统采用位数、频率更高的处理器,以提高系统的基本运算速度。

(2) 采用超大规模的集成电路和多微处理器结构,以提高系统的数据处理能力,即提高插补运算的速度和精度。

(3) 采用直线电动机直接驱动机床工作台的直线伺服进给方式,其高速度和动态响应特性相当优越。

(4) 采用前馈控制技术,使追踪滞后误差大大减小,从而改善拐角切削的加工精度。

(5) 为适应超高速加工的要求,数控机床采用主轴电动机与机床主轴合二为一的结构形式,实现了变频电动机与机床主轴一体化,主轴电动机的轴承采用磁浮轴承、液体动静压轴承或陶瓷滚动轴承等形式。陶瓷刀具和金刚石涂层刀具已开始得到应用。

2. 多功能化

(1) 各类加工中心配有自动换刀机构(刀库容量可达 100 把以上),能在同一台机床上同时实现铣削、镗削、钻削、车削、铰孔、扩孔、攻螺纹等多种加工工序。有些数控机床还采用了多主轴、多面体切削,可以同时对一个零件的不同部位进行不同方式的切削加工。

(2) 数控系统由于采用了多 CPU 结构和分级中断控制方式,所以可在一台机床上同时进行零件加工和程序编制。

(3) 为了适应柔性制造系统和计算机集成系统的要求,数控系统具有远距离串行接口,甚至可以联网,能实现数控机床之间的数据通信,也可以直接对多台数控机床进行控制。

3. 智能化

(1) 现代数控机床引进了自适应控制技术,即根据切削条件的变化,自动调节工作参数,使在加工过程中能始终保持最佳工作状态,从而得到较高的加工精度和较小的表面粗糙度,同时也能提高刀具的使用寿命和设备的生产效率。

(2) 现代数控机床具有自诊断、自修复功能,在整个工作状态中,系统随时对 CNC 系统本身以及与其相连的各种设备进行自诊断、检查,一旦出现故障时,可立即采用停机等措施,并进行故障报警,提示发生故障的部位、原因等。还可以自动使故障模块脱机,而接通备用模块,以确保无人化工作环境的要求。为实现更高的故障诊断要求,其发展趋势是采用人工智能专家诊断系统。

4. 编程自动化

编程自动化就是利用计算机完成数控机床的程序编制工作。按输入方式的不同,自动编程系统分为语言输入方式和图形输入方式。图形输入方式用图形输入设备及图形菜单将零件图形信息直接输入计算机并在屏幕上显示出来，再做进一步处理，最终得到加工程序。由于图形输入方式操作简单、直观，因此，目前 CAD/CAM 图形交互式自动编程已得到了较多的应用，是数控技术发展的新趋势。它是利用 CAD 绘制的零件加工图样，再经计算机内的刀具轨迹数据进行计算和后置处理，从而自动生成 NC 零件加工程序，以实现 CAD 与 CAM 的集成。随着 CIMS 技术的发展，当前又出现了 CAD/CAPP/CAM 集成的全自动编程方式，它与 CAD/CAM 系统编程的最大区别是其编程所需的加工工艺参数不必人工参与，可直接从系统内的 CAPP 数据库获得。

5. 高可靠性化

数控机床的可靠性一直是用户最关心的主要指标。

（1）数控系统将采用更高集成度的电路芯片，利用大规模或超大规模的专用及混合式集成电路，以减少元器件的数量，来提高可靠性。

（2）通过硬件功能软件化，以适应各种控制功能的要求，同时采用硬件结构机床本体的模块化、标准化和通用化及系列化，以便既能提高硬件生产批量，又便于组织生产和质量把关。

（3）通过自动运行启动诊断、在线诊断、离线诊断等多种诊断程序，实现对系统内硬件、软件和各种外部设备进行故障诊断和报警。

（4）利用报警提示，及时排除故障；利用容错技术，实现故障自恢复；利用各种测试、监控技术，当产生超程、刀损、干扰、断电等各种意外时，自动进行相应的保护。

6. 系统小型化

数控系统小型化便于将机、电装置结合为一体。目前主要采用超大规模集成元件、多层印刷电路板，采用三维安装方法，使电子元器件得以高密度安装，较大规模地缩小了系统占用的空间。而利用新型的彩色液晶薄型显示器替代传统的阴极射线管，将使数控操作系统进一步小型化。这样可以方便地将它安装在机床设备上，更便于对数控机床的操作使用。

1.2.3　柔性制造技术

柔性制造技术是一种能迅速响应市场需求而相应调整生产品种的制造技术。各种名称的柔性自动化制造设备或设备群，按其加工设备的规模、投资强度和用途可划分为 5 个级别。

1. 柔性制造模块

柔性制造模块（Flexible Manufacturing Module，FMM）是一台扩展了许多自动化功能（如托盘交换器、托盘库或料库、刀库、上下料机械手等）的数控加工设备。它是最小规模的柔性制造设备，相当于功能齐全的加工中心、车削中心或磨削中心等。

2. 柔性制造单元

柔性制造单元（Flexible Manufacturing Cell，FMC）包括 2～3 台数控加工设备或

FMM，它们之间由小规模的工件自动输送装置进行连接，并由计算机对它们进行生产控制和管理。如图 1.3 所示，(a) 为配有托盘交换系统的 FMC，(b) 为配有工业机器人的 FMC。

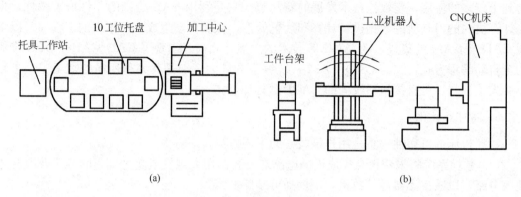

图 1.3 柔性制造单元 FMC

3. 柔性制造系统

柔性制造系统(Flexible Manufacturing System，FMS)包括 4 台或更多的数控加工设备、FMM 或 FMC，是规模更大的 FMC 或由 FMC 为子系统构成的系统，如图 1.4 所示。FMS 的控制、管理功能比 FMC 强，对数据管理与通信网络的要求高。

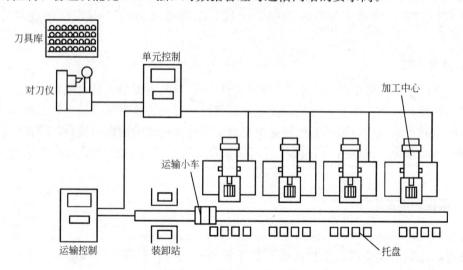

图 1.4 柔性制造系统 FMS

总之，柔性制造系统是由若干台数控设备、物料运储装置和计算机控制系统组成的，并能根据制造任务和生产品种的变化而迅速进行调整的自动化制造系统，它是为了解决多品种、中小批量生产中效率低、周期长、成本高、质量差等问题而出现的高技术制造系统。

4. 柔性制造生产线

柔性制造生产线(Flexible Manufacturing Line，FML)的规模与 FMS 相同或比 FMS

大，但加工设备在采用通用数控机床的同时，更多地采用数控组合机床(数控专用机床、可换主轴箱机床、模块化多动力头数控机床等)，所以这种柔性制造生产线也被称为柔性自动线(Flexible Transfer Line，FTL)；工件输送路线多为单线固定。FML 的特点是柔性较低、专用性较强、生产率较高、生产量较大，相当于数控化的自动生产线，一般用于少品种、中大批量生产。因此，可以说 FML 相当于专用 FMS。

5. 柔性制造工厂

柔性制造工厂(Flexible Manufacturing Factory，FMF)以 FMS 为子系统构成，柔性制造由 FMS 扩大到全厂范围，并通过计算机系统的有机联系，实现全厂范围内生产管理过程、设计过程、制造过程和物料运储过程的全盘自动化，即实现工厂自动化(Factory Automation，FA)的目标。

1.2.4 计算机集成制造系统

计算机集成制造系统(Computer Integrated Manufacturing System，CIMS)是随着计算机辅助设计与制造的发展而产生的。它是在信息技术、自动化技术与制造的基础上，通过计算机技术把分散在产品设计与制造过程中各种孤立的自动化子系统有机地集成起来，形成适用于多品种、小批量生产，实现整体效益的集成化和智能化制造系统。集成化反映了自动化的广度，它把系统的范围扩展到了市场预测、产品设计、加工制造、检验、销售及售后服务等的全过程。智能化则体现了自动化的深度，它不仅涉及物资流控制的传统体力劳动的自动化，还包括信息流控制的脑力劳动的自动化。

简言之，CIMS 就是用计算机通过信息集成实现现代化的生产制造，以求得企业的总体效益。它是计划、设计、工艺、加工、装配、检验、销售全过程由计算机控制的集成生产系统。

1.3 数控机床的组成和分类

1.3.1 数控机床的组成

如图 1.5 所示，数控机床一般由程序载体、输入装置、数控装置(CNC)、伺服系统、辅助控制装置、检测反馈装置、机床本体等几部分组成。

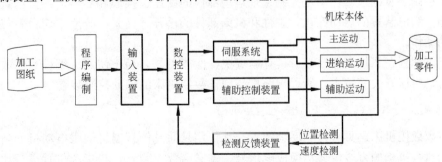

图 1.5 数控机床的组成

1. 程序载体(Carrier of Program)

在对加工零件进行工艺分析的基础上,得到零件的所有运动、尺寸、工艺参数等加工信息,用由文字、数字和符号组成的标准数控代码,按规定的方法和格式,编制零件加工的数控程序单。对于形状简单的零件,编制程序的工作可由人工进行;对于形状复杂的零件,则要在专用的编程机或通用计算机上进行自动编程(APT)或 CAD/CAM 设计。编好的数控程序,存放在便于输入到数控装置的一种存储载体上,它可以是穿孔纸带、磁带和磁盘等,采用哪一种存储载体,取决于数控装置的设计类型。

2. 输入装置(Input Device)

输入装置的作用是将程序载体(信息载体)上的数控代码传递并存入数控系统内。根据控制存储介质的不同,输入装置可以是光电阅读机、磁带机或软盘驱动器等。数控机床加工程序也可通过键盘用手工方式 MDI(Manual Data Input)直接输入到数控系统;数控加工程序还可由编程计算机用 RS-232C 接口或采用网络通信方式传送到数控装置。

零件加工程序的输入过程有两种不同的方式:一种是边读入边加工(数控系统内存较小时),另一种是一次将零件加工程序全部读入数控装置内部的存储器,加工时再从内部存储器中逐段调出进行加工。

3. 数控装置(CNC Equipment)

数控装置是数控机床的核心,一般是指控制机床运动的微型计算机。数控装置从内部存储器中取出或接收输入装置送来的一段或几段数控加工程序,经过数控装置的逻辑电路或系统软件进行编译、运算和逻辑处理后,输出各种控制信息和指令,控制机床各部分的工作,使其进行规定的有序运动和动作。

4. 伺服系统(Servo System)

伺服系统由伺服控制电路、功率放大电路和伺服电动机组成,其功能是接收数控装置输出的指令脉冲信号,使机床上的移动部件作相应的移动,并对定位的精度和速度加以控制。每一个指令脉冲信号使机床移动部件产生的位移称为脉冲当量,常用的脉冲当量为 0.005mm/脉冲、0.0025mm/脉冲、0.001mm/脉冲等。因此,伺服系统的精度和动态响应是影响数控机床加工精度、表面质量和生产率的主要因素之一。

5. 辅助控制装置(Assist Control Equipment)

辅助控制装置的主要作用是控制主轴运动部件的变速、换向和启停,刀具的选择和交换,冷却、润滑装置的启动停止,工件和机床部件的松开、夹紧,分度工作台转位分度等开关辅助动作。

由于可编程逻辑控制器(PLC)具有响应快,性能可靠,易于使用、编程和修改程序并可直接启动机床开关等特点,所以现已广泛用作数控机床的辅助控制装置。

6. 检测反馈装置(Check Feedback Device)

大多数数控机床还具有检测反馈装置,其作用是通过传感器将伺服电动机的角位移和数控机床执行机构的直线位移转换成电信号,输送给数控装置,与指令位置进行比较,并由数控装置发出指令,纠正所产生的误差。

7. 机床本体(Machine Tool Body)

数控机床的机床本体与传统机床相似，主要机械部件包括主轴部件、刀架、尾架、滚珠丝杠、导轨、排屑、防护、冷却、刀库、ATC(自动换刀装置)等。但数控机床在整体布局、外观造型、传动系统、刀具系统的结构以及操作机构等方面都已发生了很大的变化。其目的是为了满足数控技术的要求和充分发挥数控机床的效能，因此数控机床的机床本体要具有刚性好、变形小、精度高和机械传动系统比较简单等特点。

1.3.2 数控机床的分类

数控机床的分类方法很多，常见的分类有以下几种。

1. 按运动轨迹分类

数控机床按其刀具与工件的相对运动方式，可以分为点位控制、直线控制和轮廓控制。

1) 点位控制

点位控制(Point-to-Point Control)方式就是刀具与工件相对运动时，只控制从一点运动到另一点的准确性，而不考虑两点之间的运动路径和方向，在移动过程中刀具不进行切削加工，如图1.6(a)所示。这种控制方式多应用于数控钻床、数控冲床、数控坐标镗床和数控点焊机等。

2) 直线控制

直线控制(Straight-cut Control)方式就是刀具与工件相对运动时，除控制从起点到终点的准确定位外，还要保证平行坐标轴或与坐标轴成45°的斜线方向进行切削加工，如图1.6(b)所示。该系统不能沿任意斜率的直线进行直线加工，因此不能加工复杂的工件轮廓。这种控制方式用于简易数控车床、数控镗铣床、数控磨床等。

3) 轮廓控制

轮廓控制(Contouring Control)方式就是刀具与工件相对运动时，能对两个或两个以上坐标轴的运动同时进行控制。因此可以加工平面曲线轮廓或空间曲面轮廓，如图1.6(c)所示。由于需要精确地同时控制两个或更多的坐标运动，数据处理的速度比点位控制可能高出1000倍，所以，机床的计算机一般要求具有较高速度的数学运算和信息处理能力。采用这类控制方式的数控机床有数控车床、数控铣床、加工中心等。

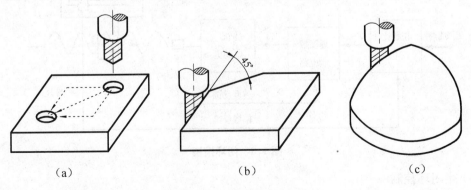

图1.6 按刀具运动轨迹分类

随着计算机数控装置的发展,如增加轮廓控制功能,只需增加插补运算软件即可,几乎不带来成本的提高。因此,除少数专用的数控机床(如数控钻床、冲床等)以外,现代的数控机床都具有轮廓控制功能。

2. 按驱动装置控制方式分类

1) 开环控制

如图1.7所示是一个典型的开环(Open-loop)控制系统。开环控制系统的数控机床不带位置检测元件,通常使用功率步进电动机作为执行元件。数控装置每发出一个指令脉冲后,就驱动步进电动机旋转一个角度,再由传动机构带动工作台移动。

开环控制系统的数控机床结构简单,成本较低。但是,系统对移动部件的实际位移量不进行监测,也不能进行误差校正。因此,步进电动机的失步、步距角误差、齿轮与丝杠等传动误差都将影响被加工零件的精度。开环控制系统仅适用于加工精度要求不很高的中小型数控机床,特别是简易经济型数控机床。

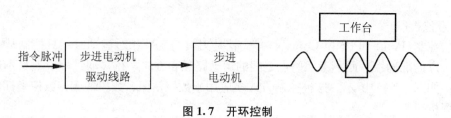

图1.7 开环控制

2) 闭环控制

闭环(Closed-loop)控制数控机床是在机床移动部件上直接安装直线位移检测装置,直接对工作台的实际位移进行检测,将测量的实际位移值反馈到数控装置中,与输入的指令位移值进行比较,用差值对机床进行控制,使移动部件按照实际需要的位移量运动,最终实现移动部件的精确运动和定位。从理论上讲,闭环系统的运动精度主要取决于检测装置的检测精度,与传动链的误差无关,因此其控制精度高。

如图1.8所示为闭环控制数控机床的系统框图。闭环控制数控机床的定位精度高,但调试和维修都较困难,系统复杂,成本高。

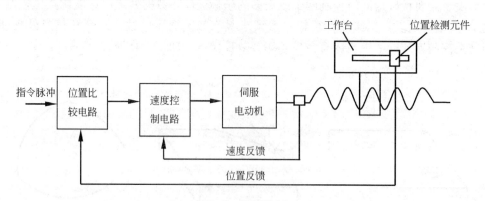

图1.8 闭环控制

3) 半闭环控制

半闭环(Half Closed-loop)控制数控机床是在伺服电动机的轴或数控机床的传动丝杠

上装有角位移电流检测装置(如光电编码器等),通过检测丝杠的转角间接地检测移动部件的实际位移,然后反馈到数控装置中去,并对误差进行修正的一种机床。

如图 1.9 所示为半闭环控制数控机床的系统框图。半闭环控制系统可以获得更高的精度,但它的位移精度比闭环控制系统要低,多数数控机床都采用半闭环控制系统。

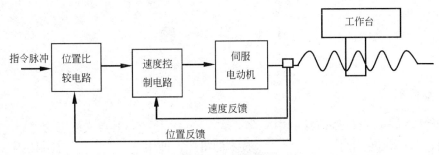

图 1.9 半闭环控制

3. 按工艺用途分类

1) 普通数控机床

普通数控机床(NC Machine)和传统的通用机床一样,有车、铣、钻、镗、磨床等,而且每一类里又有很多品种。这类机床的工艺性能和通用机床相似,所不同的是它能自动加工具有复杂形状的零件。

2) 多坐标数控机床

有些形状复杂的零件,用三坐标的数控机床是无法加工的,如螺旋桨、飞机机翼曲面及其他复杂零件的加工等,都需要 3 个以上坐标的合成运动才能加工出所需的形状。于是出现了多坐标数控机床(Multiple-coordinate NC Machine)。其特点是数控装置控制的轴数较多,机床结构比较复杂,坐标轴数的多少通常取决于加工零件的复杂程度和工艺要求。现在常用的有 4 个、5 个、6 个坐标的数控机床。

3) 加工中心机床

加工中心机床(Machining Center)是一种在普通数控机床上加装一个刀库和自动换刀装置而构成的数控机床。它和普通数控机床的区别是:工件经一次装夹后,数控装置就能控制机床自动地更换刀具,连续地对工件各加工面进行铣(车)、镗、钻、铰及攻丝等多工序加工。

4) 数控特种加工机床

数控特种加工机床(Non-traditional NC Machine)主要包括数控线切割机床、数控电火花加工机床、数控激光切割机床等。

4. 按功能水平分类

1) 经济型数控机床

经济型(Economic-type)数控机床大多指采用开环控制系统的数控机床,其功能简单,价格便宜,适用于自动化程度要求不高的场合。

2) 标准型数控机床

标准型(Standard-type)数控机床的功能较全,价格适中,应用较广。标准型数控机床亦可称为全功能数控机床。

3) 多功能型数控机床

多功能型(Multifunction-type)数控机床的功能齐全，价格较贵。加工复杂零件的大中型机床及柔性制造系统、计算机集成制造系统中使用的数控机床一般为多功能型。

1.4 习　　题

一、填空题

1. 英文 Numerical Control 的中文含义是_____，其英文缩写为_____。
2. 数控机床是引用了_____技术的机床，即用_____控制机床的动作。
3. 数控机床最早是在_____国研制而成的，它共经历了_____个发展阶段，目前大多数数控系统均属于_____式数控系统，它具有很强的程序存储能力和控制能力。
4. 数控机床由_____，_____，_____，_____和检测反馈装置组成部分组成；其核心部分是_____。
5. 目前数控机床正在朝着_____化、_____化、_____化、_____化、_____化和_____化的"六化"方向发展。
6. 柔性制造技术是一种_____制造技术。
7. 柔性制造系统是由_____、_____和_____组成的，并能根据制造任务和生产品种变化而迅速进行调整的自动化制造系统。
8. 数控机床按其刀具与工件相对运动的方式，可以分为_____控制、_____控制和_____控制，数控加工中心应具有_____控制功能。
9. 闭环控制数控机床需将位置检测装置安装在_____上，而半闭环控制数控机床则应将位置检测装置安装在_____上。

二、判断题

1. 数控机床的脉冲当量越小，加工精度越大。　　　　　　　　　　　　　（　　）
2. 数控机床特别适用于生产品种多样的高精度复杂零件。　　　　　　　　（　　）
3. 数控系统外部输入的直接用于加工的程序称为数控加工程序，它是机床数控系统的系统软件。　　　　　　　　　　　　　　　　　　　　　　　　　　　（　　）
4. 数控机床的高柔性是指它刚性不够高。　　　　　　　　　　　　　　　（　　）
5. 数控机床加工精度高的原因是它避免了人工操作误差。　　　　　　　　（　　）

三、选择题

1. (　　)属于数控特种加工机床。
   A. 数控车床　　　　　　　　　　　B. 数控铣床
   C. 加工中心　　　　　　　　　　　D. 数控线切割机床
2. 数控机床的开环控制系统的特点是(　　)。

A. 结构简单，精度高　　　　　　　B. 结构复杂，精度高
C. 结构复杂，精度低　　　　　　　D. 结构简单，精度低
3. 加工中心与普通数控铣床、镗床的显著区别是前者配有（　　）。
A. 刀库　　　　　　　　　　　　　B. 自动换刀装置
C. 自动交换工件装置　　　　　　　D. 固定循环孔加工功能
4. （　　）的功能是接收数控装置输出的指令脉冲信号，使机床上的移动部件作相应的移动，并对定位的精度和速度加以控制。
A. 程序载体　　　　　　　　　　　B. 输入设备
C. 伺服系统　　　　　　　　　　　D. 机床主体
5. 螺旋桨、飞机机翼曲面及其他复杂零件的加工需选用（　　）进行加工。
A. 普通数控铣床　　　　　　　　　B. 数控车床
C. 多坐标数控机床　　　　　　　　D. 特种加工机床

四、问答题

1. NC 与 CNC 的区别是什么？
2. 数控机床有哪些基本组成部分？各组成部分的主要功用是什么？
3. 数控机床与普通机床的区别是什么？
4. 数控加工主要特点有哪些？
5. 点位控制、直线控制和轮廓控制各应用于什么场合？
6. 试比较开环、闭环、半闭环控制数控机床的区别。

五、数控专业英语与中文解释对应划线

CNC	计算机集成制造系统
Program	计算机辅助设计与制造
FMC	柔性制造系统
CIMS	计算机数控
FMS	柔性制造单元
CAD/CAM	编制程序

六、数控专业英语翻译

The **CNC machine tool** consists of two main components: the **machine tool** that carries out the actual machining operations on the workpiece and the **CNC system** which controls the machining operations.

The conventional CNC system has its weakness: being adapted for special purpose, not for common use; hard to intercommunicate; requiring skilled operators, etc.

第 2 章 数控编程基础知识

教学目标：明确数控编程概念，了解数控加工程序的编制方法，熟悉数控机床坐标系的有关规定，掌握数控机床的坐标轴名称及正向判别，熟练应用数控机床的绝对坐标与增量坐标的表达与换算，初步认识数控机床的常用编程指令含义及指令功能。

2.1 数控程序编制的概念

数控机床是严格按照具有特殊指令的数控加工程序，自动完成各种形状、尺寸和精度零件加工的，所以数控加工程序的编制是数控机床使用中最重要的一个环节。

2.1.1 数控编程的定义

数控程序编制简称数控编程（NC Programming），它是指编制数控加工程序的过程，即从分析零件图样到获得数控机床所需控制介质的全过程。

理想的数控加工程序不仅应该保证能加工出符合图样要求的合格工件，还应该使数控机床的功能得到合理的应用与充分的发挥，以使数控机床能安全、可靠、高效地工作。因此，数控程序编制在数控加工过程中占有十分重要的地位，如图 2.1 所示。

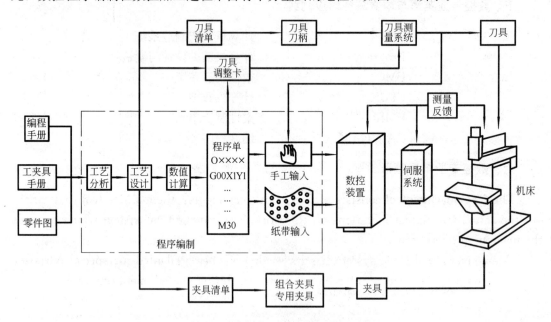

图 2.1 数控加工过程中的程序编制

在数控程序编制之前，编程人员还需要了解所用数控机床的规格、性能，数控系统具备的功能及编程指令格式等。

2.1.2 数控编程的步骤

如图 2.2 所示为数控编程的一般过程,其具体步骤如下。

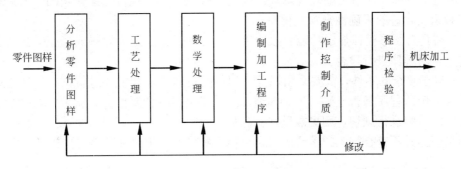

图 2.2 数控编程的一般过程

1. 分析零件图样和进行工艺处理(Process Treatment)

对零件图样规定的技术特性、几何形状、尺寸及工艺要求进行分析,确定加工方案,选择适合的数控机床,选择、设计刀具和夹具,确定合理的走刀路线,选择合理的切削用量等。

2. 进行数学处理(Mathematical Treatment)

根据零件的几何尺寸、加工路线,计算刀具的中心运动轨迹,以获得刀位数据。

(1) 对于加工由圆弧和直线组成的较简单的平面零件时,只需要计算出零件轮廓上几何元素的起点、终点、圆弧的圆心坐标值、相邻几何元素的交点或切点的坐标值即可。

(2) 无刀具补偿功能的数控系统,还应该计算刀具运动的中心轨迹。

(3) 对于较复杂的零件或零件的几何形状与控制系统的插补功能不一致时,需要进行较复杂的数值计算。譬如,对渐开线、阿基米德螺旋线等非圆曲线,则需要用直线段或圆弧段来逼近,在满足加工精度的条件下,计算出曲线各节点的坐标值。

(4) 对于列表曲线、空间曲面的程序编制,其数学处理更为复杂,一般需用计算机辅助计算,否则难以完成。

3. 编制零件加工程序(Programming for Workpiece)

用机床规定的代码和程序格式编写零件加工程序单,或应用自动编程系统 APT(Automatically Programmed Tool)进行零件加工程序设计。

4. 程序输入(Inputting Program)

根据程序单上的代码,用纸带穿孔机或 APT 系统制作记载加工信息的穿孔纸带,通过阅读机将穿孔纸带上记载的加工信息(即代码)输入数控装置;或用 MDI(手动数据输入)方式,通过操作面板的键盘,直接将加工程序输入数控装置;或采用微机存储加工程序,经过串行接口 RS-232 将加工程序传送给数控装置或计算机直接数控(Direct Numerical Control,DNC)通信接口,可以边传送边加工。

数控装置在事先存入的控制程序支持下,将代码进行处理和计算后,向机床的伺服系统发出相应的脉冲信号,通过伺服系统使机床按预定的轨迹运动,以进行零件的加工。

5. 程序检验(Program Examination)

一般说来，正式加工之前，要对程序进行检验。

(1) 对于平面零件可用笔代替刀具，以坐标纸代替工件进行空运转画图，通过检查机床动作和运动轨迹的正确性来检验程序。

(2) 在具有图形模拟显示功能的数控机床上可通过显示走刀轨迹或模拟刀具对工件的切削过程，对程序进行检查。

(3) 对于复杂的零件，需要采用铝件、塑料或石蜡等易切材料进行试切。通过检查试件，不仅可确认程序是否正确，还可知道加工精度是否符合要求。若能采用与被加工工件材质相同的材料进行试切，则更能反映实际加工效果。

当发现工件不符合加工技术要求时，可修改程序或采取尺寸补偿等措施。

2.1.3 数控编程的方法

数控机床程序编制的方法有两种：手工编程与自动编程。

1. 手工编程(Manual Programming)

手工编程主要由人工来完成数控机床程序编制各个阶段的工作。一般被加工零件形状不复杂和程序较短时，可以采用手工编程的方法。手工编程的框图如图2.3所示。

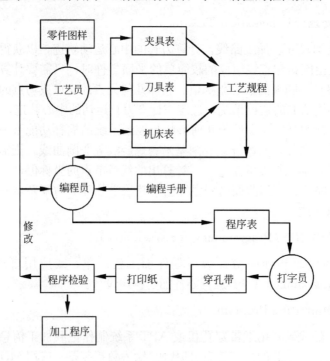

图 2.3 手工编程框图

手工编程时，要求编程人员不仅要熟悉数控指令代码及编程规则，而且还必须具备机械加工工艺知识和数值计算能力。

手工编程的特点是加工几何形状不太复杂的零件以及所需要的加工程序不长时，计算比较简单，出错概率较小，而且不需要具备特别的、价格较高的自动编程设备，这时用手工编程既经济又及时,因而手工编程仍被广泛地用于点位加工及形状简单的平面轮廓加工。

2. 自动编程(Automated Programming)

自动编程是使用计算机或编程机进行数控机床程序编制工作。它主要用于解决具有非圆曲线之类的复杂零件、具有多孔或多段圆弧的大程序量零件、不具备刀具半径补偿功能的轮廓铣削零件等情况。由于计算相当繁琐且程序量大,手工编程难以胜任,即使能够编出程序来,往往耗费时间很长,而且容易出现错误。据国外统计,当采用手工编程时,一个零件的编程与在机床上实际加工时间之比,平均约为30∶1,而数控机床不能开动的原因中有20%～30%是由于加工程序编制困难,编程所用时间较长,造成机床停机的。因此,为了缩短生产周期,提高机床的利用率,有效地解决各种模具及复杂零件的加工问题,采用手工编程已不能满足要求,而必须采用自动编程的办法。

自动编程时,除拟订工艺方案仍主要依靠人工进行外,其余的工作,包括数学处理、编写程序单、制作控制介质和程序校验等各项工作均由计算机自动完成。

按输入方式不同,自动编制程序可分为语言数控自动编程、图形数控自动编程和语音数控自动编程等。

(1) 语言数控自动编程。它是指加工零件的几何尺寸、工艺要求、切削参数及辅助信息等是用数控语言编写成零件源程序后,输入到计算机中,再由计算机进一步处理得到零件加工程序单。用数控语言编写的零件源程序与用规定指令和格式编写的可直接用于机床的数控加工程序有着本质的区别。自动编程框图如图2.4所示。

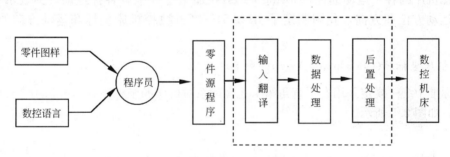

图 2.4 自动编程框图

(2) 图形数控自动编程。它是指用图形输入设备(如数字化仪)及图形菜单将零件图形信息直接输入计算机并在荧光屏上显示出来,再进一步处理,最终得到加工程序及控制介质。

(3) 语音数控自动编程。它是指采用语音识别器,将操作者发出的加工指令声音转变为加工程序。

手工编程与自动编程的比较见表2-1。

表 2-1 数控机床手工编程与自动编程比较表

项目 内容	手工编程	自动编程
数值计算	复杂、繁琐、人工计算工作量大	简便、快捷、计算机自动完成
出错率	人工误差大,容易出错	计算机可靠性高,不易出错

(续)

项目 内容	手工编程	自动编程
表达程序方式	用大量数字和代码编写	用熟悉的"语言"或图像来描述
修改程序	费事	方便
制作控制介质	人工完成	计算机自动完成
所需设备	通用计算机辅助	专用自动编程系统
对编程人员要求	必须具备较强的数学运算能力	只需会编工艺,掌握零件源程序写法

2.2 数控机床坐标系

为了便于编程时描述机床的运动,简化编程方法及保证记录数据的互换性,数控机床的坐标系和运动方向均已标准化。

2.2.1 坐标系及运动方向

数控机床的各个运动部件(Moving Parts)在加工过程中有各种运动,为表示各运动部件的运动方位和方向,我国制定了 JB 3051—82《数控机床坐标和运动方向的命名》标准。

1. 机床坐标轴(Coordinate Axes)的命名

在标准中统一规定采用右手直角笛卡儿坐标系对机床的坐标系(Coordinate System)进行命名,如图 2.5 所示。

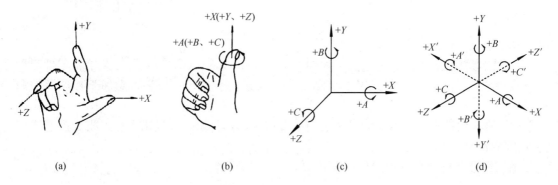

图 2.5 机床坐标轴的命名

图 2.5(a)中规定了 X、Y、Z 这 3 个直角坐标轴的方向(Direction),此坐标系的各个坐标轴与机床的主要导轨相平行。

图 2.5(b)中 A、B、C 表示以 X、Y、Z 的坐标轴线或与 X、Y、Z 的轴线相平行的直线为轴的转动,其转动的正方向(Forward Direction)用右手螺旋定则(Right-hand Rule)

确定。

图 2.5(c)表示通常在命名或编程时,不论机床在加工中是刀具移动,还是被加工工件移动,都一律假定被加工工件相对静止不动,而刀具在移动,并同时规定刀具远离工件的方向作为坐标的正方向。

图 2.5(d)表示在给坐标轴命名时,如果把刀具看作是相对静止不动,工件移动,那么在坐标轴的符号上应加注标记"′",如 X'、Y'、Z' 等。

2. 机床坐标轴的确定方法

确定机床坐标轴时,一般是先确定 Z 轴,再确定 X 轴和 Y 轴。

1) Z 轴

一般是选取产生切削力的轴线作为 Z 轴(Z Axis),同时规定刀具远离工件的方向作为 Z 轴的正方向。

(1) 对于有主轴的机床,如图 2.6 所示的数控车床和图 2.7 所示的数控立式升降台铣床等,则以机床主轴轴线(Spindle Axis)作为 Z 轴。

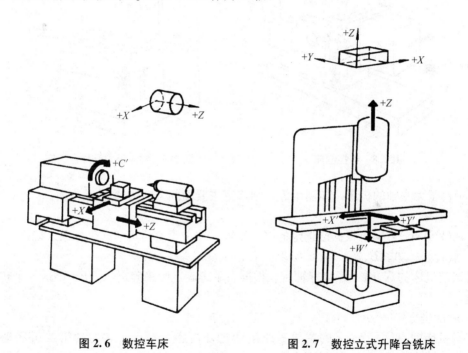

图 2.6 数控车床　　　　图 2.7 数控立式升降台铣床

(2) 对于没有主轴的机床,如图 2.8 所示的牛头刨床等,则以与装夹工件的工作台面相垂直的直线作为 Z 轴。

(3) 如果机床有几个主轴,则选择其中一个与工件工作台面相垂直的主轴为主要主轴,并将它确定为 Z 轴。

2) X 轴

X 轴(X Axis)一般是水平的,它与工件安装面相平行。

(1) 对于机床主轴带动工件旋转的机床,如数控车床、数控磨床等,则在水平面内选定垂直于工件旋转轴线的方向(即工件的径向)作为 X 轴,且以刀具远离工件旋转中心方向为 X 轴的正方向。

(2)对于机床主轴带动刀具旋转的机床,如图 2.9 所示的数控卧式升降台铣床,若主轴是水平的,则 Z 轴是水平的,当从刀具主轴向工件看时,选定向右为 X 轴正方向;若主轴是垂直的,如图 2.7 所示的单立柱机床,当从刀具主轴向立柱看时,选定向右为 X 轴正方向。

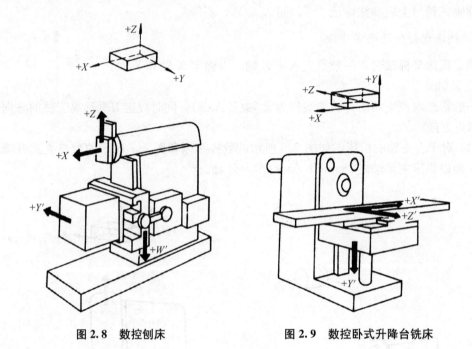

图 2.8　数控刨床　　　　图 2.9　数控卧式升降台铣床

(3)对于无主轴的机床,如刨床等,则选定主要切削方向为 X 轴正方向。

3) Y 轴

Y 轴(Y Axis)方向可根据已选定的 Z、X 轴,按右手直角笛卡儿坐标系来确定。

4) 旋转坐标 A、B、C

当选定机床的 X、Y、Z 坐标轴后,根据右手螺旋定则来确定 A、B、C 这 3 个转动的正方向。

5) 附加坐标

如果机床除有 X、Y、Z 的主要直线运动之外,还有平行于它们的第二组运动,则应分别命名为 U、V、W;如果还有第三组运动,则应分别命名为 P、Q、R;如果还有不平行或可以不平行于 X、Y 或 Z 轴的直线运动,也可相应命名为 U、V、W 或 P、Q、R。

如果在第一组 A、B、C 作回转运动的同时,还有平行或不平行于 A、B、C 回转轴的第二组回转运动,则可命名为 D、E、F。

如图 2.10 所示的数控龙门铣床和如图 2.11 所示的数控龙门移动式铣床就是含有这种坐标类型的机床。

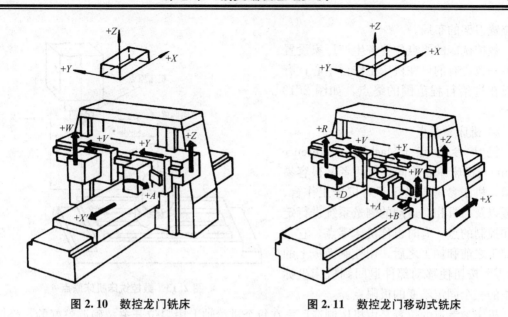

图 2.10 数控龙门铣床　　　　　　　图 2.11 数控龙门移动式铣床

2.2.2 机床坐标系与工件坐标系

在确定机床各坐标轴及方向后,还需进一步明确机床坐标系和工件坐标系的区别,并且确定坐标系原点的位置。

1. 机床坐标系

机床坐标系(Machine Coordinate System)是机床上固有的坐标系,并设有固定的坐标原点,称为机床原点,又称机床零点,即 $X=0$,$Y=0$,$Z=0$ 的点。

1) 机床原点

机床原点(Machine Origin)是机床的基本点,它是其他所有坐标系(如工件坐标系、编程坐标系)以及机床参考点的基准点。从机床设计的角度看,该点位置可以任意选择,但对某一具体机床来说,该点是机床的固定点。

数控车床的原点一般设在主轴前端的中心,如图 2.12 所示,图(a)与(b)表示两种不

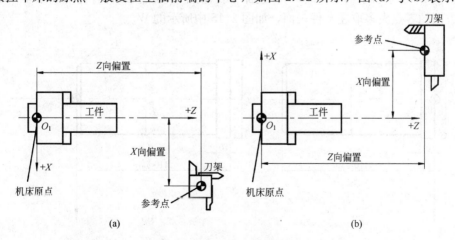

图 2.12 数控车床机床原点与参考点

同位置刀架的布局。

数控铣床的原点位置各生产厂家设置的不一致，有的设在机床工作台中心；有的设在进给行程范围的终点，如图2.13所示。

2) 机床参考点

机床参考点（Machine Reference Point）与机床原点不同，但两者又很容易混淆。机床参考点是用于对机床工作台、滑板以及刀具相对运动的测量系统进行定标和控制的点，有时也称机床零点。它是在加工之前和加工之后，用控制面板上的"回零"按钮使移动部件退回到机床坐标系中的一个固定不变的极限点。

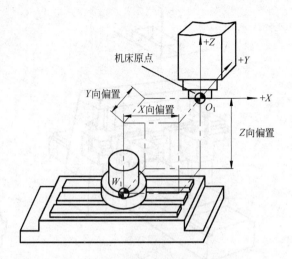

图2.13 数控铣床机床原点

机床参考点的位置是由机床制造厂家在每个进给轴上用限位开关精确调整好的，坐标值已输入数控系统中，因此参考点对机床原点的坐标是一个已知数。数控机床在工作时，移动部件必须首先返回参考点，测量系统置零之后即可以参考点作为基准，随时测量运动部件的位置，刀具（或工作台）移动才有基准。

通常在数控车床上机床参考点是离机床原点最远的极限点，如图2.12所示；在数控铣床上机床原点和机床参考点是重合的。

2. 工件坐标系

工件坐标系（Workpiece Coordinate System）是用于确定工件几何图形上各几何要素（点、直线和圆弧）的位置而建立的坐标系。工件坐标系的原点简称工件原点，又称工件零点。

1) 工件原点

选择工件原点（Workpiece Zero Point）时，最好把工件原点放在工件图的尺寸能够方便地转换成坐标值的地方。数控车床工件原点一般设在主轴中心线上，工件的左端面或右端面，如图2.14中所示的W_1或W_2。铣床工件原点一般设在工件外轮廓的某个角上，进刀深度方向的零点大多取在工件表面，如图2.15中所示的W_1。

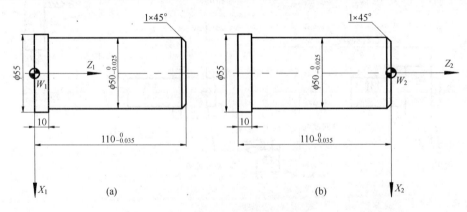

图2.14 数控车床工件原点

工件原点的一般选用原则如下。

（1）工件原点选在工件图样的尺寸基准上，这样可以直接用图纸标注的尺寸，作为编程点的坐标值，减少计算工作量。

（2）能使工件方便地装夹、测量和检验。

（3）工件原点尽量选在尺寸精度较高的工件表面上，这样可以提高工件的加工精度和同一批零件的一致性。

（4）对于有对称形状的几何零件，工件原点最好选在对称中心上。

2）编程原点

编程原点（Programming Zero Point）是编程坐标系的原点。编程坐标系是编程人员根据零件图样及加工工艺等建立的坐标系。编程坐标系一般供编程使用，确定编程坐标系时，不必考虑工件毛坯在机床上的实际装夹位置。

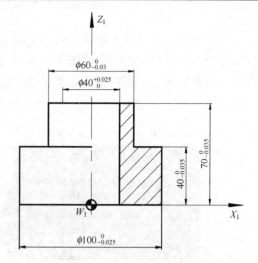

图 2.15　数控铣床工件原点

对于简单零件，工件原点一般就是编程原点，这时的编程坐标系就是工件坐标系。

而对于形状复杂的零件，需要编制几个程序或子程序。为了编程方便和减少坐标值的计算，编程原点就不一定设在工件原点上，而设在便于程序编制的位置。

2.3　字符与代码

为了使数控加工程序编制规则逐步趋向统一，因此，对字符与代码也有明确的相关规定。

2.3.1　字符

字符是用来组织、控制或表示数据的一些符号（Symbol），如数字、字母、标点符号、数学运算符等。字符是机器能进行存储或传送的记号，也是组成加工程序的最小组成单位。

常规加工程序用的字符分 4 类。

第一类是文字，它由大写的 26 个英文字母组成。

第二类是数字和小数点，它由 0～9 共 10 个数字及一个小数点组成。

第三类是符号，它由正号（＋）和负号（－）组成。

第四类是功能字符，它由程序开始(结束)符、程序段结束符、跳过任选程序段符、机床控制暂停符、机床控制恢复符等组成。

2.3.2　代码

在数控装置中，加工程序的内容总是以代码（Code）形式输入。功能较强的数控装置，输入方式可以是多样的，既能用穿孔纸带、磁带、磁盘或手动输入，又能与外围计算机互相通信。

穿孔纸带是在纸带上用穿孔的方式记录被加工零件的加工程序指令,它是人与机床之间的媒介,具有机械的固定代码孔,不易受环境(如磁场)的影响,便于长期保存和使用,且程序的存储量大。现以穿孔纸带为例,了解代码的相关规定。常用的标准穿孔纸带如图2.16所示。

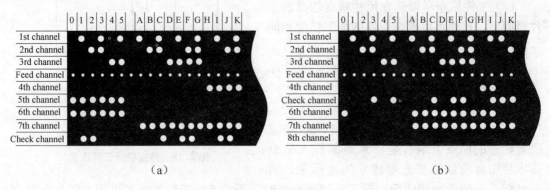

图 2.16 穿孔带

国家标准化组织规定,在纸带宽度方向上,每行有 8 个信息孔孔位,组成由低到高的 8 位二进制数。程序单上给出的字母、数字和符号都是按规定在纸带上穿制出孔,有孔为"1",无孔为"0";每行孔的不同组合便可表示字母、数字和符号,即组成一个传递信息的字符。位于第三和第四列孔道之间的孔称为同步孔,它是用来产生同步信号,控制每行字符准确读入的,即纸带上只要有同步孔就代表一个字符。

国际上通用的标准代码有两种,即 ISO(International Standardization Organization,国际标准化组织)标准和 EIA(Electronic Industries Association,美国电子工业协会)标准,它们分别称为 ISO 代码和 EIA 代码,如图 2.16(a)所示为 ISO 代码,如图 2.16(b)所示为 EIA 代码,其规定和含义见附录 A。

ISO 代码主要在计算机和数据通信中使用,1965 年以后才开始在数控机床中使用。ISO 的特点是每一行的孔数必须是偶数,数字码必须在第五列和第六列穿孔,字母码在第七列穿孔,各类符号码在第六列穿孔。若某行孔数为奇数,则第八列孔补偶,以保证每行孔均为偶数。

EIA 代码在美国的数控机床方面处于领先地位,因此 EIA 标准为世界各国的数控机床厂所接受,并得到广泛应用。EIA 代码的特点是只有字符 CR 使用第八列,其余字符均不使用第八列,它的每一行孔都必须是奇数,第五列孔为补奇孔。

补偶孔或补奇孔的作用主要是检验纸带孔是否漏穿,孔道是否被弄脏、堵塞、断裂,以及阅读装置线路元件是否完好。

2.4 常用编程指令

数控机床在编程时,对机床操作的各个动作,如机床主轴的开启、停止、换向,刀具的进给方向,冷却液的开、关等,都要用指令的形式给予规定。数控程序常用的编程指令

（Programming Instructions）主要有准备功能 G 指令、辅助功能 M 指令、进给功能 F 指令、主轴转速功能 S 指令和刀具功能 T 指令等多种形式。

2.4.1 准备功能指令

准备功能（Traverse Functions）指令又称 G 功能或 G 指令，它是建立数控机床某种加工方式的指令。G 指令大多数由地址符 G 和后续的两位数字组成，从 G00～G99 有 100 种。不少机床数字是一位数，如 G4，实际是 G04，前置"0"允许省略；随着数控机床功能的增加，G00～G99 已不够用，所以有些数控系统的 G 功能字中的后续数字已经使用 3 位数。

依据国际标准，中国制定了 JB/T 3208—1999 部颁标准。我国现有的中、高档数控系统大部分是从日本、德国、美国等国进口的，它们的 G 功能指令规定相差甚大。我国标准规定与日本 FANUC、德国 SIEMENS 和美国 A-B 公司产的数控系统的 G 指令功能含义作对比，见附录 B。

G 指令通常可以分为模态指令和非模态指令两种，模态指令（Acting Modally）又称续效指令，一旦被定义后，该指令一直有效，只有当同组的其他指令出现后该指令才失效，而非模态指令是指只在本程序段有效的指令。

现对 JB/T 3208—1999 标准规定的几种常用 G 指令作介绍。

1. 坐标系有关指令

1）工件坐标系设定指令（G92）

功能：将加工原点设定在相对于刀具起始点的某一空间点上。

指令格式：G92 X_ Y_ Z_；

坐标值 X、Y、Z 为刀位点在工件坐标系中的初始位置。G92 为续效指令，在整个程序中可设定一次或多次。

如图 2.17(a)所示的数控车床坐标系，O 为编程原点，设刀具 T01 的初始位置在 A 点，工件坐标系可以用指令 G92 设定其坐标为(400,300)；当刀架回到原位改换刀具 T02 时，此时欲使刀尖位置处在 B 点而不在 A 点，可用指令 G92 重新设定其值为(450,200)。

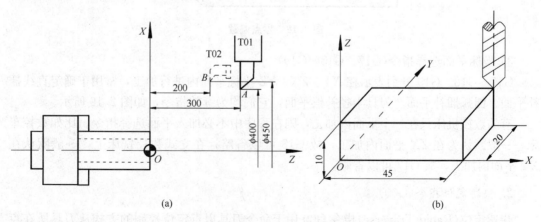

图 2.17　G92 指令设定工件坐标系

如图 2.17(b)所示的加工中心坐标系,若将加工原点设定在 O 点,则程序如下:
G92 X45 Y20 Z10;

其确立的加工原点在距离刀具起始点 $X=-45$,$Y=-20$,$Z=-10$ 的位置上,即 O 点。

执行 G92 指令时,机床不动作,即 X、Y、Z 轴均不移动,但 CRT 显示器上的坐标值发生了变化。

2) 零点偏置指令(G54~G59)

有些数控机床直接采用零点偏置指令(G54~G59)来设定工件坐标系。

G54~G59 可设定的零点偏置给出工件零点在机床坐标系中的位置(工件零点是以机床零点为基准的偏移量)。工件装夹到机床上后,通过对刀求出偏移量,并通过操作面板输入到规定的数据区,程序可以通过选择相应的功能 G54~G59 激活此值。

如图 2.18 所示是工件零点偏置示例。假设编程人员使用 G54 设定工件坐标系编程,并要求刀具运动到工件坐标系中 $A(X100,Y50,Z30)$ 点处的位置,程序可以写成:

G54 G00 X100 Y50 Z30;

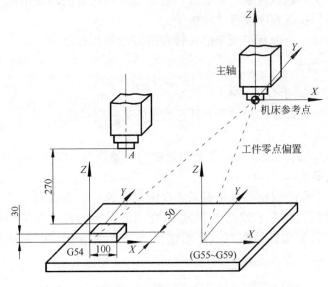

图 2.18 零点偏置

3) 坐标平面选择指令(G17、G18、G19)

G17、G18、G19 分别表示在 XY、ZX、YZ 坐标平面内进行加工,常用于确定直线插补平面、圆弧插补平面、刀具半径补偿平面,它们均为续效指令,如图 2.19 所示。

有的数控机床只在一个平面内加工,则在程序中不必加入平面选择指令。比如数控车床,一般默认为在 ZX 平面内加工,故 G18 可以省略;在立式数控铣床上,一般默认在 XY 平面内加工,故 G17 可以省略。

2. 快速定位指令(G00)

快速定位(Rapid Traverse)指令 G00 用于命令刀具以点定位控制的方式从刀具所在点用最快的速度运动到程序上规定的位置。它只是快速到位,其运动轨迹则根据具体控制系统的设计,可以是多种多样的。如图 2.20 所示,从 A 点移动到 B 点可以有 4 种运动轨迹。如果忽略了这一点,容易发生碰撞,而在快速状态下的碰撞是相当危险的。

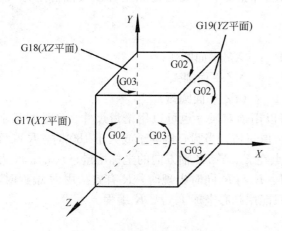

图 2.19 圆弧顺逆方向判别

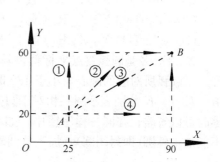

图 2.20 快速点定位

指令格式:G00 X_Y_Z_;

G00 是续效指令,只有后面的指令给定了 G01、G02 或 G03 时,G00 才无效。指定 G00 的程序段无需指定进给速度指令 F,如果指定了也无效。G00 移动的速度已由生产厂家设定好,一般不允许修改。

3. 直线插补指令(G01)

直线插补(Straight-line at Feed Rate)指令 G01 用以指令两个坐标(或 3 个坐标)以联动的方式,按程序段中规定的进给速度指令 F,插补加工出任意斜率的直线。刀具的当前位置是直线的起点,在程序段中指定的是终点的尺寸值。在 G01 程序段中必须指定进给速度指令 F,且 G01 与 F 都是续效指令。

指令格式:G01 X_Y_Z_F_;

如图 2.21 所示为用 G01 指令,控制刀具沿 $O \rightarrow A \rightarrow B \rightarrow O$ 的轨迹进行切削加工。执行直线插补 G01 指令时,移动速度用 F 指令指定,各轴的进给速度大小为:

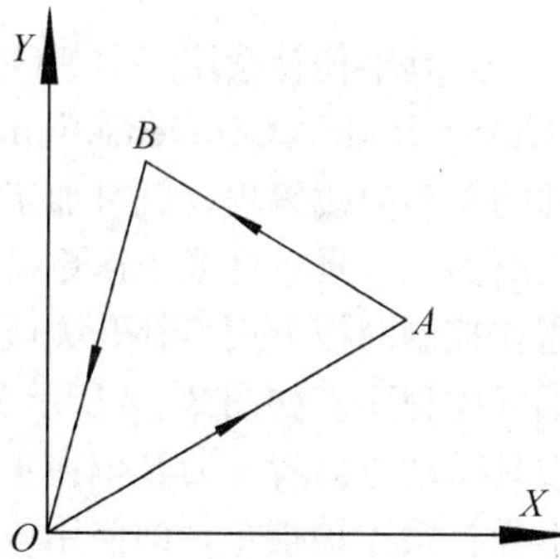

图 2.21 直线加工示意

$$F_X = \frac{X}{L}F, \quad F_Y = \frac{Y}{L}F$$

式中:L——直线长度,$L = \sqrt{X^2 + Y^2}$。

4. 圆弧插补指令(G02、G03)

G02 指令控制刀具按指定进给速度顺时针圆弧(Clockwise Rotation)插补,G03 指令控制刀具按指定进给速度逆时针圆弧(Counter-clockwise Rotation)插补。

顺、逆圆弧的判别方法是:在圆弧插补中沿垂直于要加工圆弧所在平面的坐标轴,由正方向往负方向看,刀具相对于工件的转动方向是顺时针方向为 G02,逆时针方向为 G03,如图 2.19 所示。

圆弧插补程序段应包括圆弧的顺逆圆插补指令、圆弧的终点坐标以及圆心坐标(或半径)。

指令格式:

G17 G02/G03 X_Y_R_(或 I_J_) F_;(XY 平面圆弧)
G18 G02/G03 X_Z_R_(或 I_K_)F_;(XZ 平面圆弧)
G19 G02/G03 Y_Z_R_(或 J_K_) F_;(YZ 平面圆弧)

X、Y、Z 是圆弧终点坐标值,其值可以用绝对尺寸也可以用增量尺寸。R 是圆弧半径,当圆弧所对应的圆心角小于 180°时,R 取正值;当圆心角等于或大于 180°时,R 取负值。I、J、K 分别表示圆心相对于圆弧起点在 X、Y、Z 轴方向的坐标增量;I、J、K 为零时可以省略;在同一程序段中,如 I、J、K 与 R 同时出现时,R 有效。用 R 编程时,不能加工整圆(即封闭圆)。加工整圆时,只能用圆心坐标 I、J、K 编程。

5. 暂停(延迟)指令(G04)

G04 指令可以使刀具暂时停止进给(但主轴仍然在转动),经过指令的暂停时间后再继续执行下一程序段。此指令常用于车削环槽、钻孔、锪平底孔等对表面粗糙度有要求的场合。

指令格式:G04 X(或 P)_;

式中,X 或 P 后面的暂停时间单位为 s 或 ms,也可以是刀具或工件的转数,具体参见数控系统的规定。

6. 刀具补偿功能指令

刀具半径补偿用 G41、G42、G40 指令,在加工曲线轮廓时,利用刀具半径补偿指令(Cutter Radius Compensation Instruction)可不必求出刀具中心的运动轨迹,只按被加工工件的轮廓曲线编程,就可加工出具有轮廓曲线的工件,使编程工作大大简化。另外,当刀具磨损、刀具重磨或中途更换刀具后,使刀具直径变小,这时利用刀具半径补偿功能,只需在控制面板上用刀补开关或键盘手工输入方式改变刀具半径补偿值即可,而不必修改已编好的程序。如图 2.22 所示为刀具半径补偿示例。G41 为左偏刀具半径补偿指令,即沿刀具运动方向看,刀具偏在工件轮廓的左边;G42 为右偏刀具半径补偿指令;G40 为刀具半径补偿注销指令,即使用该指令后,让 G41 或 G42 指定的刀补无效,使刀具中心与编程轨迹重合。

刀具长度补偿用 G43、G44、G49 指令,刀具长度补偿指令(Cutter Length Compensation Instruction)一般用于刀具的轴向补偿。其作用是在程序编制中,不必考虑刀具的实际长度以及各把刀具不同的长度尺寸,用手工输入刀具长度尺寸,由数控装置自动地计算出刀具在长度方向上的位置进行加工即可;另外,当刀具磨损、更换新刀或刀具安装有误差时,也可使用刀具长度补偿指令,补偿刀具在长度方向上的尺寸变化,不必重新编制加工程序、中心对刀或重新调整刀具。如图 2.23 所示,G43 为刀具长度正补偿,G44 为刀具长度负补偿,G49 为取消刀具长度补偿。

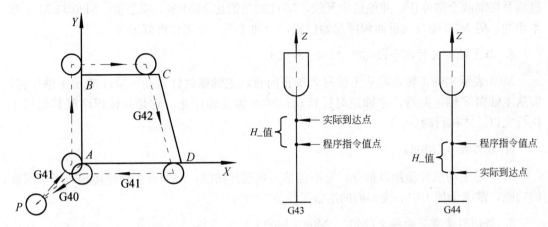

图 2.22 刀具半径补偿　　　　图 2.23 刀具长度补偿

7. 固定循环指令

在 G 功能代码中，常选用 G80～G89 作为固定循环指令，有些数控车床，则采用 G33～G35 与 G70～G79 作为固定循环指令。固定循环指令可简化程序编制，提高编程质量。例如车螺纹时，刀具切入、切螺纹、刀具径向（可斜向）退出再快速返回 4 个固定的连续动作，只需用一条固定循环指令去执行即可，这样可使程序段数明显减少。

2.4.2 辅助功能指令

辅助功能（Supplementary Functions）指令又称 M 功能或 M 指令，它用于指定主轴的旋转方向、启动、停止、冷却液的开关、工件或刀具的夹紧或松开等功能。M 指令大多数由地址符 M 和后续的两位数字组成，从 M00～M99 有 100 种。我国 JB/T 3208—1999 标准规定以及几种国外数控系统中实际使用 M 指令功能含义见附录 C 所示。

M 指令常因生产厂家及机床的结构和规格不同而各不相同，下面对一些常用的 M 功能指令作一说明。

1. 程序停止指令（M00）

M00 实际上是一个暂停指令。当执行有 M00 指令的程序段后，主轴停转、进给停止、切削液关、程序停止。程序运行停止后，模态（续效）信息保持不变，利用机床的"启动"键，便可继续执行后续的程序。该指令用于加工过程中测量工件的尺寸、工件调头、手动变速等操作。

2. 计划（选择）停止指令（M01）

该指令的作用与 M00 相似，但它必须是在预先按下操作面板上的"选择停止"按钮并执行到 M01 指令的情况下，才会停止执行程序。如果不按下"选择停止"按钮，M01 指令无效，程序继续执行。该指令常用于工件关键性尺寸的停机抽样检查等，当检查完毕后，按"启动"键可继续执行后续程序。

3. 程序结束指令（M02、M30）

该指令用在程序的最后一个程序段中。当全部程序结束后，用 M02 指令可使主轴、进给及切削液全部停止,并使机床复位,M02 的功能比 M00 多一项复位。M30 与 M02 基本相同,但 M30 能自动返回程序起始位置,为加工下一个工件做好准备。

4. 与主轴有关的指令(M03、M04、M05)

M03 表示主轴正转,即从主轴向 Z 轴正向看,主轴顺时针转动;M04 表示主轴反转,即从主轴向 Z 轴正向看,主轴逆时针转动;M05 为主轴停止,它是在该程序段其他指令执行完以后才执行的。

5. 换刀指令(M06)

M06 是手动或自动换刀指令,它不包括刀具选择功能,但兼有主轴停转和关闭切削液的功能,常用于加工中心换刀前的准备工作。

6. 与切削液有关的指令(M07、M08、M09)

M07 为 2 号切削液(雾状)开或切屑收集器开;M08 为 1 号切削液(液状)开或切屑收集器开;M09 为切削液关。

7. 与主轴、切削液有关的复合指令(M13、M14)

M13 为主轴正转,切削液开;M14 为主轴反转,切削液开。

8. 运动部件的夹紧及松开指令(M10、M11)

M10 为运动部件的夹紧;M11 为运动部件的松开。

9. 主轴定向停止指令(M19)

M19 使主轴准确地停止在预定的角度位置上。这个指令主要用于点位控制的数控机床和自动换刀的数控机床,如数控坐标镗床、加工中心等。

10. 与子程序有关的指令(M98、M99)

M98 为调用子程序指令;M99 为子程序结束并返回到主程序的指令。

2.4.3 进给功能指令

进给功能(Feed Rate Function)指令又称 F 功能或 F 指令,用来指定坐标轴移动的进给速度。该指令一般有两种表示方法。

1. 代码法

F 后面跟两位数字,这些数字表示机床进给速度数列的序号,它不直接表示进给速度的大小。进给速度数列可以是算术级数,也可以是几何级数。

2. 直接指定法

F 后面的数字就是进给速度的大小,如 F300 即表示进给速度为 300mm/min。这种表示方法较为直观,目前大多数机床均采用这种方法。

F 代码为续效代码,一经设定后如未被重新指定,则表示先前所设定的进给速度继续有效。F 代码指令值如超过制造厂商所设定的范围时,则以厂商所设定的最高或最低进给速度为实际进给速度。

2.4.4 主轴转速功能指令

主轴转速功能(Spindle Speed Function)指令又称 S 功能或 S 指令，用来指定主轴转速或线速度。该指令用字母 S 和其后的若干个数字表示，有恒转速(单位 r/min)和恒线速度(单位 m/min)两种指令方式。S 代码只是设定主轴转速的大小，并不会使主轴回转，必须有 M03(主轴正转)或 M04(主轴反转)指令时，主轴才开始旋转。

2.4.5 刀具功能指令

刀具功能(Tool Function)指令又称 T 功能或 T 指令，在自动换刀的数控机床中，该指令用于选择所需的刀具，同时还可用来指定刀具补偿号。一般加工中心程序中 T 代码的数字直接表示选择的刀具号码，如 T08 表示 8 号刀；有些数控机床程序中的 T 代码后的数字既包含所选择刀具号，也包含刀具补偿号，如 T0506 表示选择 5 号刀，调用 6 号刀具补偿参数进行长度和半径补偿。由于不同的数控系统有不同的指令方法和含义，具体应用时应参照数控机床的编程说明书。

2.5 加工程序的结构

加工程序通常由程序号、程序主体和程序结束 3 大部分组成。一个完整的加工程序由若干个程序段组成；一个程序段(Program Block)又由若干个字(Program Words)组成；每个字又由一个字母(地址符 Address letter)和若干数字(Numbers)组成。例如：

```
开始符      %
程序名      O1201；
            ⎧ N10 G91 G00 X30 Y50；
程序主体    ⎨ N20 G01 X10 Y40 F150 S500 T02 M03；
            ⎪ …
            ⎩ N90 G00 X-30 Y-50；
程序结束    N100 M02；
结束符      %
```

上述为某零件加工程序，其程序开始符与程序结束符是同一个字符%，程序号为 O1201。程序主体可以由 10 个程序段组成，每个程序段都有若干字，如第二程序段就有 8 个字，其中每个字如"S500"，由地址符"S"和一串数字"500"组成。每个程序段均包含了程序的开始、程序内容及结束部分，由上例可知每个程序段都以顺序号"N××"开头，以";"结束。

在书写、打印和屏幕显示时，每个程序段一般占一行。一个加工程序的最大长度取决于数控系统中零件程序存储区的容量。对一个程序段的字符数，某些数控系统规定了一定限度，如可规定字符数≤90 个。

1. 程序号

在数控装置中，一般每个加工程序都需要进行编号，因为在计算机存储器中可以事先存入多个加工程序，为了使各加工程序有所区别，便于调出使用，需要给每个加工程序进行编号。

程序号(Program Number)又称程序名，它位于程序主体之前、程序开始符之后，一般可以独占一行。程序号通常以规定的英文字(多用 O、P 等)打头，后面紧跟若干位数字组成。数字的最多允许位数由说明书规定，常见的是两位和 4 位两种，若是 4 位数其号码可为 0001～9999。

2. 程序段顺序号

程序段顺序号(Sequential Number)又叫程序段号或程序段序号。顺序号位于程序段之首，它的地址符是 N，后续数字一般 2～4 位。顺序号可以用在主程序、子程序和宏程序中，它是程序段的名称。

1) 顺序号的作用

首先顺序号可用于对程序的校对和检索修改；其次在加工轨迹的几何节点处标上相应程序段的顺序号，就可直观地检查程序；顺序号还可作为条件转向的目标；更重要的是，标注了程序段号的程序可以进行程序段的复归操作，即可以回到程序的(运行)中断处重新开始，或加工从程序的中途开始。

2) 顺序号的使用规则

顺序号的数字部分应为正整数，一般最小顺序号是 N1，顺序号的数字可以不连续，也不一定按从小到大的顺序排列，如第一段用 N1、第二段用 N20、第三段用 N10。对于整个程序，可以每个程序段都设顺序号，也可以只在部分程序段中设顺序号，还可在整个程序中全不设顺序号。一般可以将第一程序段以 N10 编号，以后以间隔 10 递增的方法设置顺序号，这样，在调试程序时如需要在 N10～N20 之间加入几个程序段，则可以用 N11、N12、N13 等。

3. 程序结束指令

程序结束(End of Program)指令可用 M02(程序结束)或 M30(纸带结束)。现在的数控机床一般都使用存储式的程序运行，此时 M02 与 M30 的共同点是在完成了所在程序段其他所有指令之后，用以停止主轴、冷却液和进给，并使控制系统复位。M02 与 M30 在有些机床(系统)上使用时是完全等效的，而在另一些机床(系统)上使用有如下不同：用 M02 结束程序场合，自动运行结束后光标停在程序结束处；而用 M30 结束程序运行场合，自动运行结束后光标和屏幕显示能自动返回到程序开头处，一按启动钮就可以再次运行程序。虽然 M02 与 M30 允许与其他程序字合用一个程序段，但最好还是将其单列一段，或者只与顺序号共用一个程序段。

4. 程序段格式

程序段中字、字符和数据的安排形式的规则称为程序段格式(Form of Block)。

数控历史上曾经用过固定顺序格式和分隔符(HT 或 TAB)程序段格式，这两种程序段格式已经过时。

目前国内外都广泛采用字地址可变程序段格式，又称为字地址格式。在这种格式中，程序字长是不固定的，程序字的个数也是可变的，绝大多数数控系统允许程序字的顺序是任意排列的，故属于可变程序段格式。但是，在大多数场合，为了书写、输入、检查和校对的方便，程序字在程序段中习惯按一定的顺序排列。

数控机床的编程说明书中用详细格式来分类规定程序编制所用字符、程序段中程序字的顺序及字长等。例如：

N20 G01 X10 Y40 F150 S500 T02 M03；

上例详细格式分类说明如下：N20 为程序段顺序号；G01 表示加工的轨迹为直线；X10、Y40 表示所加工直线的终点坐标；F150 为加工进给速度；S500 为主轴转速；T02 为所使用刀具的刀号；M03 为主轴正转辅助功能指令；符号";"为程序段结束指令。

5. 主程序和子程序

编制加工程序有时会遇到这种情况：一组程序段在一个程序中多次出现，或者在几个程序中被使用。这时可以把这组程序段摘取出来，命名后单独储存，这组程序段就是子程序。子程序(Sub-program)是可由适当的机床控制指令调用的一段加工程序，它在加工中一般具有独立意义。调用第一层子程序的指令所在的加工程序叫做主程序(Main Program)。

调用子程序的指令也是一个程序段，它一般由子程序调用指令、子程序名称和调用次数等组成，具体规则和格式随系统而别。例如，同样是"调用 55 号子程序一次"，FANUC 系统用"M98 P55"，而美国 A-B 公司系统用"P55x"。

子程序可以嵌套(Nest)，即一层套一层。上一层与下一层的关系跟主程序与第一层子程序的关系相同。最多可以套多少层由具体的数控系统决定。子程序的形式和组成与主程序大体相同：第一行是子程序号，最后一行则是"子程序结束"指令，它们之间是子程序主体。不过，主程序结束指令作用是结束主程序、让数控系统复位，其指令已经标准化，各系统都用 M02 或 M30；而子程序结束指令作用是结束子程序、返回主程序或上一层子程序，其指令各系统不统一，如 FANUC 系统用 M99，西门子系统用 M17，美国 A-B 公司的系统用 M02 等。

6. 宏程序

在数控加工程序中可以使用用户宏程序(User Macro-program)。所谓宏程序(Macro-program)就是含有变量(Variable)的子程序，在程序中调用宏程序的指令称为用户宏指令，系统可以使用用户宏程序的功能叫做用户宏功能。执行时只需写出用户宏命令，就可以执行其用户宏功能。

用户宏的最大特征如下。

(1) 可以在用户宏中使用变量。

(2) 可以使用演算式、转向语句及多种函数。

(3) 可以用用户宏命令对变量进行赋值。

数控机床采用成组技术进行零件的加工，可扩大批量、减少编程量、提高经济效益。在成组加工中，将零件进行分类，对这一类零件编制加工程序，而不需要对每一个零件都编一个程序。在加工同一类零件只是尺寸不同时，使用用户宏的主要方便之处是可以用变量代替具体数值，到实际加工时，只需将此零件的实际尺寸数值用用户宏命令赋与变量即可。

2.6 习　　题

一、填空题

1. 数控编程是指_____的全过程。
2. 数控机床程序编制的方法有两种：_____编程与_____编程。
3. 在标准中统一规定采用_____坐标系对机床的坐标系进行命名，规定了_____、_____、_____这 3 个直角坐标轴的方向，_____、_____、_____表示以这些坐标轴线轴的转动，其转动的正方向用_____定则确定。
4. 对刀点是为了建立_____的关系而设立的。
5. 绝对坐标系：在数控编程时，所有点的坐标值均是以_____计量的坐标系。增量坐标系：运动轨迹的终点坐标是_____计量的坐标系。
6. 常规加工程序用的字符分为_____、_____、_____和_____这 4 类。
7. 加工程序通常由_____、_____和_____3 大部分组成。
8. 含有变量的子程序称为_____程序，在程序中调用宏程序的指令称为_____指令。

二、判断题

1. 一般说来，正式数控加工之前，要对程序进行检验。　　　　　　　(　　)
2. 对于有主轴的机床一般以机床主轴轴线作为 Z 轴。　　　　　　　(　　)
3. 自动编程是使用计算机或编程机进行数控机床程序编制工作的，比手工编程优越，故其应用日益推广。　　　　　　　　　　　　　　　　　　　(　　)
4. 机床原点固定在机床上，工件原点一般设定在工件上。　　　　　　(　　)
5. G00 为快速进给指令，可用于高速切削。　　　　　　　　　　　　(　　)
6. 准备功能指令是数控加工前控制主轴转动、冷却液打开等准备工作的指令。
　　　　　　　　　　　　　　　　　　　　　　　　　　　　　　　(　　)

三、选择题

1. 自动编程仍需人工完成的主要工作是(　　)。
   A. 工艺分析　　　　　　　　　B. 数值计算
   C. 制作控制介质　　　　　　　D. 程序检验
2. 如果机床除有 X、Y、Z 主要直线运动之外，还有平行于它们的第二组运动，则应分别命名为(　　)。
   A. A、B、C　　　　　　　　B. P、Q、R
   C. U、V、W　　　　　　　　D. D、E、F
3. 机床参考点是用于对机床工作台、滑板以及刀具相对运动的测量系统进行定标和控制的点，有时也称（　　）。
　A. 机床原点　　　　　　　　B. 工件原点
　C. 编程原点　　　　　　　　D. 机床零点
4. 当全部程序结束后，用（　　）指令可使主轴、进给及切削液全部停止，并使机床复位。
　A. M00　　　　　　　　　　B. M01
　C. M02　　　　　　　　　　D. M30
5. 程序号通常以规定的英文字（　　）打头，后面紧跟若干位数字组成。
　A. N　　　　　　　　　　　B. X
　C. O　　　　　　　　　　　D. %
6. 取消刀具半径补偿功能通常采用（　　）指令。
　A. G40　　　　　　　　　　B. G01
　C. G02　　　　　　　　　　D. G43
7. 控制主轴正转、切削液开应选用（　　）指令。
　A. M03　　　　　　　　　　B. M07
　C. M08　　　　　　　　　　D. M13

四、问答题

1. 根据如图 2.24 所示的数控车床刀架、工件相对位置，建立工件坐标系。

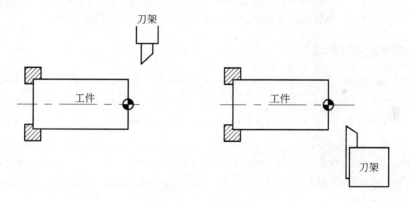

图 2.24　问答题 1 图

2. 退刀时能否使用 G01 指令？为什么？
3. 什么是续效指令？有何功用？
4. 数控加工程序段的准备程序段和结束程序段主要包括哪些内容？
5. 试标注如图 2.25 所示的数控机床的坐标轴名称。

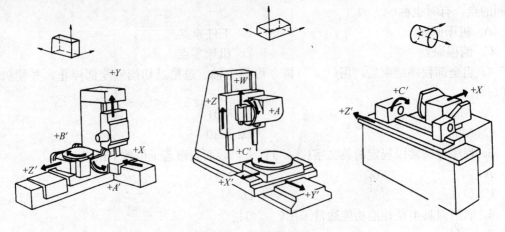

图 2.25 问答题 5 图

五、数控专业英语与中文解释对应划线

Sub-program　　　　　　　　　坐标系
Coordinate System　　　　　　　代码
Code　　　　　　　　　　　　手工编程
Feed Function　　　　　　　　子程序
Machine Zero Point　　　　　　机床零点
Manual Programming　　　　　进给功能

六、数控专业英语翻译

On CNC machines tool traverses are controlled by coordinate systems. Their accurate position within the machine tool is established by zero point. In addition to zero point, CNC machine tools have a number of reference points which support both operation and programming.

The zero points shown here are: the machine zero point M and the workpiece zero point W. The reference points shown here are: the reference point R and tool reference point N. (Fig. 2.26)

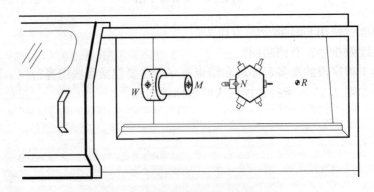

图 2.26 数控机床的零点与参考点

第3章 数控加工工艺分析

教学目标：了解数控机床加工工艺与普通机床加工工艺的异同之处，明确数控机床加工前必须进行机床运动过程和零件工艺过程的分析，熟悉刀具和夹具选用、切削用量确定、走刀路线设计及金属切削液使用等方法。

3.1 数控加工工艺性分析

数控机床的加工工艺（Machining Process）与普通机床的加工工艺有许多相同之处，也有许多不同之处，在数控机床上加工的零件工艺规程更复杂。在数控机床加工前，要将机床的运动过程、零件的工艺过程、刀具形状、切削用量和走刀路线等都编入程序。数控机床是一种高效率的自动化设备，它的效率高于普通机床的2～3倍，所以，要充分发挥数控机床的这一特点，必须全面周到地考虑零件加工的全过程，正确、合理地确定零件的加工方案（Working Scheme）。

3.1.1 数控加工工艺内容的选择

对于某些零件，并非全部加工工艺过程都适合在数控机床上完成，而往往只是其中的一部分适合于数控加工，为此需要对零件图样进行仔细的工艺分析，选择那些最适合、最需要进行数控加工的内容（Content）和工序（Process）。

通常优先考虑数控加工的内容如下。
（1）通用机床无法加工的内容。
（2）通用机床难于加工，即使通用机床能加工，但质量也难保证的内容。
（3）通用机床效率低、工人手工操作劳动强度大的内容。

相比之下，下列情况不宜选择数控加工。
（1）占机调整时间长。如以毛坯的粗基准定位加工第一精基准，要用专用的工装。
（2）加工部位分散，需要多次安装。多次设置原点，数控加工较麻烦。
（3）按某些特定的样板加工的型面轮廓。获取数据困难，增加编程难度。

此外，还要考虑生产批量、生产周期、工序间周转情况等。

3.1.2 零件数控加工工艺性分析

1. 零件图样尺寸标注应符合编程方便的原则

零件图（Part Drawing）上的尺寸标注（Dimensioning）应适应数控加工的特点，在数控加工零件图上，应以同一基准（Datum）引注尺寸或直接给出坐标尺寸。这种标注方法既便于编程，也便于尺寸之间的相互协调，在保持设计基准、工艺基准、检测基准与编程原点设置的一致性方面带来很大方便。由于零件设计人员一般在尺寸标注中较多地考虑装配等使用特性方面,而不得不采用局部分散的标注方法,这样就会给工序安排与数控加工带来许多不便。由于数控加工精度和重复定位精度都很高,不会因产生较大的积累误差而破坏使用特性,因此可将局部的分散标注法改为同一基准引注尺寸或直接给出坐标尺寸的标注法。

例如图 3.1 中所示的零件图样。在图 3.1(a)中,A、B 两面均已在前面工序中加工完毕,在加工中心上只进行所有孔的加工。以 A、B 两面定位时,由于高度方向没有统一的设计基准,$\phi 48H7$ 孔和上方两个 $\phi 25H7$ 孔与 B 面的尺寸是间接保证的,欲保证 32.5 ± 0.1 和 52.5 ± 0.04 尺寸,须在上道工序中对 105 ± 0.1 尺寸公差(Tolerance)进行压缩。若改为图 3.1(b)所示的标注尺寸,各孔位置尺寸都应以 A 面为基准,基准统一,且工艺基准与设计基准重合,各尺寸都容易保证。

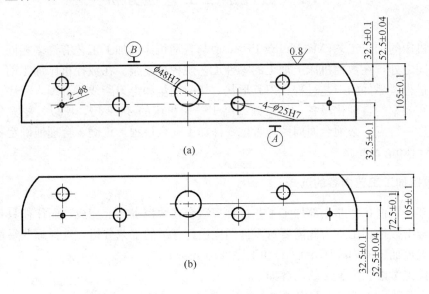

图 3.1 零件加工的基准统一

2. 构成零件轮廓的几何元素条件应完整

在手工编程时要计算基点或节点坐标。在自动编程时,要对构成零件轮廓的所有几何元素进行定义。因此在分析零件图时,要分析几何元素的给定条件是否完整、准确。如圆弧与直线,圆弧与圆弧在图样上相切,但根据图上给出的尺寸,在计算相切条件时,变成了相交或相离状态。由于构成零件几何元素条件的不完整,使编程时无法下手。遇到这种情况时,应与零件设计人员协商解决。

3. 零件各加工部位的结构工艺性应符合数控加工的特点

(1) 零件的内腔(Cavity)和外形最好采用统一的几何类型和尺寸。这样可以减少刀具规格和换刀次数,使编程方便,生产效益提高。

(2) 内槽圆角的大小决定着刀具直径的大小,因而内槽圆角半径不应过小。零件工艺性的好坏与被加工轮廓的高低、转接圆弧半径的大小等有关。

(3) 零件铣削底平面时,槽底圆角半径 r 不应过大。

(4) 应采用统一的基准定位(Positioning)。在数控加工中,若没有统一的基准定位,则会因工件的重新安装而导致加工后的两个面上轮廓位置及尺寸不协调现象。因此要避免上述问题的产生,保证两次装夹加工后其相对位置的准确性,应采用统一的基准定位。

零件上最好有合适的孔作为定位基准孔(Datum Holes),若没有,要设置工艺孔(Fabrication Holes)作为定位基准孔(如在毛坯上增加工艺凸耳或在后续工序要铣去的余量上设置工艺孔)。若无法制出工艺孔时,最起码也要用经过精加工的表面作为统一基准,以减少两次装夹产生的误差(Difference)。

此外,还应分析零件所要求的加工精度、尺寸公差等是否可以得到保证,有无引起矛盾的多余尺寸或影响工序安排的封闭尺寸等。

3.2 数控加工走刀路线确定

在数控加工中,刀具相对于工件的运动轨迹称为加工路线(Processing Route),即刀具从对刀点开始运动起,直至结束加工程序所经过的路径,包括切削加工的路径及刀具引入、返回等非切削空行程。加工路线的确定首先必须保证被加工零件的尺寸精度(Dimensional Precision)和表面质量(Surface Quality),其次考虑数值计算简单,走刀路线尽量短,效率较高等。

现介绍数控加工常用的几种加工路线。

1. 车圆锥的加工路线

数控车床上车外圆锥(Outer Cone),假设圆锥大径为 D,小径为 d,锥长为 L,车圆锥的加工路线如图 3.2 所示。

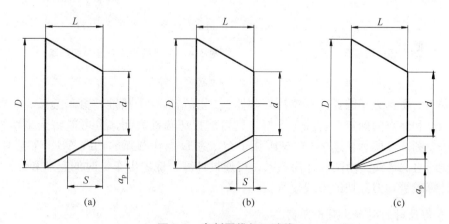

图 3.2 车削圆锥加工路线

按图 3.2(a)所示的阶梯切削路线,二刀粗车,最后一刀精车;二刀粗车的终刀距 S 要作精确的计算。此种加工路线,粗车时,刀具背吃刀量相同,但精车时,背吃刀量不同;同时刀具切削运动的路线最短。

按图 3.2(b)所示的相似斜线切削路线,也需计算粗车时终刀距 S,按此种加工路线,刀具切削运动的距离较短。

按图3.2(c)所示的斜线加工路线,只需确定每次背吃刀量 a_p,而不需计算终刀距,编程方便。但在每次切削中背吃刀量是变化的,且刀具切削运动的路线较长。

2. 车圆弧的加工路线

应用 G02(或 G03)指令车圆弧(Circular Arc),若用一刀就把圆弧加工出来,这样吃刀量太大,容易打刀。所以,实际车圆弧时,需要多刀加工,先将大多余量(Over-measure)切除,最后才车得所需圆弧。

下面介绍车圆弧常用的加工路线。

如图3.3所示为车圆弧的阶梯切削路线。即先粗车成阶梯,最后一刀精车出圆弧。此方法在确定了每刀的吃刀量 a_p 后,须精确计算出粗车的终刀距 S,即求圆弧与直线的交点。用此方法时刀具切削运动距离较短,但数值计算较繁。

如图3.4所示为车圆弧的同心圆弧切削路线。即用不同的半径圆来车削,最后将所需圆弧加工出来。此方法在确定了每次吃刀量 a_p 后,对90°圆弧的起点、终点坐标较易确定,数值计算简单,编程方便,所以常采用。但按如图3.4(b)所示的路线加工时,空行程时间较长。

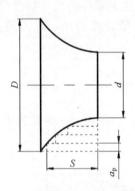

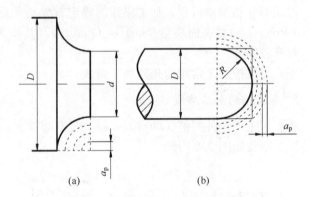

图3.3 车圆弧的阶梯切削路线   图3.4 车圆弧的同心圆弧切削路线

如图3.5所示为车圆弧的车锥法切削路线。即先车一个圆锥,再车圆弧。但要注意,车锥时起点和终点的确定,若确定不好,则可能损坏圆锥表面,也可能将余量留得过大。确定方法如图3.5所示,连接 OC 交圆弧于 D,过 D 点作圆弧的切线 AB。车锥时,加工路线不能超过 AB 线。由图示几何关系,可通过计算,确定出车锥时的起点和终点。此方法数值计算较繁,刀具切削路线短。

3. 车螺纹时的引入、引出距离

车螺纹(Screw Thread Part)时,刀具沿螺纹方向的进给应与工件主轴旋转保持严格的速比(Speed Ratio)关系。考虑到刀具从停止状态到达指定的进给速度或从指定的进给速度降至零,驱动系统必有一个过渡过程,所以沿轴向进给的加工路线长度 L,除保证加工螺纹长度外,还应增加 δ_1(2~5mm)的刀具引入距离和 δ_2(1~2mm)的刀具切出距离,如图3.6所示。这样来保证切削螺纹时,在升速完成后使刀具接触工件,刀具离开工件后再降速。

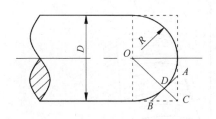
图 3.5 车圆弧的车锥法切削路线

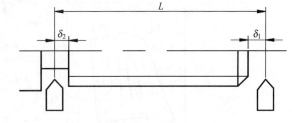
图 3.6 车螺纹时引入、引出距离

4. 铣削轮廓的加工路线

对于连续铣削轮廓(Outline)，要注意安排好刀具的切入、切出，要尽量避免交接处重复加工，否则会出现明显的界限(Boundary)痕迹。如图 3.7 所示，刀具的切出或切入点应在沿零件轮廓的切线上，以保证工件轮廓光滑(Smooth)；应避免在工件轮廓面上垂直上、下刀而划伤工件表面；尽量减少在轮廓加工切削过程中的暂停(切削力突然变化造成弹性变形)，以免留下刀痕(Tool Marks)，如图 3.7(a)所示。

铣削封闭的内轮廓表面时，因内轮廓曲线不允许外延，刀具只能沿轮廓曲线的法向(Normal)切入和切出，此时刀具的切入和切出点应尽量选在两几何元素的交点处，如图 3.7(b)所示。

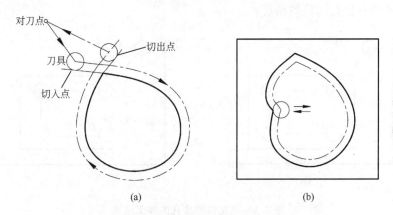

图 3.7 铣削刀具的切入和切出路线

5. 铣削曲面的加工路线

铣削曲面(Curved Surface)时，常用球头刀采用"行切法"进行加工。所谓行切法是指刀具与零件轮廓的切点轨迹是一行一行的，而行间的距离是按零件加工精度的要求确定的。对于边界敞开的曲面加工，可采用两种加工路线，如图 3.8 所示。

对于发动机大叶片(Blade)，当采用如图 3.8(a)所示的加工方案时，每次沿直线加工，刀位点计算简单，程序少，加工过程符合直纹面(Ruled Surface)的形成，可以准确保证母线的直线度。当采用如图 3.8(b)所示的加工方案时，符合这类零件的数据给出情况，便于加工后检验，叶形的准确度高，但程序较多。由于曲面零件的边界是敞开的，没有其他表面限制，所以曲面边界可以延伸，球头刀应由边界外开始加工。

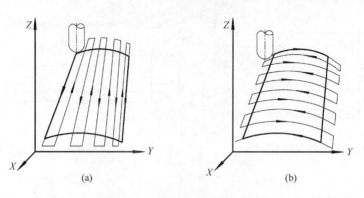

图 3.8　铣削曲面的加工路线

6. 位置精度要求高的孔加工路线

对于位置精度要求较高的孔系加工（Holes Processing），特别要注意孔的加工顺序的安排，当安排不当时，就有可能将沿坐标轴的反向间隙带入，直接影响位置精度。

如图 3.9 所示，在零件上加工的 4 个尺寸相同的孔，有两种加工路线。当按(a)图所示的路线加工时，由于孔 4 与孔 1、2、3 定位方向相反，在 X 方向的反向间隙会使定位误差增加，而影响孔 4 与其他孔的位置精度。按图(b)所示的路线，加工完孔 3 后，抬刀往左移动一段距离到 P 点，然后再折回来加工孔 4，这样方向一致，可避免反向间隙的引入，提高孔 4 与其他孔的位置精度。

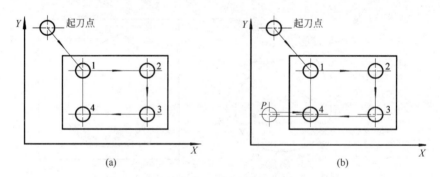

图 3.9　高定位精度孔的加工路线

7. 多孔最短走刀路线

如加工图 3.10(a)所示的零件上的孔系，图 3.10(b)所示的走刀路线为先加工完外圈孔后，再加工内圈孔。若改用图 3.10(c)所示的走刀路线，则可节省定位时间近一倍。

8. 铣削内腔的走刀路线

如图 3.11(a)所示为用行切方式加工内腔（Die Cavity）的走刀路线，这种走刀能切除内腔中的全部余量，不留死角，不伤轮廓。但行切法将在两次走刀的起点和终点间留下残留高度，而达不到要求的表面粗糙度（Roughness）。如采用图 3.11(b)所示的走刀路线，则先用行切法，最后沿周向环切一刀，光整轮廓表面，能获得较好的效果。图 3.11(c)所示也是一种能保证较好表面质量的走刀路线方式，但其加工时间略长。

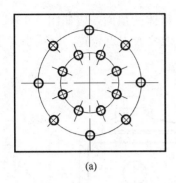 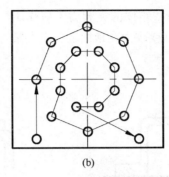 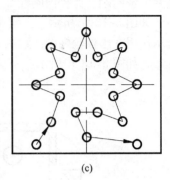

图 3.10 最短走刀路线的设计

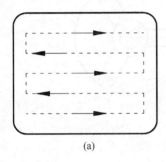 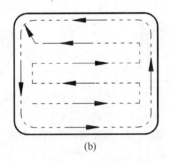 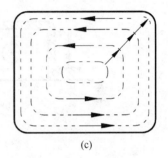

图 3.11 铣削内腔的走刀路线

3.3 确定定位和夹紧方案

3.3.1 零件的夹紧

在确定零件定位和夹紧(Clamping)方案时应注意以下几个问题。

(1) 尽可能做到设计基准、工艺基准与编程计算基准的统一。

(2) 尽量将工序集中，减少装夹次数，尽可能在一次装夹后能加工出全部待加工表面。

(3) 避免采用占机人工调整时间长的装夹方案。

(4) 夹紧力的作用点应落在工件刚性较好的部位。

如图 3.12(a)所示，薄壁套用卡爪径向夹紧时工件变形大；图 3.12(b)所示为沿轴向施加夹紧力，变形会小得多。因此，薄

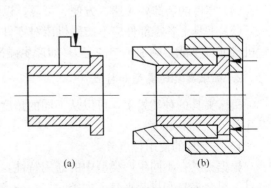

图 3.12 薄壁套的夹紧方案

壁套的轴向刚性比径向刚性好。

如图3.13(a)所示，夹紧薄壁箱体的夹紧力不应作用在箱体的顶面，应如图3.13(b)所示作用在刚性较好的凸边上，或改为在顶面上3点夹紧，改变着力点位置，以减小夹紧变形，如图3.13(c)所示。

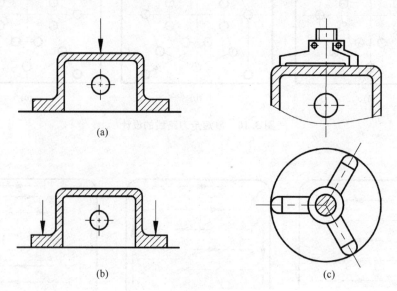

图3.13　薄壁箱体的夹紧方案

3.3.2　夹具的选择

1. 选择夹具的基本原则

数控加工的特点对夹具提出了以下要求。

(1) 要保证夹具的坐标方向与机床的坐标方向相对固定，协调零件和机床坐标系的尺寸关系。

(2) 当零件加工批量不大时，应尽量采用组合夹具、可调式夹具及其他通用夹具，以缩短生产准备时间、节省生产费用。

(3) 在成批生产时才考虑采用专用夹具，并力求结构简单。

(4) 零件的装卸要快速、方便、可靠，以缩短机床的停顿时间。

(5) 夹具上各零部件应不妨碍机床对零件各表面的加工，即夹具要开敞，其定位、夹紧机构元件不能影响加工中的走刀(如产生碰撞等)。

2. 机床夹具的类型和特点

机床夹具的种类繁多，可以从不同的角度对机床夹具进行分类。常用的分类方法有以下几种。

1) 按夹具的使用特点分类

根据夹具在不同生产类型中的通用特性，机床夹具可分为通用夹具、专用夹具、可调夹具、组合夹具和拼装夹具5大类。

(1) 通用夹具(Universal Fixture)。已经标准化的可加工一定范围内不同工件的夹具，称为通用夹具。其结构、尺寸已规格化，而且具有一定通用性，如三爪自定心卡盘、机床用平口虎钳、四爪单动卡盘、台虎钳、万能分度头、顶尖、中心架和磁力工作台等。这类夹具适应性强，可用于装夹一定形状和尺寸范围内的各种工件。这些夹具已作为机床附件由专门工厂制造供应，只需选购即可。其缺点是夹具的精度不高，生产率也较低，且较难装夹形状复杂的工件，故一般适用于单件小批量生产。

(2) 专用夹具(Special Fixture)。专为某一工件的某道工序设计制造的夹具，称为专用夹具。在产品相对稳定、批量较大的生产中，采用各种专用夹具，可获得较高的生产率和加工精度。专用夹具的设计周期较长、投资较大。专用夹具一般在批量生产中使用。除大批大量生产外，在中小批量生产中也需要采用一些专用夹具，但在结构设计时要进行具体的技术经济分析。

(3) 可调夹具(Adjustable Fixture)。某些元件可调整或更换，以适应多种工件加工的夹具，称为可调夹具。可调夹具是针对通用夹具和专用夹具的缺陷而发展起来的一类新型夹具。对不同类型和尺寸的工件，只需调整或更换原来夹具上的个别定位元件和夹紧元件便可使用。它一般又可分为通用可调夹具和成组夹具两种。前者的通用范围比通用夹具更大；后者则是一种专用可调夹具，它按成组原理设计并能加工一族相似的工件，故在多品种、中、小批量的生产中有较好的经济效果。

(4) 组合夹具(Combined Clamp)。采用标准的组合元件、部件，专为某一工件的某道工序组装的夹具，称为组合夹具。组合夹具是一种模块化的夹具。标准的模块元件具有较高精度和耐磨性，可组装成各种夹具。夹具用毕可拆卸，清洗后留待组装新的夹具。由于使用组合夹具可缩短生产准备周期，元件能重复多次使用，并具有减少专用夹具数量等优点，因此组合夹具在单件，中、小批量多品种生产和数控加工中，是一种较经济的夹具。

(5) 拼装夹具。用专门的标准化、系列化的拼装零部件拼装而成的夹具，称为拼装夹具。它具有组合夹具的优点，但比组合夹具精度高、效能高、结构紧凑。它的基础板和夹紧部件中常带有小型液压缸。此类夹具更适合在数控机床上使用。

2) 按使用机床分类

夹具按使用机床不同，可分为车床夹具、铣床夹具、钻床夹具、镗床夹具、齿轮机床夹具、数控机床夹具、自动机床夹具、自动线随行夹具以及其他机床夹具等。

3) 按夹紧的动力源分类

夹具按夹紧的动力源可分为手动夹具、气动夹具、液压夹具、气液增力夹具、电磁夹具以及真空夹具等。

3. 数控加工夹具的特点

作为机床夹具，首先要满足机械加工时对工件的装夹要求。同时，数控加工的夹具还有它本身的特点。这些特点是：

(1) 数控加工适用于多品种、中小批量生产，为能装夹不同尺寸、不同形状的多品种工件，数控加工的夹具应具有柔性，经过适当调整即可夹持多种形状和尺寸的工件。

(2) 传统的专用夹具具有定位、夹紧、导向和对刀4种功能，而数控机床上一般都配备有接触试测头、刀具预调仪及对刀部件等设备，可以由机床解决对刀问题。数控机床上有程序控制的准确的定位精度，可实现夹具中的刀具导向功能。因此数控加工中的夹具一一般不需要导向和对刀功能,只要求具有定位和夹紧功能,就能满足使用要求,这样可简化夹具的结构。

(3) 为适应数控加工的高效率,数控加工夹具应尽可能使用气动、液压、电动等自动夹紧装置快速夹紧,以缩短辅助时间。

(4) 夹具本身应有足够的刚度,以适应大切削用量切削。数控加工具有工序集中的特点,在工件的一次装夹中既要进行切削力很大的粗加工,又要进行达到工件最终精度要求的精加工,因此夹具的刚度和夹紧力都要满足大切削力的要求。

(5) 为适应数控多方面加工,要避免夹具结构包括夹具上的组件对刀具运动轨迹的干涉,夹具结构不要妨碍刀具对工件各部位的多面加工。

(6) 夹具的定位要可靠,定位元件应具有较高的定位精度,定位部位应便于清屑,无切屑积留。如工件的定位面偏小,则可考虑增设工艺凸台或辅助基准。

(7) 对刚度小的工件,应保证最小的夹紧变形,如使夹紧点靠近支承点,避免把夹紧力作用在工件的中空区域等。当粗加工和精加工同在一个工序内完成时,如果上述措施不能把工件变形控制在加工精度要求的范围内,则应在精加工前使程序暂停,让操作者在粗加工后精加工前变换夹紧力(适当减小),以减小夹紧变形对加工精度的影响。

3.3.3 夹具定位实例

对有一定批量的零件来说,尽量选用结构较简单的夹具。

例如,加工图 3.14 所示的凸轮零件的凸轮曲面时,可采用图 3.15 中所示的凸轮夹具。

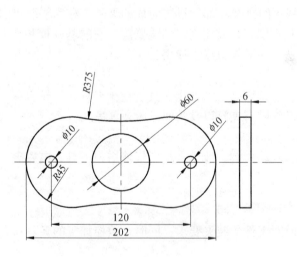

图 3.14 凸轮零件图样

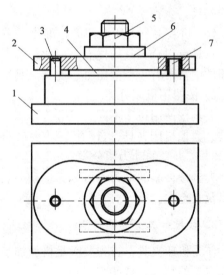

图 3.15 凸轮夹具

1—夹具体 2—凸轮零件 3—圆柱定位销
4—定位块 5—夹紧螺母 6—压板
7—菱形定位销

其中，两个定位销 3、7 与定位块 4 组成一面两销的六点定位，压板 6 与夹紧螺母 7 实现夹紧。

3.4 确定刀具与工件的相对位置

对于数控机床来说，在加工开始时，确定刀具与工件的相对位置是很重要的，这一相对位置是通过确认对刀点（Tool Aligning Point）来实现的。

对刀点是指通过对刀确定刀具与工件相对位置的基准点。对刀点可以设置在被加工零件上，也可以设在夹具上与零件定位基准有一定尺寸联系的某一位置上，如图 3.16 所示。对刀点的选择原则如下。

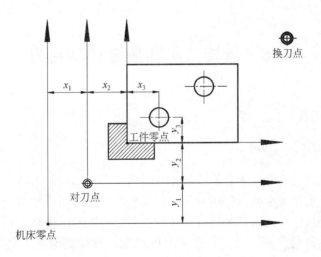

图 3.16 对刀点和换刀点

(1) 所选的对刀点应使程序编制简单。
(2) 对刀点应选择在容易找正、便于确定零件加工原点的位置。
(3) 对刀点的位置应在加工时检验方便、可靠。
(4) 对刀点的选择应有利于提高加工精度。

对刀是指使"刀位点"与"对刀点"重合的操作。"刀位点"是指刀具的定位基准点。如图 3.17 所示，(a)图所示的车刀的刀位点是刀尖或刀尖圆弧中心；(b)图所示的钻头的刀位点是钻头顶点；(c)图所示的圆柱铣刀的刀位点是刀具中心线与刀具底面的交点；(d)图所示的球头铣刀的刀位点是球头的球心点。各类数控机床的对刀方法是不完全一样的，这一内容应结合各类机床而论。

换刀点（Tool Changing Point）是为数控车床、加工中心等采用多刀进行加工的机床而设置的，因为这些机床在加工过程中常需自动换刀。对于手动换刀的数控铣床，也应确定相应的换刀位置。为防止换刀时碰伤零件、刀具或夹具，换刀点常常设置在被加工零件的轮廓之外，并留有一定的安全量（Safety Discharge），如图 3.16 所示。

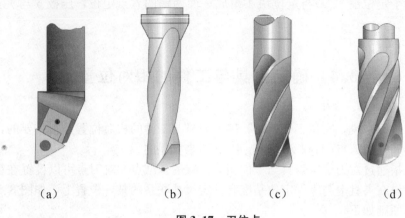

图 3.17　刀位点

3.5　选择刀具和确定切削用量

3.5.1　数控加工刀具

1. 数控加工刀具的种类

数控加工刀具可分为常规刀具和模块化刀具两大类。模块化刀具是发展方向,发展模块化刀具的主要优点:减少换刀停机时间,提高生产加工时间;加快换刀及安装时间,提高小批量生产的经济性;提高刀具的标准化和合理化的程度;提高刀具的管理及柔性加工的水平;扩大刀具的利用率,充分发挥刀具的性能;有效地消除刀具测量工作的中断现象,可采用线外预调。常用刀具的具体分类如下。

1) 根据结构形式分类

(1) 整体式。

(2) 镶嵌式。可分为焊接式和机夹式。

(3) 减振式。当刀具的工作臂长与直径之比较大时,为了减少刀具的振动,提高加工精度,多采用此类刀具。

(4) 内冷式。切削液通过刀体内部由喷孔喷射到刀具的切削刃部。

(5) 特殊型式。如复合刀具、可逆攻螺纹刀具等。

2) 根据刀具材料(Material of Tool)分类

(1) 高速钢刀具。高速钢(High-speed Steel)通常是型坯材料,韧性较硬质合金好,硬度、耐磨性和红硬性较硬质合金差,不适于切削硬度较高的材料,也不适于进行高速切削。高速钢刀具使用前需生产者自行刃磨,且刃磨方便,适于各种特殊需要的非标准刀具。

(2) 硬质合金刀具。硬质合金(Cemented Carbide)刀片切削性能优异,在数控车削中被广泛使用。硬质合金刀片有标准规格的系列产品,具体技术参数和切削性能由刀具生产厂家提供。

(3) 陶瓷刀具、立方氮化硼刀具、金刚石刀具等。

3) 根据切削工艺不同分类

(1) 车削刀具。车削刀具分外圆、内孔、外螺纹、内螺纹、切槽、切端面、切端面环槽、切断刀等几种。

数控车床一般使用标准的机夹可转位刀具。机夹可转位刀具的刀片和刀体都有标准，刀片材料采用硬质合金、涂层硬质合金以及高速钢。数控车床机夹可转位刀具类型如图3.18所示，图(a)所示为外圆粗车刀，图(b)所示为外圆精车刀，图(c)所示为外螺纹刀，图(d)所示为切槽刀，图(e)所示为内孔车刀，图3.18(f)所示为焊接刀具。

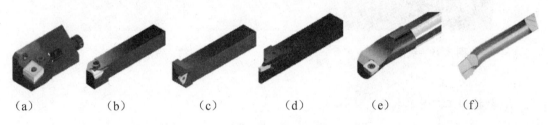

图 3.18 车削刀具

(2) 钻削刀具。钻削刀具分小孔、短孔、深孔、攻螺纹、铰孔刀等几种。

钻削刀具可用于数控车床、车削中心，又可用于数控镗铣床和加工中心。因此它的结构和连接形式有多种，如直柄、直柄螺钉紧定、锥柄、螺纹连接、模块式连接(圆锥或圆柱连接)等，如图 3.19 所示。

(3) 镗削刀具。镗削刀具分粗镗、精镗等刀具。

镗刀从结构上可分为整体式镗刀柄、模块式镗刀柄和镗头类。从加工工艺要求上可分为粗镗刀和精镗刀。

(4) 铣削刀具。铣削刀具分面铣、立铣、三面刃铣等刀具。

① 面铣刀(也叫端铣刀)。面铣刀的圆周表面和端面上都有切削刃，端部切削刃为副切削刃。面铣刀多制成套式镶齿结构和刀片机夹可转位结构，刀齿材料为高速钢或硬质合金，刀体为 40Cr。

② 立铣刀。立铣刀是数控机床上用得最多的一种铣刀。立铣刀的圆柱表面和端面上都有切削刃，它们可同时进行切削，也可单独进行切削，图 3.19 所示为四刃立铣刀。结构有整体式和机夹式等，高速钢和硬质合金是铣刀工作部分的常用材料。

③ 模具铣刀。模具铣刀由立铣刀发展而成，可分为圆锥形立铣刀、圆柱形球头立铣刀和圆锥形球头立铣刀 3 种，其柄部有直柄、削平型直柄和莫氏锥柄。它的结构特点是球头或端面上布满切削刃，圆周刃与球头刃圆弧连接，可以作径向和轴向进给。铣刀工作部分用高速钢或硬质合金制造。

图 3.20 所示为常用的各类钻、铣削刀具。

4) 特殊型刀具

特殊型刀具有带柄自紧夹头、强力弹簧夹头刀柄、可逆式(自动反向)攻螺纹夹头刀柄、增速夹头刀柄、复合刀具和接杆类等。

图 3.19 铣削刀具

图 3.20 钻、铣削刀具

2. 数控加工刀具的特点

为了达到高效、多能、快换、经济的目的,数控加工刀具与普通金属切削刀具相比,前者应满足安装调整方便、刚性好、精度高、耐用度好等要求。

3. 数控刀具的选择

刀具的选择是数控加工工艺中的重要内容之一,它不仅影响机床的加工效率,而且直接影响加工质量。与传统的加工方法相比,数控加工对刀具的要求更高。不仅要求精度高、刚度好、耐用度高,而且要求尺寸稳定、安装调整方便。这就要求采用新型优质材料制造数控加工刀具,并优选刀具参数。

选取刀具时,要使刀具的尺寸与被加工工件的表面尺寸和形状相适应。生产中,平面零件周边轮廓的加工,常采用立铣刀。铣削平面时,应选用硬质合金刀片铣刀;加工凸轮、凹槽时,选高速钢立铣刀;加工毛坯表面或粗加工孔时,可选镶硬质合金的玉米铣刀。

对一些立体型面和变斜角轮廓外形的加工,常采用球头铣刀、环形铣刀、鼓形刀、锥形刀和盘形刀,如图 3.21 所示。

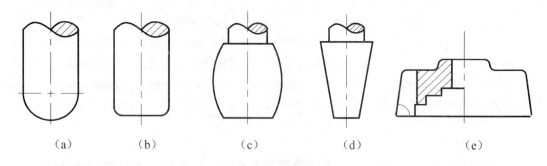

(a)　　　　(b)　　　　(c)　　　　(d)　　　　(e)

图 3.21 常用数控加工铣刀

曲面加工常采用球头铣刀,但加工曲面较平坦部位时,刀具以球头顶端刃切削,切削条件较差,因而应采用环形刀。在单件或小批量生产中,为了取代多坐标联动机床,常采用鼓形刀或锥形刀来加工飞机上的一些变斜角零件。加镶齿盘铣刀,适用于在五坐标联动的数控机床上加工一些球面,其效率比用球头铣刀高近10倍,并可获得好的加工精度。

3.5.2 切削用量的确定

切削用量(Cutting Data)包括主轴转速、背吃刀量、进给量。对于不同的加工方法,需要选择不同的切削用量,并编入程序单内,如图3.22所示为车削加工切削用量。

合理选择切削用量的原则是,粗加工(Roughing)时,一般以提高生产率(High Production Quality)为主,但也应考虑经济性和加工成本(Low Part Costs);半精加工(Half-finishing)和精加工(Finishing)时,应在保证加工质量(Quality)的前提下,兼顾切削效率、经济性和加工成本。具体数值应根据机床说明书、切削手册,并结合经验而定。

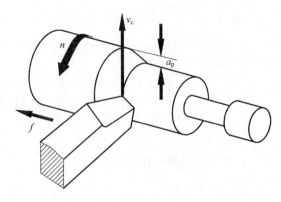

图3.22 切削用量

1. 切削深度 a_p

切削深度(Depth of cut)主要根据机床、夹具、刀具和工件的刚度来决定。在刚度允许的情况下,应以最少的进给次数切除加工余量,最好一次切净余量,以便提高生产率。在数控机床上,精加工余量可小于普通机床,一般取(0.2~0.5)mm。

2. 切削速度 v_c

主轴转速(Spindle Speed)主要根据允许的切削速度(Cutting Speed) v_c 选取。

$$n = \frac{1000 v_c}{\pi D}$$

式中:v_c——切削速度,m/min,由刀具的耐用度决定;
$\quad\quad D$——工件或刀具直径,mm。

主轴转速 n(r/min)需根据计算值,在机床说明书中选取标准值,并填入程序单中。

3. 进给量(进给速度)f

进给量(Feed Rate)是数控机床切削用量中的重要参数(mm/min 或 mm/r),主要根据零件的加工精度和表面粗糙度要求以及刀具、工件的材料性质选取。当加工精度,表面粗糙度要求高时,进给量数值应选小些,一般在20~50mm/min范围内选取。最大进给量则受机床刚度和进给系统的性能限制,并与脉冲当量有关。

编程人员在确定切削用量时,要根据被加工工件的材料、硬度、切削状态、背吃刀量、进给量、刀具耐用度,最后选择合适的切削速度。

见表3-1,为车削加工时选择切削条件的参考数据。

表 3-1　车削加工的切削速度　　　　　　　　　　　　　　　　　m/min

被切削材料		轻切削切深 0.5～10mm 进给量 0.05～0.3mm/r	一般切削切深 1～4mm 进给量 0.2～0.5mm/r	重切削切深 5～12mm 进给量 0.4～0.8mm/r
优质碳素结构钢	10	100～250	150～250	80～220
	45	60～230	70～220	80～180
合金钢	$\sigma_b \leqslant 750MPa$	100～220	100～230	70～220
	$\sigma_b > 750MPa$	70～220	80～220	80～200

3.6　金属切削液的使用

1. 金属切削液的作用

使用金属切削液(Cutting Fluid)的目的是为了降低切削时的切削力及刀具与工件之间的摩擦(Friction)，及时带走切削区内产生的热量以降低切削温度减少刀具磨损(Wear)，提高刀具使用寿命，从而提高加工效率，保证工件精度和表面质量，达到最佳经济效果。

切削液的作用如下。

1) 冷却作用

切削液的冷却作用是通过它和因切削而发热的刀具、切屑和工件间的对流和汽化作用把切削热从固体(刀具、工件)处带走，降低切削温度，减少工件和刀具的热变形，保持刀具硬度和尺寸。

2) 润滑作用

在切削加工中，刀具与切屑，刀具与工作表面之间产生摩擦，切削液就是减轻这种摩擦，形成部分润滑膜的润滑剂。

3) 清洗作用

在金属切削过程中，切屑、铁粉、磨屑、油污、沙粒等常常黏附在工件和刀具、砂轮上，影响切削效果，同时玷污机床和工件，不易清洗，所以要求切削液有良好的清洗作用。

4) 防锈作用

在切削加工过程中，工件会与环境介质如水、硫、二氧化硫、二氧化碳、氯离子、酸、硫化氢、碱和切削液分解或氧化变质所产生的腐蚀介质接触而受到腐蚀，机床与切削液接触的部位也会产生腐蚀。在工件加工后或工序间的存放期间，如果切削液没有一定的防锈能力，工件会受到上述环境介质的影响而产生腐蚀，造成工件生锈，因此要求切削液应具有较好的防锈性能，这是切削液最基本的性能之一。

2. 切削液的性能

切削液必须具备下列性能。

(1) 储存稳定性好，在加工过程和冷却系统中使用时以及在仓库储存期内，切削液不应产生沉淀或分层。

(2) 对于乳化液和合成型水基切削液，应具备良好的稳定性，不会析油、析皂，对细菌和霉菌有一定的抵抗能力，不易发臭变质，使用周期较长。

(3) 对人体无害，无刺激性气味，便于回收，不会污染环境。废液经处理后能达到国家规定的工业污水排放标准。

3. 切削液的分类及选用

金属切削液通常可分为以冷却为主的水溶性金属切削液和以润滑为主的纯油性金属切削液；水溶性金属切削液又可细分为可溶性油（乳化液）、半合成切削液（微乳化液）和合成切削液3种。

选取金属切削液时，首先要根据切削加工的工艺条件及要求，初步判断选取纯油性金属切削液或水溶性金属切削液。通常我们可以根据机床供应商的推荐来选择；其次，还可以根据常规经验进行选取，如使用高速钢刀具进行低速切削时，通常采用纯油性金属切削液，使用硬质合金刀具进行高速切削时，通常可以采用水溶性金属切削液；对于供液困难或切削液不易达到切削区时（如攻丝、内孔拉削等），采用纯油性金属切削液，其他情况下通常可采用水溶性金属切削液等。总之，要根据具体切削加工条件及要求，根据纯油性金属切削液和水溶性金属切削液的不同特点，同时考虑各个工厂的不同实际情况，如车间的通风条件、废液处理能力及前后道工序的切削液使用情况等，来选取具体的切削液类型。

其次，在选取了切削液类型后，还要根据切削加工工艺、被加工工件的材质及对工件的加工精度和粗糙度的要求等，初步选取切削液的品种。

如选取磨削加工切削液时，不但要考虑普通切削加工的条件，更要考虑磨削加工工艺本身的特点：磨削加工实际上是多刀同时切削的加工工艺，磨削加工的进给量较小，切削力通常也不大，但磨削速度较高（30～80m/s），因此磨削区域的温度通常都较高，可高达800℃～1000℃，容易引起工件表面局部烧伤，磨削加工热应力会使工件变形，甚至使工件表面产生裂纹；同时，因为磨削加工过程中会产生大量的金属磨屑和砂轮砂末，会影响加工工件的表面粗糙度等。因此，在选取磨削加工的水溶性金属切削液时，更要求该切削液具有良好的冷却性、润滑性和清洗冲刷性。

根据工件材质的不同，在选取水溶性金属切削液时也要根据不同材质的不同特性选取不同的切削液产品。如切削高硬度不锈钢时，就要根据其硬度高、强度大、难切削等特点，选取极压性能好的极压型水溶性金属切削液，来满足切削过程中对切削液的极压润滑性能要求；而对于如铝合金、铜合金等材质时，由于其材质本身的韧性大、活性大等特点，在选取水溶性金属切削液时，则更要求切削液的润滑性、清洗性等，同时，不能腐蚀（Corrosion）工件。

3.7 工艺文件编制

填写数控加工专用技术文件是数控加工工艺设计的内容之一。这些技术文件既是数控加工的依据、产品验收的依据，也是操作者遵守、执行的规程。技术文件是对数控加工的具体说明，目的是让操作者更明确加工程序的内容、装夹方式、各个加工部位所选用的刀具及其他问题。

数控加工技术文件主要有：数控编程任务书、工件安装和原点设定卡片、数控加工工序卡片、数控加工走刀路线图、数控刀具卡片等。以下提供了常用的文件格式，文件格式也可根据企业实际情况自行设计。

1. 数控编程任务书

数控编程任务书（Programming Schedule），阐明了工艺人员对数控加工工序的技术要求和工序说明以及数控加工前应保证的加工余量。它是编程人员和工艺人员协调工作和编制数控程序的重要依据之一，见表3-2。

表3-2 数控编程任务书

工艺处	数控编程任务书	产品零件图号		任务书编号	
		零件名称			
		使用数控设备		共　页第　页	
主要工序说明及技术要求：					
		编程收到日期	月　日	经手人	
编制		审核		编程		审核		批准	

2. 数控加工工件安装和加工原点设定卡片

工件安装和原点设定卡片（Set-up Schedule）应表示出数控加工原点、定位方法和夹紧方法，并应注明加工原点设定位置和坐标方向，使用的夹具名称和编号等，见表3-3。

3. 数控加工工序卡片

数控加工工序卡（Operation Layout）与普通加工工序卡有许多相似之处，所不同的是：工序草图中应注明编程原点与对刀点，要进行简要编程说明（如：所用机床型号、程序介质、程序编号、刀具半径补偿、镜像对称加工方式等）及切削参数（即程序编入的主轴转速、进给速度、最大背吃刀量或宽度等）的选择，见表3-4。

表3-3 工件安装和原点设定卡片

零件图号	J30102-4	数控加工工件安装和零点设定卡片		工序号	
零件名称	凸轮			装夹次数	

			4	夹紧螺母	
			3	压板	
			2	定位块	
编制(日期)	审核(日期)	批准(日期)	第 页	1	夹具体	
				共 页	序号	夹具名称	夹具图号

表3-4 数控加工工序卡片

单位	数控加工工序卡片		产品名称或代号		零件名称		零件图号	
工序简图								
			车 间			使用设备		
			工艺序号			程序编号		
			夹具名称			夹具编号		
工步号	工步作业内容		加工面	刀具号	刀补量	主轴转速	进给速度	背吃刀量	备注
编制		审核		批准		年月日	共 页	第 页

4. 数控加工走刀路线图

在数控加工中，常常要注意并防止刀具在运动过程中与夹具或工件发生意外碰撞，为此必须设法告诉操作者关于编程中的刀具运动路线（如：从哪里下刀、在哪里抬刀、哪里是斜下刀等）。为简化走刀路线图（Processing Route），一般可采用统一约定的符号来表示。不同的机床可以采用不同的图例与格式，表3-5为一种常用格式。

表3-5 数控加工走刀路线

数控加工走刀路线图		零件图号	NC01	工序号		工步号		程序号	O100
机床型号	XK5032	程序段号	N10～N170	加工内容		铣轮廓周边		共 页	第 页
								编程	
								校对	
								审批	
符号	⊙	⊗	◐	○→	→	⊥	----	∧	▭→
含义	抬刀	下刀	编程原点	起刀点	走刀方向	走刀线相交	爬斜坡	铰孔	行切

5. 数控刀具卡片（Tool Schedule）

数控加工时对刀具要求十分严格，一般要在机外对刀仪上预先调整刀具直径和长度。刀具卡反映了刀具编号、刀具结构、尾柄规格、组合件名称代号、刀片型号和材料等。它是组装刀具和调整刀具的依据，见表3-6。

不同的机床或不同的加工目的可能会需要不同形式的数控加工专用技术文件。在工作中，可根据具体情况设计文件格式。

表 3-6 数控刀具卡片

零件图号	J30102-4			数控刀具卡片			使用设备	
刀具名称	镗刀						TC-30	
刀具编号	T13006	换刀方式	自动	程序编号				
刀具组成	序号	编号		刀具名称	规格	数量	备注	
	1	T013960		拉钉		1		
	2	390、140-50 50 027		刀柄		1		
	3	391、01-50 50 100		接杆	$\phi50\times100$	1		
	4	391、68-03650 085		镗刀杆		1		
	5	R416.3-122053 25		镗刀组件	$\phi41\sim\phi53$	1		
	6	TCMM110208-52		刀片		1		
备注								
编制		审校		批准		共 页	第 页	

3.8 工艺分析实例

欲加工如图 3.23 所示的工件,材料为板材 45 钢,小批量生产,其加工工艺分析如下。

1. 外形加工

为了满足侧面与底面垂直度要求,表面光洁无刀痕,节省材料等要求,故上下表面采用平面磨床磨削,外形采用线切割加工完成。

2. 选择切削加工设备

根据被加工零件的外形和材料等条件,选用 MI-KRON Vce600pro 加工中心。

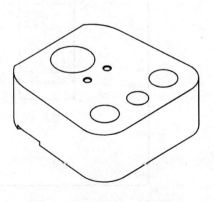

图 3.23 加工零件三维造型图

3. 确定工件的定位基准和装夹方式

(1) 定位基准。X方向寻边器分中,Y方向平口钳定位,Z方向平口钳定位,转动方向平口钳定位,以左右对称面为工艺基准。

(2) 装夹方法。平口钳夹紧。

4. 制定加工方案

根据零件图3.24(第三视角制图)所示的要求、毛坯及前道工序加工情况,确定工艺方案及加工路线。其加工工序如下。

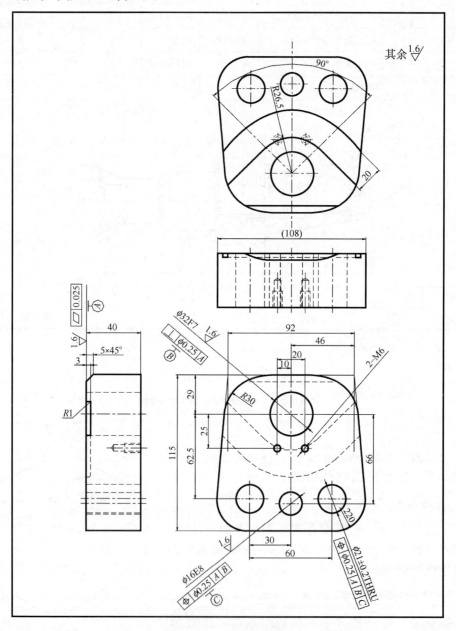

图 3.24 工艺分析实例

第一步:正面(有槽面)加工如图 3.25 所示。

(1) 钻中心孔(所有孔)。

(2) 钻孔(所有孔)。

(3) 粗加工(孔 2-ϕ21±0.2;孔 ϕ32F8;槽;斜面)。

(4) 精加工斜面。

(5) 精加工(孔 2-ϕ21±0.2)。

(6) 镗孔 ϕ16E8。

(7) 镗孔 ϕ32F7。

(8) 去毛刺。

第二步:反面(无槽面)加工如图 3.26 所示。

(1) 钻中心孔。

(2) 钻孔。

(3) 攻丝(2-M6)。

(4) 去毛刺。

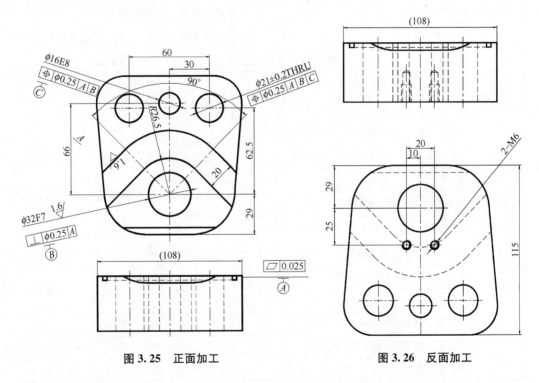

图 3.25 正面加工　　　图 3.26 反面加工

5. 刀具选择

加工刀具选用见表 3-7。

6. 确定切削用量

根据加工质量、效率等综合因素,确定与各刀具加工相对应的切削用量,填写加工工艺卡,见表 3-8。

表 3-7 数控加工刀具卡片

工件名称：××××××		零件图号：××××××	
序号	刀具规格名称	加工内容	备注
1	$\phi 5$ 中心钻	钻中心孔	
2	$\phi 5$ 钻头	钻 M6 底孔	
3	$\phi 15.8$ 钻头	钻 $\phi 16$，$\phi 21$，$\phi 32$ 底孔	
4	$\phi 16 R0.8$ 镶片铣刀 2 刃	粗加工 $\phi 21$，$\phi 32$，槽，斜面	
5	$\phi 10 R1$ 钨钢铣刀 4 刃	精加工 $\phi 21$，槽，斜面	
6	可调精镗刀	精镗 $\phi 16$	
7	可调精镗刀	精镗 $\phi 32$	
编制：×××		审核：×××	批准：×××

表 3-8 加工中心加工工艺卡

零件图号	×××××	加工中心加工工艺卡		机床型号	Vce600pro
加工程序	×××××			工件零点	X，Y 方向中心 Z 工件上表面
刀具表		量具表		夹具表	
T01	$\phi 5$ 中心钻	游标卡尺 (0~150mm)			
T02	$\phi 15.8$ 钻头	游标卡尺 (0~150mm)		夹具类型：平口钳	
T03	$\phi 16 R0.8$	游标卡尺 (0~150mm)			
T04	$\phi 10 R1$	游标卡尺 (0~150mm)		夹紧注意：	
T05	精镗刀 1	内测千分尺		正面加工，平口钳夹持工件上端露出长度超过 8mm	
T06	精镗刀 2	内测千分尺		反面加工，平口钳夹持工件上端露出长度超过 1mm	
T07	$\phi 5$ 钻头	游标卡尺 (0~150mm)			
T08	M6 丝锥	螺纹塞规			

序号	工艺内容	切削用量			备注
		S	F	a_p	
1	用 T01 钻各孔中心孔	800	60	2.5	
2	用 T02 钻 $\phi 16$，$\phi 21$，$\phi 32$ 底孔，	400	80	7.9	镗孔留 0.2 余量
3	用 T03 粗加工 $\phi 21$，$\phi 32$，槽，斜面	1500	1600	0.3	留 0.2 余量
4	用 T04 精加工 $\phi 21$，槽，斜面	2000	500	2	
5	用 T05 精镗 $\phi 16$	300	60	0.1	
6	用 T06 精镗 $\phi 32$	200	60	0.1	
7	用 T01 钻 M6 中心孔	800	60	2.5	工件翻身加工
8	用 T07 钻 M6 底孔	600	80	2.5	工件翻身加工
9	用 T08 攻 M6 螺纹	100	100	0.65	工件翻身加工

3.9 习　　题

一、填空题

1. 在数控机床上加工的零件工艺规程比普通机床加工更_____。在数控机床加工前，要将机床的运动过程、_____、_____、_____和_____等都编入程序。
2. 加工路线的确定首先必须保证被加工零件的_____，其次还需考虑_____，_____，_____等。
3. 刀具在铣削轮廓时，其切出或切入应沿零件轮廓的_____方向，以保证工件轮廓光滑。
4. 在确定零件定位和夹紧方案时应注意尽可能做到_____基准、_____基准与_____基准的统一。
5. _____材料制作的刀片切削性能优异，在数控车削中被广泛使用。
6. 对刀是指使_____点与_____点重合的操作。
7. 合理选择切削用量的原则是，粗加工时，一般以_____为主，但也应考虑_____；半精加工和精加工时，应在_____前提下，兼顾_____。
8. _____是数控机床切削用量中的重要参数，主要根据零件的加工精度和表面粗糙度要求以及刀具、工件的材料性质选取。当加工精度、表面粗糙度要求高时，此数值应选_____些。

二、判断题

1. 数控加工因其加工性能优越，逐渐可以取代普通机床。　　　　　　（　　）
2. 在数控加工零件图上，应以同一基准引注尺寸或直接给出坐标尺寸，这种标注方法便于编程。　　　　　　　　　　　　　　　　　　　　　　　　　　（　　）
3. 立铣刀的刀位点是刀具中心线与刀具底面的交点。　　　　　　　　（　　）
4. 球头铣刀的刀位点是刀具中心线与球头球面的交点。　　　　　　　（　　）
5. 换刀点应设置在被加工零件的轮廓之外，并要求有一定的余量。　　（　　）
6. 为保证工件轮廓的表面粗糙度，最终轮廓应在一次走刀中连续加工出来。（　　）

三、选择题

1. 车刀的刀位点是指(　　)。
   A. 主切削刃上的选定点　　　　　　B. 刀尖
   C. 刀尖圆弧中心　　　　　　　　　D. 刀尖或刀尖圆弧中心
2. 精加工时，切削速度选择的主要依据是(　　)。
   A. 刀具耐用度　　　　　　　　　　B. 加工表面质量
   C. 机床刚度　　　　　　　　　　　D. 工作效率
3. (　　)切削性能优异，在数控车削中被广泛使用，它有标准规格系列产品，具体技术参数和切削性能由刀具生产厂家提供。
  A. 高速钢刀具   B. 硬质合金刀片
  C. 陶瓷刀具   D. 金刚石刀具
 4. 加工路线的确定首先必须保证被加工零件的（　　），其次考虑（　　）等。
  A. 走刀路线短，效率较高
  B. 数值计算简单，尺寸精度高
  C. 表面质量好，效率较高
  D. 尺寸精度高，表面质量好

四、问答题

1. 试说明对刀点、刀位点、换刀点的定义。
2. 数控工艺与传统工艺相比有哪些特点？
3. 数控编程开始前，进行工艺分析的目的是什么？
4. 如何从经济观点出发来分析哪类零件在数控机床上加工合适？
5. 确定对刀点时应考虑哪些因素？
6. 指出立铣刀、球头铣刀和钻头的刀位点。
7. 确定走刀路线时应考虑哪些问题？
8. 简要说明切削用量三要素选择的原则。
9. 在数控机床上加工时，定位基准和夹紧方案的选择应考虑哪些问题？
10. 简述金属切削液在数控切削加工过程中的作用。

五、数控专业英语与中文解释对应划线

Processing Route	加工工艺
Production Quality	加工路线
Machining Process	切削用量
Cutting Speed	刀具材料
Tool Material	切削速度
Cutting Data	生产效率

六、数控专业英语翻译

Read the following statements and explain it：

  There are major factors that affect metal-cutting operations on CNC machines and those that have to be taken into consideration when preparing NC programs. These factors are machine、tool、coolant and workpiece material(Fig. 3. 27).

  When selecting the actual cutting data,"Spindle speed"、"Cutting speed"、"Feed rate" and "Depth of cut" have to be considered in relation to their importance, because there are technological limits in some cases while others demand that certain quality requirements are satisfied.

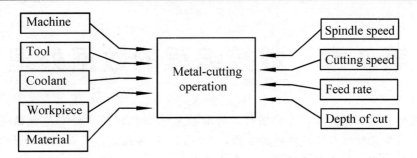

图 3.27 影响金属切削加工的因素

第 4 章 数控编程的数据处理

教学目标：根据被加工零件的图样,将数控系统编程时所需的有关数据进行计算确定。明确零件加工轨迹尺寸计算的必要性,了解零件轮廓基点、节点坐标的计算方法,认识刀具中心轨迹坐标计算等在数控编程中的作用。

4.1 基点坐标计算

在数控机床上加工由直线和圆弧组成的平面轮廓,可利用直线和圆弧插补(Interpolation)功能。编程时数据处理(Mathematical Calculations)的主要任务是求各基点(Basic Points)的坐标(Coordinate)。

4.1.1 基点的含义

零件的轮廓曲线(Curve of Contour)一般由许多不同的几何元素(Element of Geometry)组成,如由直线、圆弧、二次曲线等组成。通常把各个几何元素间的连接点称为基点,如两条直线的交点、直线与圆弧的切点或交点、圆弧与圆弧的切点或交点、圆弧与二次曲线的切点和交点等。大多数零件轮廓由直线和圆弧段组成,这类零件的基点计算较简单,用零件图上已知的尺寸数值就可计算出基点坐标,如若不能,可用联立方程式求解方法求出基点坐标。

基点可以直接作为其运动轨迹的起点或终点,如图 4.1 中所示的 A、B、C、D、E 都是该零件轮廓上的基点。

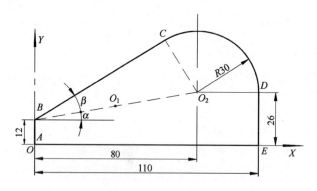

图 4.1 零件的基点

4.1.2 基点直接计算的内容

根据直接填写加工程序单时的要求,基点直接计算的内容主要有:每条运动轨迹(线段)的起点(Starting Point)或终点(Point of Target)的坐标值和圆弧运动轨迹的圆心(Centre of Circle)坐标值等。

简单零件的基点坐标值可以通过直接计算的方法确定,一般根据零件图样所给的已知条件由人工完成,即依据零件图样上给定的尺寸,运用代数、三角、几何或解析几何的有关知识,直接计算(Calculating Directly)出数值。复杂零件的基点坐标值可以通过计算机自动计算(Calculating Automatically)而得。

例 4-1:如图 4.2(a)所示为车削零件,已知条件在图中已标注,P_2 点的 Z 坐标值需计算。

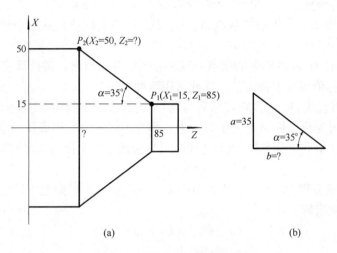

图 4.2 基点坐标计算实例 1

(1) 分析题意,可利用三角函数(Trigonometric Function)和勾股定理(Pythagorean Theorem)进行计算。

(2) 首先计算图 4.2(b)中所示的直角边的边长 $b = \dfrac{a}{\tan a} = \dfrac{35}{\tan 35°} = \dfrac{35}{0.7} = 50 \text{(mm)}$。

(3) 然后作 Z 向尺寸运算,$Z_2 = Z_1 - b = 85 - 50 = 35 \text{(mm)}$。

例 4-2:如图 4.3(a)所示,铣削半径为 R 的圆弧,已知圆弧的起、终点坐标,圆心坐标需求解。

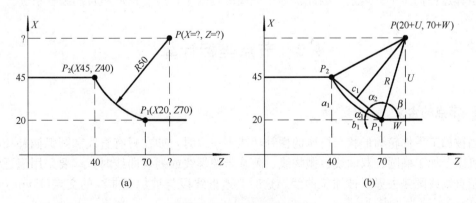

图 4.3 基点坐标计算实例 2

(1) 利用勾股定理计算:$c_1 = \sqrt{a_1^2 + b_1^2} = \sqrt{25^2 + 30^2} = 39.05 \text{(mm)}$。

(2) 根据正切值 $\tan\alpha_1 = \dfrac{a_1}{b_1} = \dfrac{25}{30} = 0.83$，计算角 $\alpha_1 = 39.81°$。

(3) 根据余弦值 $\cos\alpha_2 = \dfrac{c_1/2}{R} = \dfrac{19.53}{50} = 0.39$，计算角 $\alpha_2 = 67.01°$。

(4) 计算角 $\beta = 180° - (\alpha_1 + \alpha_2) = 73.18°$。

(5) 计算 $U = R\sin\beta = 50 \times \sin 73.18° = 47.86 \text{(mm)}$。

(6) 计算 $W = R\cos\beta = 50 \times \cos 73.18° = 14.47 \text{(mm)}$。

(7) 计算圆心坐标：$X = 20 + U = 67.86$；$Z = 70 + W = 84.47$。

例 4-3：如图 4.1 中所示的基点 A、B、D、E 的坐标值，从图中给出的尺寸可以很容易找出，即 $A(0, 0)$，$B(0, 12)$，$D(110, 26)$，$E(110, 0)$，基点 C 是过 B 点的直线与圆心为 O_2、半径为 30 的圆弧的切点，其尺寸图中并未给出，需计算求得。

求 C 点的坐标值可有多种方法，在此选用两种方法。

方法 1：求出直线 BC 的方程，然后与以 O_2 为圆心、半径为 30 的圆的方程联立求解。为了计算方便，可先将坐标原点选在 B 点上，即令 $B(0, 0)$，构成新的坐标系。

由图可知，在新的坐标系中，以 $O_2(80, 14)$ 为圆心、半径为 30 的圆方程是：
$$(x-80)^2 + (y-14)^2 = 30^2$$

过 B 点的直线方程为 $y = kx$，由图可知 $k = \tan(\alpha + \beta)$，根据图中尺寸求出 $k = 0.6153$，然后将两方程联立求解。

$$\begin{cases} (x-80)^2 + (y-14)^2 = 30^2 \\ y = 0.6153x \end{cases}$$

求得以 B 为原点的 C 点的坐标是 $(64.2786, 39.5507)$。

换成编程用的以 A 为原点的坐标值，则得：$C(64.2786, 51.5507)$。

在计算时，要注意将小数点后边的位数留够，以保证足够的精度。

方法 2：如果以 B 和 O_2 两点连线的中点 O_1 为圆心，以 O_1O_2 的距离为半径作圆，这个圆与以 O_2 为圆心、半径为 30 的圆分别相交于 C 点和另一对称点 C'，将这两个圆的方程联立求解也可以求出 C 点的坐标值。

求其他相交曲线的基点坐标与上例类似，从原理上讲，求基点坐标是比较简单的，但实际运算过程仍然十分繁杂。因此，为了提高编程效率，应尽量使用自动编程系统。

4.2 节点坐标计算

4.2.1 节点的含义

当被加工零件轮廓形状与机床的插补功能不一致时，如在只有直线和圆弧插补功能的数控机床上加工椭圆、双曲线、抛物线、阿基米德螺线或列表曲线时，就要采用逼近法加工，用直线或圆弧去逼近被加工曲线。这时，逼近线段与被加工曲线的交点(Point of Intersection)，称为节点(Node)。

如图 4.4 所示，图(a)所示为用直线段逼近非圆曲线的情况，曲线与直线的交点 A、B、C、D、E 等即为节点；图(b)所示为用圆弧段逼近非圆曲线的情况。

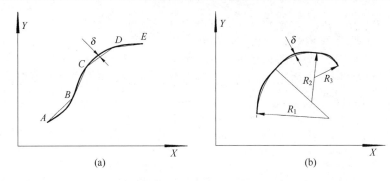

图 4.4 零件的节点

编写程序段时,应按节点划分程序段。逼近线段的近似区间愈大,则节点数目愈少,相应的程序段数目也会减少,但逼近线段的误差 δ 应小于或等于编程允许误差 $\delta_允$,即 $\delta \leqslant \delta_允$。考虑到工艺系统及计算误差的影响,一般取零件公差的 $1/5 \sim 1/10$。

4.2.2 节点坐标值计算

非圆曲线轮廓零件的数值计算过程,一般可按以下步骤进行。

(1) 选择插补方式,即采用直线还是圆弧逼近非圆曲线。采用直线段逼近,一般数学处理较简单,但计算的坐标数据较多,且各直线段间连接处存在尖角,由于在尖角处,刀具不能连续地对零件进行切削,所以零件表面会出现硬点或切痕,使加工质量变差。采用圆弧段逼近的方式,可以大大减少程序段的数目,同时若采用彼此相切的圆弧段来逼近非圆曲线,则可以提高零件表面的加工质量。但采用圆弧段逼近,其数学处理过程比直线要复杂一些。

(2) 确定编程允许误差,使 $\delta \leqslant \delta_允$。

(3) 选择数学模型,确定计算方法。目前生产中采用的算法比较多,在决定采用什么算法时,主要考虑的因素有两方面,一是尽可能按等误差的条件,确定节点坐标位置,以便最大程度地减少程序段的数目;二是尽可能寻找一种简便的计算方法,以便于计算机程序的制作,及时得到节点坐标数据。

(4) 根据算法,画出计算机处理流程图(Flow Diagram)。

(5) 用高级语言编写程序,上机调试,并获得节点坐标数据。

4.3 绝对坐标与增量坐标计算

绝对(Absolute)坐标:在数控编程时,所有点的坐标值均以某一固定原点计算得出。一般不用计算增量值,如直线段可直接给出它的终点坐标值;圆弧段可直接给出圆弧终点坐标值及圆心相对圆弧起点的坐标值。

增量(Incremental)坐标:运动轨迹的终点坐标是相对于其起点坐标计算得出的。如直线段要算出直线终点相对其起点的坐标增量值;对于圆弧段,一种是要算出圆弧终点相对起点的坐标增量值和圆弧的圆心相对圆弧起点的坐标增量值,另一种是要分别算出圆弧起点和终点相对圆心的坐标增量值。

例4-4：求如图 4.5 所示的 A、B 的绝对坐标与增量坐标。

绝对坐标：A 点 $X=40$，$Y=70$；B 点 $X=100$，$Y=30$。

增量坐标：B 相对于 A 的增量坐标为 $X=60$，$Y=-40$。

例4-5：填写如图 4.6 所示的车削零件切削加工时各运动点的绝对坐标值和增量坐标值（X 方向按直径值计算）。

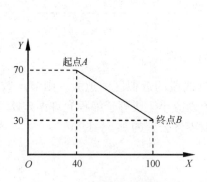

图 4.5　绝对坐标与增量坐标

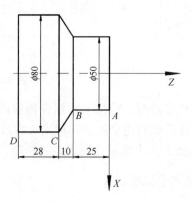

图 4.6　绝对坐标与增量坐标的应用

表 4-1　绝对坐标值与增量坐标值

Point nos	Absolute		Incremental	
	Xaxis	Zaxis	Xaxis	Zaxis
A	50	0	—	—
B	50	−25	0	−25
C	80	−35	30	−10
D	80	−63	0	−28

4.4　刀具中心轨迹计算

当采用圆弧形车刀进行车削加工及用立铣刀进行铣削加工时，因刀位点规定在刀具（轴心或球心）上，故编程时，都应根据工件的加工轮廓（Workpiece Contour）和设定的刀具半径量（Cutter Radius），按刀具半径补偿（Cutter Radius Compensation）方法编制刀具中心运动轨迹（Path of Cutter Center）的程序段，刀具中心运动轨迹如图 4.7 所示。

在全功能数控机床中，数控系统有刀具补偿功能，所以可按工件轮廓尺寸进行编制程序，建立、执行刀补后，数控系统自动计算，刀位点自动调整到刀具运动轨迹上。直接利用工件尺寸编制加工程序，刀具磨损、更换后，加工程序不变，因此使用简单、方便。

经济型数控机床结构简单，售价低，在生产企业中有一定的拥有量。在经济型数控机床系统中，如果没有刀具补偿功能，则只能按刀位点的运动轨迹尺寸编制加工程序，这就要求先根据工件轮廓尺寸和刀具直径计算出刀位点的轨迹尺寸。因此计算量大、复杂，且刀具磨损、更换后需重新计算刀位点的轨迹尺寸，重新编制加工程序。

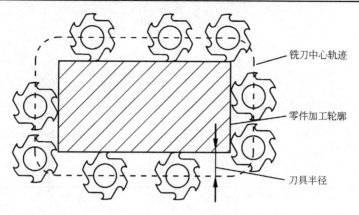

图 4.7 刀具中心运动轨迹

4.5 习　　题

一、填空题

1. 零件的轮廓曲线一般由许多不同的几何元素组成，如由直线、圆弧、二次曲线等组成。通常把各个几何元素间的连接点称为_____。
2. 简单零件的基点坐标值可以通过_____方法确定，复杂零件的基点坐标值可以通过_____计算而得。
3. 采用逼近法加工，用直线或圆弧去逼近被加工曲线时，逼近线段与被加工曲线的交点称为_____。
4. 在全功能数控机床中，数控系统有_____功能，可按工件轮廓尺寸进行编制程序，建立、执行刀补后，数控系统_____计算，刀位点自动调整到_____轨迹上。

二、判断题

1. 在数控编程过程中，零件基点与节点的计算是必不可少的。　　　　　　（　　）
2. 基点直接计算的内容主要指每条运动轨迹（线段）的起点或终点的坐标值和圆弧运动轨迹的圆心坐标值等。　　　　　　　　　　　　　　　　　　　　　　　　　（　　）
3. 逼近法加工非圆曲线，通常采用直线或圆弧去逼近被加工曲线。　　　　（　　）
4. 采用圆弧段来逼近非圆曲线，可以提高零件表面的加工质量。但其数学处理过程比直线要复杂。　　　　　　　　　　　　　　　　　　　　　　　　　　　　　（　　）
5. 没有刀具补偿功能的数控机床系统，可以按加工尺寸编制加工程序。　　（　　）

三、计算题

1. 试用数学计算法，求解如图 4.8(a) 所示的 P_2 基点坐标值，如图 4.8(b) 所示的圆心 P 点坐标值。

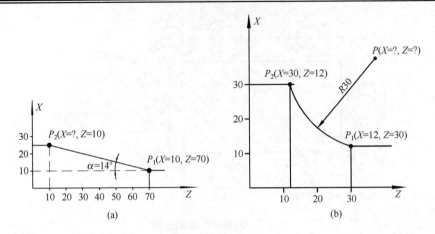

图 4.8 计算题 1 图

2. 填写如图 4.9 所示的零件切削加工时各运动点的绝对坐标值和增量坐标值（X 方向按直径值计算）。

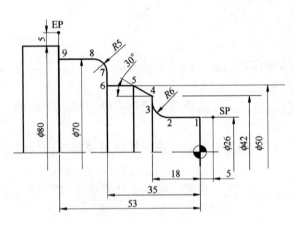

Point nos	Absolute		Incremental	
	Xaxis	Zaxis	Xaxis	Zaxis
SP				
1				
2				
3				
4				
5				
6				
7				
8				
9				
EP				

图 4.9 计算题 2 图

3. 采用绝对半径值编程法，填写如图 4.10 所示的零件的坐标值。

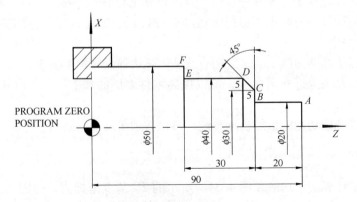

图 4.10 计算题 3 图

第 4 章 数控编程的数据处理

FROM TO	CO-ORDINATE
A→B	X_____ Z_____
B→C	X_____ Z_____
C→D	X_____ Z_____
D→E	X_____ Z_____
E→F	X_____ Z_____

四、数控专业英语与中文解释对应划线

  Path of Cutter Center   基点

  Absolute dimension   轮廓曲线

  Curve of Contour   刀具中心运动轨迹

  Basic Point   绝对尺寸

五、数控专业英语翻译

  A service engineer has to visit three customers. He initially drives 20km to customer A, then continues for another 19km to customer B and finally drives 22km to customer C. To establish the distance of customer C from the plant, he has to add the three sections together(20km, 19km, 22km). These sections can be considered as **incremental dimensions.**

  The situation is different if he sets his trip odometer to zero upon leaving the plant and records the mileage covered every time he arrives at a customer's premises. The mileages thus recorded are, in each instance, the distance between the particular customer and the plant. These then are **absolute dimensions;** they always refer back to one point, i.e. the plant. (Fig. 4.11)

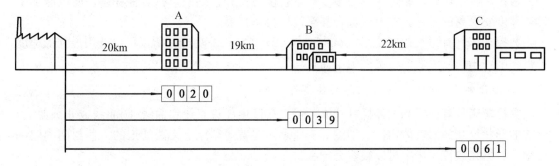

图 4.11 绝对尺寸与增量尺寸的区别

第 5 章 数控车床编程

教学目标： 了解数控车床的功用和结构，熟悉数控车床常用的编程指令，并且能熟练掌握各种典型车削类零件数控加工程序的编制方法。

5.1 数控车床简介

数控车床(CNC Lathe or CNC Turn)是用电子计算机数字化信号控制的车床。操作时可先将编制好的加工程序输入到数控车床，由数控车床的数控装置指挥各坐标轴的驱动电机，控制车床各运动部件动作的先后顺序、速度和移动量，并与选定的主轴转速相配合，加工各种形状的回转零件。

5.1.1 数控车床加工的特点

由于数控车床通常具有直线插补、圆弧插补以及在加工过程中能自动变速和进行各种循环切削等功能，因此，其加工范围较普通车床更广。归纳起来，主要有以下特点。

1. 机床功能全，加工质量高

数控车床刚性好，制造和对刀精度高，且能方便和精确地进行各种补偿，所以能加工尺寸精度要求高的零件，在有些场合甚至可以以车代磨。

数控车床具有恒线速度切削(Constant Cutting Speed)功能，所以可以选用最佳的速度进行车削，车削后的表面粗糙度值小而且均匀。

2. 适合加工各种形状复杂的回转体零件

数控车床具有直线和圆弧插补功能，可以车削由任意直线和曲线(圆曲线或非圆曲线)组成的形状复杂的回转体零件。如图 5.1 所示，在普通车床上无法加工的一些封闭内腔的成型面，但在数控车床上可以很容易加工。

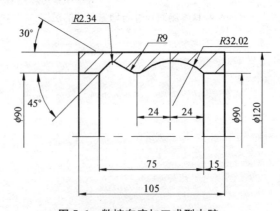

图 5.1 数控车床加工成型内腔

3. 可加工特殊螺纹

数控车床上不但能车削等导程的圆柱、圆锥和端面螺纹，而且能车削增、减导程以及要求等导程与变导程之间平滑过渡的螺纹。车削时可以多刀连续循环车削，而且加工的螺纹精度和效率都很高。

5.1.2 数控车床的组成

数控车床一般由车床主体(Body)、数控装置(NC Device)、伺服系统(Servo-system)、辅助装置(Auxiliary Device)等几部分组成，如图5.2所示。

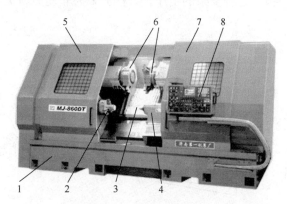

图 5.2 数控车床的结构

1—床身　2—三爪卡盘　3—导轨　4—尾架
5、7—防护门　6—回转刀架　8—数控操作面板

1. 车床主体

车床主体主要包括主轴箱、进给机构、导轨、刀架、床身、尾座等。它是数控车床的主要机械结构部分。

1) 主轴箱（Headstock）

对于一般数控车床而言，主轴电动机采用了无级变速(Infinitely Variable Speeds)系统，减少了机械变速装置，比普通车床的主轴箱在结构上大大简化了。但同时主轴箱的材料要求较高，制造和装配的精度也比普通车床要求高。

2) 进给机构(Feed Drive)

数控车床省去了普通车床的挂轮箱、进给箱、溜板箱等齿轮传动机构，直接由伺服电动机带动滚珠丝杠实现进给传动，这样不仅结构简单，而且提高了进给机构的运动精度。但制造工艺复杂，不能自锁(Self Locking)，需添加制动装置。

3) 导轨(Guide Rail)

导轨是保证进给运动准确性的重要部件，在很大程度上影响车床的刚度、精度及低速进给时的运动平稳性，是影响零件加工质量的重要部件之一。部分数控车床仍然采用传统的滑动导轨，很多专门设计的数控车床已采用了贴塑导轨。贴塑导轨的摩擦系数小，耐磨、耐腐蚀性高，而且吸震性好，易润滑。

4) 刀架(Tool Turret)

数控车床上常见的刀架结构形式有回转刀架和动力刀架。回转刀架有方刀架和转塔式刀架两种。

如图 5.3(a)所示为 4 刀位的方刀架,其转位动作灵活、重复定位精度高、夹紧力大;但其工艺范围较小,适用于经济型数控车床和普通车床的数控改造。

如图 5.3(b)所示为多刀位转塔式刀架。其刀位数有 6 刀位、8 刀位、12 刀位等,装刀数量多,加工范围广,所以在数控车床中得到广泛使用。

如图 5.3(c)所示为车削中心用的动力转塔刀架。刀盘上 1 为动力刀夹,可夹持刀具进行主动切削,可以加工工件的端面,也可以加工圆柱面上与工件不同心的表面。它能配合主轴完成车、铣、钻、镗等各种复杂的工序。刀盘上 2 为非动力刀夹,可以夹持刀具,进行一般的车削加工。

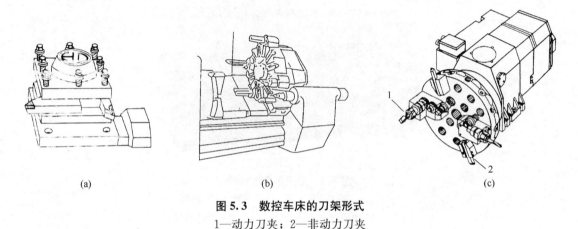

图 5.3　数控车床的刀架形式
1—动力刀夹;2—非动力刀夹

5) 床身(Bed)

床身是支撑各运动部件的载体,使用中通常有平床身、平床身斜滑板、斜床身和立床身 4 种形式,如图 5.4 所示。

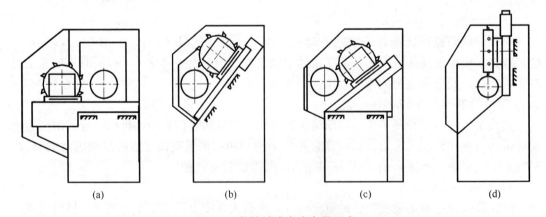

图 5.4　数控卧式车床布局形式

图 5.4(a)所示为平床身,平床身工艺性好,便于导轨面的加工。平床身配上水平放置的刀架提高了刀架的运动精度。一般用于大型数控车床或小型精密数控车床。但是,平床身下部空间小,排屑困难;而且,水平放置的刀架使滑板横向尺寸较大,加大了机床宽度

方向的结构尺寸。

图 5.4(b)所示为斜床身,斜床身排屑容易,热铁屑不会堆积在导轨上,也便于安装自动排屑器;操作方便,易于安装机械手,易实现单机自动化;机床占地面积小,外形简洁、美观,易实现封闭式防护。在中、小型数控机床中得到普遍采用,导轨倾斜角度以60°为宜。其导轨倾斜角度还有 30°、45°、60°、75°和 90°。倾斜角度小,排屑不便,但导轨的导向性和受力情况较好;倾斜角大,导轨的导向性差,受力情况也差。中小规格的数控车床,其床身的倾斜度以 60°为宜。

图 5.4(c)所示为平床身配斜滑板,它具有平床身工艺性好的特点,同时机床宽度方向尺寸较小,而且排屑很方便,适用于中、小型数控机床。

图 5.4(d)所示为立床身,相当于导轨倾斜角度为 90°的斜床身。

注意这里的立床身仍然属于卧式数控车床,它不同于立式数控车床。立式数控车床的主轴垂直于水平面,并有一个直径较大的圆形工作台,一般用于加工径向尺寸大、轴向尺寸小的大型复杂零件。

2. 数控装置和伺服系统

数控车床与普通车床的主要区别就在于是否具有数控装置和伺服系统这两大部分。数控装置和伺服系统一起组成一个完整的数控系统。该系统和车床主体同属于数控车床的"硬件"部分。

1) 数控装置

数控装置是数控车床的核心部分,主要用来接收加工程序的各种信息,然后,向伺服系统发出执行指令。一般设独立的专用装置,内部有专用计算机、线路板等;外部有程控面板(CNC Control Unit)、机床动作操作面板(Operation Panel)以及屏幕显示器(CRT)等。

2) 伺服系统

伺服系统是数控车床的重要组成部分,主要用来准确地执行数控装置发出的各种命令,通过驱动电路和执行元件(如步进电动机、伺服电动机等),完成所要求的各种工作,并可对其位置、速度等进行控制。

3. 辅助装置

辅助装置是指数控车床的一些配套部件,包括液压、气动装置及冷却系统和排屑(Chip Removal)装置等。

5.1.3 数控车床的分类

数控车床的分类方法较多,归纳起来,主要有以下几种。

1. 按主轴位置分类

(1) 立式(Vertical)数控车床。其主轴轴线垂直于水平面,并配有圆形工作台。主要用于加工径向尺寸大、轴向尺寸小的大型复杂工件。

(2) 卧式(Horizontal)数控车床。其主轴轴线平行于水平面。主要用于加工长轴类、盘类等中小型工件。

2. 按加工零件的基本类型分类

(1) 卡盘式数控车床。不设立尾座,适合车削盘类(含短轴类)零件,采用电动或液压方式夹紧工件,卡盘多采用可调卡爪或不淬火卡爪(即软卡爪)。

(2) 顶尖式数控车床。配有普通尾座或数控尾座,适合车削较长的轴类零件及直径不太大的盘、套类零件。

3. 按刀架数量分类

(1) 单刀架数控车床(Turning Lathe with One Turret)。普通的数控车床一般配置单刀架。

(2) 双刀架数控车床(Turning Lathe with Two Turrets)。在这类数控车床中,双刀架的配置(即移动导轨形式)可以是平行分布也可以是相互垂直分布的,可实现多刀同时切削,效率较高。

4. 按数控车床功能分类

(1) 简易数控车床。简易(Simple)数控车床属于低档数控车床,一般用单板机或单片机进行控制。单板机不能存储程序,目前已很少使用;单片机可以存储程序,但没有刀尖圆弧半径自动补偿功能,编程时计算比较繁琐。

(2) 经济型数控车床。经济型(Economically)数控车床属于中档数控车床,一般具有单色显示的 CRT、程序储存和编辑功能,但没有恒线速度切削功能,刀尖圆弧半径自动补偿属于选择功能范围。

(3) 多功能数控车床。多功能(Multifunction)数控车床属于较高档次的数控车床,一般具备恒线速度切削功能、刀尖圆弧半径补偿功能、倒角、固定循环、螺纹切削、图形显示、用户宏程序等功能。

(4) 车削中心。车削中心(Turning Center)是配有刀库和机械手的数控车床,与数控车床单机相比,自动选择和使用的刀具数量大大增加。

卧式车削中心还具备如下两种功能:一是动力刀具功能,即刀架上可使用回转刀具,如铣刀和钻头;另一种是 C 轴位置控制功能,该功能可以达到很高的角度定位分辨率(一般为 $0.001°$),还能使主轴和卡盘按进给脉冲作任意低速的回转,这样车床可实现 X、Z、C 轴三坐标两联动控制。例如圆柱铣刀轴向安装,$X-C$ 坐标联动就可以铣削零件端面;圆柱铣刀径向安装,$Z-C$ 坐标联动,就可以在工件外径上铣削。此车削中心能铣削凸轮槽和螺旋槽。

另有一种双主轴车削中心,在一个主轴进行加工结束后,无需停机,零件被转移至另一主轴加工另一端,加工完毕后,零件除了去毛刺以外,不需要其他的补充加工。

5.1.4 数控车床与普通车床的区别

从加工的对象结构及工艺方面上来讲,数控车床与普通车床有着很大的相似之处,但由于数控车床具备数控系统,所以数控车床与普通车床还存在了很大的区别,主要有以下几个方面。

(1) 采用了全封闭或半封闭防护装置。可防止切屑或切削液飞出,避免给操作者带来意外伤害。

(2) 采用自动排屑装置。数控车床大都采用斜床身结构布局,排屑方便,便于采用自动排屑机。

(3) 主轴转速高,工件装夹安全可靠。数控车床大都采用了液压卡盘,夹紧力大,调整方便可靠,同时也降低了操作工人的劳动强度。

(4) 可自动换刀。数控车床都采用了自动回转刀架,在加工过程中可自动换刀,连续完成多道工序的加工。

(5) 主、进给传动分离。数控车床的主传动与进给传动采用了各自独立的伺服电动机,使传动链变得简单、可靠,同时,各电动机既可单独运动,也可实现多轴联动。

5.2 数控车床程序编制

日本 FANUC 系统是数控车床中使用较多的系统之一,本节主要以 FANUC 0i-TB 数控车床为例进行介绍。

5.2.1 程序编制的坐标系统

1. 数控车床的坐标轴系

数控车床一般是两坐标机床(X、Z 轴)。如图 5.5 所示,以主轴轴线方向为 Z 轴方向 (Longitudinal Traverse-Zaxis),并以刀具远离工件的方向为 Z 轴的正方向。以垂直于工件旋转轴线的方向为 X 轴方向(In-feed Traverse-Xaxis),以刀具远离主轴轴线的方向为其正方向。

功能比较强的数控车床具有 C 轴位置控制功能,所谓 C 轴是以 Z 轴为回转中心的旋转坐标轴。C 轴的正方向是以从机床尾架向主轴看,规定工件逆时针回转的方向为 C' 轴正方向,如图 5.6 所示。

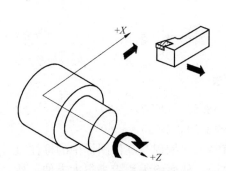

图 5.5 数控车床的坐标轴系

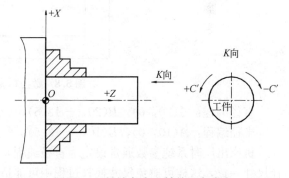

图 5.6 数控车床 C 轴的正负方向

2. 数控车床的编程参考点

如图 5.7 所示为数控车床的机床原点、工件原点、参考点、对刀点以及换刀点在机床坐标系中的一般位置关系。

3. 数控车床的编程方式

1) 直径编程和半径编程

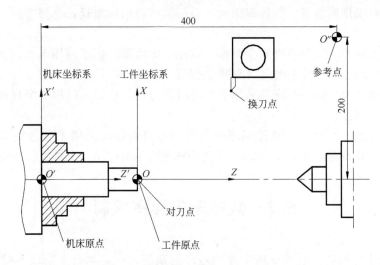

图 5.7 数控车床的坐标系与参考点

数控车床上主要加工轴类、盘类等回转体零件。所以在编制加工程序时，X 轴坐标可以有直径(Diameter Dimensions)编程和半径(Radius Dimensions)编程两种方式。如图 5.8 所示，直径编程和半径编程的各点坐标如下。

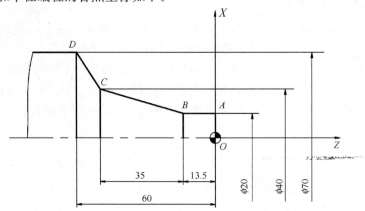

图 5.8 数控车床编程方法

直径编程：A(20，0)，B(20，−13.5)，C(40，−48.5)，D(70，−60)。
半径编程：A(10，0)，B(10，−13.5)，C(20，−48.5)，D(35，−60)。

机床出厂时系统参数通常设定为直径编程，采用直径尺寸编程与零件图样中的标注直径尺寸一致，这样可避免尺寸换算过程中可能造成的错误，从而给编程带来很大方便，所以如非特殊说明均可视为直径编程。

2) 绝对编程和增量编程

在加工程序中，绝对尺寸(Absolute Dimensions)指令和增量尺寸(Incremental Dimensions)指令有两种表达方法。

(1) G 功能字指定。G90 指定绝对尺寸，G91 指定增量尺寸。这种表达方式的特点是同一条程序段中只能用一种，不能混用。

例 5-1：如图 5.8 所示，点 B 到点 C 采用直径编程法示例如下。

绝对编程：G90 G01 X40 Z-48.5；
增量编程：G91 G01 X20 Z-35；
注：如果在程序中不注明是 G90 方式还是 G91 方式，系统按 G90 方式运行。

（2）地址符指定。地址符 X、Z 指定绝对尺寸，U、W 指定增量尺寸。这种表达方式的特点是同一程序段中绝对尺寸和增量尺寸可以混用，这给编程带来很大方便。FANUC 0i-TB 系统的数控车床采用了此方式。

例 5-2：如图 5.8 所示，点 B 到点 C 采用直径编程法示例如下。
绝对编程：G01 X40 Z-48.5；
增量编程：G01 U20 W-35；
混合编程：G01 X40 W-35；

5.2.2 数控车床的基本编程指令

数控车床的基本编程指令如下。

（1）F 指令。用来指定车刀车削表面时的走刀速度。机床设定 G98 时，F100 表示车刀的进给速度为 100mm/min；机床设定 G99 为默认状态时，F0.12 表示车刀的进给速度为 0.12mm/r；当车削螺纹时，F 用来指令被加工螺纹的导程。例：F3.0 表示被加工螺纹的导程为 3mm。

（2）S 指令。用来指定车床的主轴速度，需配合指令 G96 和指令 G97 来使用。

G96——恒线速控制，使刀具在加工各表面时保持同一线速度。例：G96 S150 表示切削点线速度控制在 150m/min。

G97——恒线速取消，恒线速度控制取消。例：G97 S3000 表示恒线速控制取消，并设定主轴转速为 3000r/min。

（3）T 指令。用来指定加工中所用的刀具号及其所调用的刀具补偿号。例：T0202 表示选用 2 号刀具，调用 2 号刀具补偿值；T0205 表示选用 2 号刀具，调用 5 号刀具补偿值；T0300 表示取消刀具补偿。

（4）M 指令。用来指定主轴的旋转方向、启动、停止、冷却液的开关等功能。
FANUC 0i-TB 系统的数控车床常用的 M 功能指令代码及含义见表 5-1。

表 5-1 M 功能指令

代　号	意　义	代　号	意　义
M00	程序停止	M07	2 号冷却液开
M01	计划停止	M08	1 号冷却液开
M02	程序停止	M09	冷却液关
M03	主轴顺时针旋转	M30	程序停止并返回开始处
M04	主轴逆时针旋转	M98	调用子程序
M05	主轴旋转停止	M99	返回主程序
M06	换刀		

（5）G 指令。用来建立数控机床某种加工方式的指令。
FANUC 0i-TB 系统的数控车床常用的 G 功能指令代码及含义见表 5-2。

现介绍数控车床几种常用 G 指令的功能及编程应用。

表 5-2 G 功能指令

代号	组号	意义	代号	组号	意义
*G00	01	快速定位	G54	03	工件坐标系 1
G01		直线插补	G55		工件坐标系 2
G02		圆弧插补(顺时针)	G56		工件坐标系 3
G03		圆弧插补(逆时针)	G65	00	宏指令调用
G04	00	暂停	G70		精车循环
G20	04	英制输入	G71		内、外圆粗车复合循环
*G21		公制输入	G72		端面粗车复合循环
G27	00	参考点返回检查	G73		固定粗车形状循环
G28		返回参考点	G74		端面钻孔加工循环
G29		从参考点返回	G75		内、外圆切槽循环
G30		返回第二、第三或第四参考点	G76		螺纹车削复合循环
G32	01	螺纹切削	G90	01	内、外圆单一循环
G36	00	X 轴刀偏自动设定	G92		螺纹车削单一循环
G37		Z 轴刀偏自动设定	G94		端面车削单一循环
*G40	07	取消刀尖半径补偿	G96	02	主轴恒线速度(ON)
G41		刀尖左补偿	*G97		主轴恒线速度(OFF)
G42		刀尖右补偿	G98	03	每分钟进给
G50	00	工件坐标系设定	*G99		每转进给

注：表 5-2 中 00 组的 G 指令为非模态指令，其他各组均为模态(Modal)指令。*表示系统默认状态。

1. G00 与 G01 指令(快速定位与直线插补)

G00——快速定位，刀具以机床规定的最快速度移动到目标点。

G01——直线插补，刀具以程序设定的速度移动到目标点。

指令格式：

G00 X_ Z_ ;

G01 X_ Z_ F_ ;

其中，X、Z 值表示目标点坐标；F 表示进给速度。

注：

(1) G00 移动到目标点其运动速度由厂家预先设定，不可用指令设定，但可利用机床面板快速进给速率调整旋钮调节；G01 移动到目标点其运动速度是由程序中 F 指令设定的，可利用机床面板进给速率调整旋钮调节。

(2) G00 在运动过程中不可进行切削加工，否则会出现"撞刀"的严重事故；G01 在运动过程中可进行切削加工，它能完成外圆、端面、内孔、锥面等车削。

例 5-3：如图 5.9 所示，精加工零件外圆，走刀速度 $F=0.15\text{mm/r}$，快速回到起刀点，试进行程序编制。

采用绝对编程方式，编程如下：

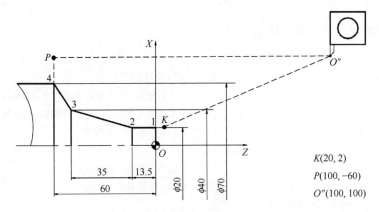

图 5.9　G00、G01 指令编程示例

```
……
G00 X20 Z2；              //O″—K（快速进刀至加工起始点 K）
G01 Z-13.5 F0.15；        //K—2（直线插补，进给速度 F=0.15mm/r）
X40 Z-48.5；              //2—3（同上，G01 指令续效，F 续效）
X70 Z-60；                //3—4（同上）
G00 X100；                //4—P（快速退刀）
Z100；                    //P—O″（G00 指令续效）
……
```

2．G02 与 G03 指令（圆弧插补）

G02——顺圆插补，刀具按照程序设定的进给速度对指定的顺圆弧进行切削加工。

G03——逆圆插补，刀具按照程序设定的进给速度对指定的逆圆弧进行切削加工。

指令格式如下。

方法一：

G02 X_ Z_ R_ F_；

G03 X_ Z_ R_ F_；

其中，X、Z 表示目标点坐标；R 表示圆弧半径（在数控车削加工中，圆弧均小于 180°，所以 R 为正值，"+"号省略）；F 表示进给速度。

方法二：

G02 X_ Z_ I_ K_ F_；

G03 X_ Z_ I_ K_ F_；

其中，I 表示圆心相对于起点的 X 方向变化值，I 可能是正值、负值和零，且为半径值；K 为圆心相对于起点的 Z 方向变化值，K 可能是正值、负值和零。

例 5-4：如图 5.10 所示，精加工零件，进给走刀速度 F=100mm/min，

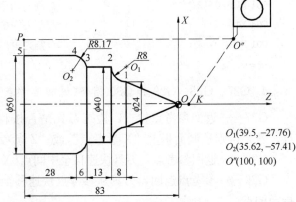

图 5.10　G00、G01、G02、G03 编程示例

快速回到起刀点。

采用绝对编程方式，编程如下：

……
G00 X0 Z2;   //$O''—K$（快速进刀）
G01 Z0 F100;   //$K—O$（直线插补，进给速度 $F=100$mm/min）
X24 Z-28;   //$O—1$（直线插补，G01 指令续效，F 续效）
G02 X40 Z-36 R8;   //$1—2$（顺圆插补，F 续效）
（或 G02 X40 Z-36 I7.75 K0.24;）
G01 Z-49;   //$2—3$（直线插补，F 续效）
G03 X50 Z-55 R8.17;   //$3—4$（逆圆插补，F 续效）
（或 G03 X50 Z-55 I-2.19 K-8.41;）
G01 Z-83;   //$4—5$（直线插补，F 续效）
G00 X100;   //$5—P$（快速退刀）
Z100;   //$P—O''$（快速退刀，G00 指令续效）
……

3. G04 指令（暂停）

功能：使刀具在进给运动中按设定的时间作短暂的停留。

格式：G04 X_; 或 G04 P_;
其中，X 表示指定时间，单位为 s（秒），允许使用小数点；P 表示指定时间，单位为 ms（毫秒），不允许使用小数点。

例 5-5：割槽刀在槽底部（直径 12mm 处）停留 4s，以修光底部，如图 5.11 所示。

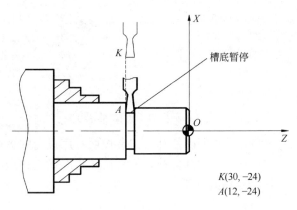

图 5.11 G04 的使用

编程如下：

……
G01 X12 F0.12;   //割刀切至槽底
G04 X4;   //割刀在槽底停留 4 秒
G01 X30;   //割刀退离槽底
……

4. G27、G28、G29 和 G30 指令（返回参考点）

G27——返回参考点检查，检查刀具是否按程序指定 X 轴或 Z 轴正确地返回到参考点，若是，则控制面板上"X 参考点"或"Z 参考点"灯亮。

G28——返回参考点，刀具快速移至中间点（X、Z 轴一起移动）后，快速移动到参考点。

G29——参考点返回，刀具从参考点快速移至 G28 设的中间点后，再快速移动到 G29 指定的点。

G30——返回第二、第三或第四参考点，含义同 G28，只是所回到的参考点为第二参考点、第三参考点或第四参考点。

注：

(1) 4 个参考点，用参数 1240 号到 1243 号在机床坐标系中进行设定。

(2) G27～G30 指令中的坐标值均为工件坐标系中的坐标值。

(3) 使用 G27、G28 时应取消刀具补偿功能。

(4) G28、G29 一般成对使用。

例 5-6：如图 5.12 所示，割槽刀割完槽后经 B 点（中间点）后返回参考点 R，此时利用参考点 R 作为换刀点进行换刀，换上的螺纹刀经 B 点（中间点）快速定位到 C 点，准备加工螺纹。B(50，-25)、C(25，5)，试采用 G28、G29 编制程序段。

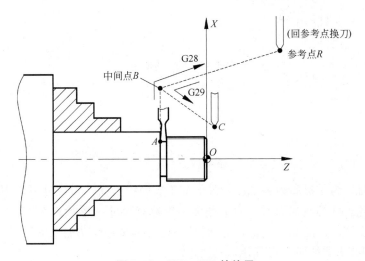

图 5.12　G28、G29 的使用

编程如下：

……

G28 X50 Z-25；　　　　　　//A→B→R

T0404；　　　　　　　　　　//换螺纹刀

G29 X25 Z5；　　　　　　　//R→B→C

……

例 5-7：若需要使刀具从当前点直接回参考点，试采用 G28 指令来编制程序段。

……

G28 U0 W0；　　　　　　　//中间点 X、Z 坐标相对于当前点的变化都为 0

……

注：一定要注意当前点是否为安全点，退回参考点时不可与工件或机床部件碰撞。

5. G50 指令

功能：设置工件坐标系。

格式：G50 X_ Z_ ；

其中，X、Z 表示起刀点相对于加工原点的位置。

例 5-8：如图 5.13 所示设置工件坐标系的程序段如下。

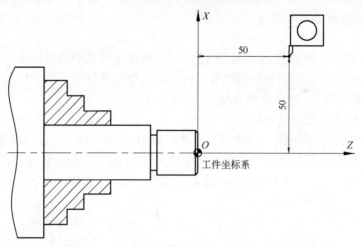

图 5.13 G50 的使用

……
G50 X100 Z50;   //直径编程
……

6. G41、G42、G40 指令(刀尖半径补偿)

切削加工时,为了提高刀尖强度,降低加工表面粗糙度,刀尖处可以刃磨成圆弧过渡刃。在切削内孔、外圆或端面时,刀尖圆弧不影响其尺寸、形状;在切削锥面或圆弧时,会造成过切或少切,如图 5.14 所示。此时可用刀尖半径补偿功能来消除误差。

刀尖半径补偿方式如图 5.15 所示,其功能如下。

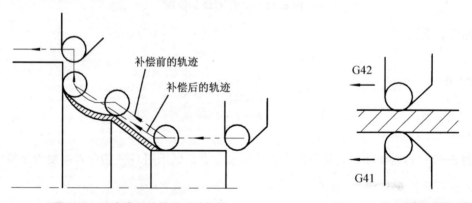

图 5.14 刀尖半径补偿前后的轨迹　　　　图 5.15 刀尖半径补偿方式

G41——刀尖圆弧半径左补偿,沿刀具运动方向看,刀具在零件左侧进给。
G42——刀尖圆弧半径右补偿,沿刀具运动方向看,刀具在零件右侧进给。
G40——取消刀具半径补偿。
指令格式:
G00(或 G01) G41 X_ Z_ ;
G00(或 G01) G42 X_ Z_ ;
G00(或 G01) G40 X_ Z_ ;

例 5-9：应用刀尖圆弧自动补偿功能，精加工如图 5.16 所示的零件。

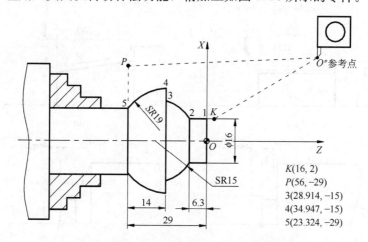

图 5.16　刀尖半径补偿指令应用实例

编程如下：

```
……
G00 G42 X16 Z2;              //O″—K 建立右补偿
G01 Z-6.3 F0.15;             //K—2
G03 X28.914 Z-15 R15;        //2—3        进给速度 F=0.15mm/r
G01 X34.947;                 //3—4        执行补偿
G03 X23.324 Z-29 R19;        //4—5
G00 G40 X56;                 //5—P 取消补偿
G28 U0 W0;                   //P—O″ 从点 P 返回参考点 O″
……
```

7. G90、G94 指令（简单固定循环）

G90——内、外圆车削单步循环，切削圆柱面或圆锥面。

G94——端面车削单步循环，切削直端面或锥端面。

单步循环指令，可实现"切入—切削—退刀—返回"一系列动作，自动返回到起始点。

指令格式：

G90 X_ Z_ R_ F_ ；

G94 X_ Z_ R_ F_ ；

其中，X、Z 表示切削循环终点坐标；R 表示圆锥面起点与终点的半径差（加工圆柱表面时，R0 可省略）；F 表示进给速度。

如图 5.17(a)、图 5.17(b) 所示为 G90 加工圆柱和圆锥面，其进刀路线"X 向切入—切削—X 向退刀—返回"；G90 适合加工 Z 向较长、X 向较短的圆柱和圆锥面。

如图 5.17(c)、图 5.17(d) 所示为 G94 加工端面和端面圆锥，其进刀路线"Z 向切入—切削—Z 向退刀—返回"。G94 适合加工 X 向较长、Z 向较短的圆柱面、端面和圆锥面。

例 5-10：如图 5.18 所示的圆锥面，大端直径 20mm，小端直径 14mm，锥长 20mm，试用 G90 指令编写程序段。

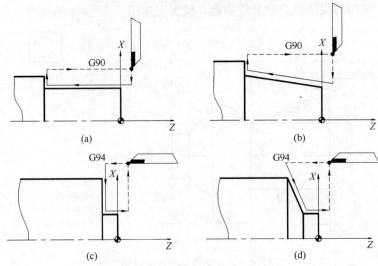

图 5.17 G90、G94 单步循环

编程如下：

......
T0101;
M03 S600;
G00 X35 Z2;   //刀具快速定位至 K
G90 X30 Z-20 R-3 F0.15;   //第一刀，进给速度 0.15mm/r
X26;   //第二刀
X22;   //第三刀
X20;   //第四刀
G28 U0 W0;
......

例 5-11：如图 5.19 所示的短圆柱面，直径为 14mm，长度为 4mm，试用 G94 指令编写程序段。

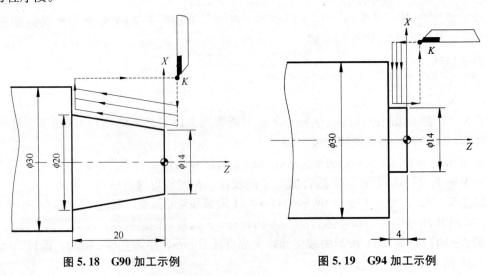

图 5.18 G90 加工示例　　　　　　　图 5.19 G94 加工示例

编程如下：
……
T0101;
M03 S600;
G00 X35 Z2;   //刀具快速定位至 K
G94 X14 Z-1 F0.15;   //第一刀，进给速度 0.15mm/r
Z-2;   //第二刀
Z-3;   //第三刀
Z-4;   //第四刀
G28 U0 W0;
……

8. G70、G71、G72、G73 指令（复合固定循环）

1) G70 指令（精加工循环）

功能：用于 G71、G72、G73 粗加工完毕后，切除余下的精加工余量。

格式：G70 P_ Q_ ;

其中，P 表示指定精加工循环的第一个程序段的程序段号；Q 表示指定精加工循环的最后一个程序段的程序段号。

注意：在 G70 状态下，精加工程序段中不能使用子程序。G70 循环结束后，刀具快速回到循环起始点。

2) G71 指令（内、外圆粗车循环）

功能：通过与 Z 轴平行的运动来实现内、外圆加工，常用于毛坯为棒料的粗车循环。

指令格式：

G71 UΔd R e ;
G71 P ns Q nf U Δu W Δw F f ;
N(ns)……
……
N(nf)……

其中，Δd 表示每次切削深度（半径值）；e 表示每次退刀量；ns 表示精加工第一个程序段的程序段号；nf 表示精加工最后一个程序段的程序段号；Δu 表示 X 向精加工余量（直径值）；Δw 表示 Z 向精加工余量；f 表示粗加工循环进给速度。

走刀轨迹如图 5.20 所示，用精加工程序确定 A 至 B 的精加工形状，以每次切削深度

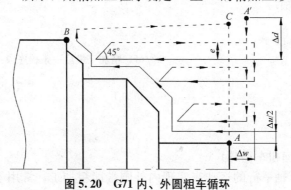

图 5.20 G71 内、外圆粗车循环

Δd 完成指定区域粗车加工，留精加工余量 $\Delta u/2$ 和 Δw。

说明：

(1) C 至 A 的动作预先通过 G00 或 G01 指定，并且该程序段中不指定 Z 轴的运动指令。

(2) A 至 B 的刀具轨迹在 X、Z 方向必须单调增加(递增)或单调减小(递减)。

(3) 当采用 G71 指令粗加工内轮廓时，Δu 用负值表示。

例 5-12：如图 5.21 所示的工件，毛坯直径 60mm，试采用 G71、G70 指令进行粗精加工。

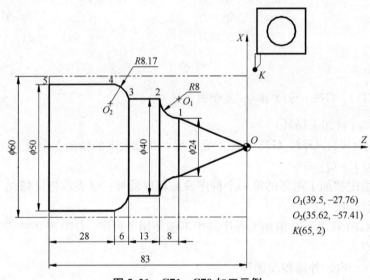

图 5.21　G71、G70 加工示例

编程如下：

……

```
N10 T0101;
N20 M03 S800;
N30 G00 X62 Z2 ;                     //快速定位至点 K
N40 G71 U2 R1;                       //粗加工，每次切削深度 2mm，退刀量 1mm
N50 G71 P60 Q120 U0.5 W0.4 F0.1;     //X 向精加工余量 0.5mm，Z 向精加工余量 0.4mm
N60 G00 X0;                          //ns，精加工第一条程序段
N70 G01 Z0 F0.05;
N80 X24 Z-28;
N90 G02 X40 Z-36 R8;
N100 G01 Z-49;
N110 G03 X50 Z-55 R8.17;
N120 G01 Z-83;                       //nf，精加工最后一条程序段
……
N130 G70 P60 Q120;                   //精加工
N140 G28 U0 W0;
```

……

3) G72 指令(端面粗车循环)

功能：通过与 X 轴平行的运动来实现内外圆端面粗加工，常用于径向尺寸大，轴向

尺寸较小的零件粗车加工。

指令格式：

G72 W_ R_ ;

G72 P_ Q_ U_ W_ F_ ;

N(ns)……

……

N(nf)……

格式中各符号含义同 G71。

走刀轨迹如图 5.22 所示，进刀轨迹平行于 X 轴。

说明：

(1) C 至 A 的动作通过 G00 或 G01 指定，并且该程序段中不指定 X 轴的运动指令。

(2) A 至 B 的刀具轨迹在 X、Z 方向必须单调增加或单调减小。

(3) 当采用 G72 指令粗加工内圆端面时，X 向精加工余量用负值表示。

例 5-13：如图 5.23 所示的工件，试采用 G72、G70 指令进行粗精加工内球圆弧面。

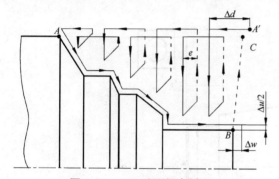

图 5.22 G72 端面粗车循环

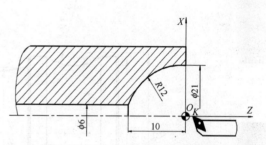

图 5.23 G72、G70 加工内球面示例

编程如下：

……

N10 T0202;

N20 M03 S800;

N30 G00 X0 Z2 ;   //快速定位至点 K

N40 G72 W1.0 R0.5;   //粗加工，每次切削深度 1mm，退刀量 0.5mm

N50 G72 P60 Q80 U-0.3 W0.1 F0.1; //X 向精加工余量 0.3mm，Z 向精加工余量 0.1mm

N60 G01 Z-10 F0.05;   //精加工第一条程序段

N70 X6;

N80 G02 X21 Z0 R12 ;   //精加工最后一条程序段

……

N90 G70 P60 Q80;   //精加工

N100 G28 U0 W0;

……

4) G73 指令（仿形粗车循环）

功能：该指令重复执行一个具有逐渐偏移功能的固定切削模式，G73 常用于加工已基本锻造或铸造成形的一类工件。

指令格式：
G73 UΔi WΔk Rd ;
G73 P ns Qnf UΔu WΔw Ff ;
N(ns)……

……

N(nf)……

其中，Δi 表示 X 向的总退刀量(半径值)；Δk 表示 Z 向的总退刀量；d 表示粗加工次数；其余符号含义同 G71。

走刀轨迹如图 5.24 所示，每一刀的进给轨迹都是与工件轮廓相同的固定形状。

例 5-14：如图 5.25 所示的工件，毛坯直径 40mm，试采用 G73、G70 指令进行粗、精加工工件外轮廓。

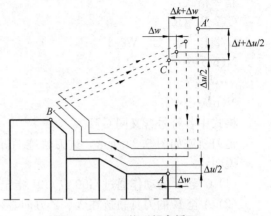

图 5.24 G73 仿形粗车循环

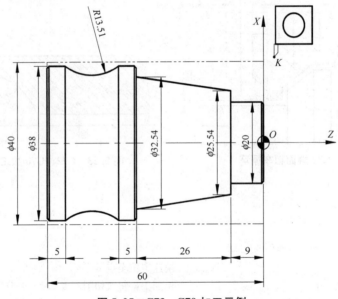

图 5.25 G73、G70 加工示例

编程如下：

……

N10 T0101；
N20 M03 S800；
N30 G00 X42 Z2；   //快速定位至点 K
N40 G73 U10 W5 R4；   //粗加工 4 次，X 向退刀量 5mm，Z 向退刀量 5mm
N50 G73 P60 Q150 U0.4 W0.2 F0.1；
N60 G00 X18 Z0；   //精加工第一条程序段
N70 G01 X20 Z-1 F0.05；

```
N80 Z-9;
N90 X25.54;
N100 X32.54 Z-35;
N110 X36;
N120 X38 Z-36;
N130 Z-40;
N140 G02 X38 Z-55 R13.51;
N150 G01 Z-60;                    //精加工最后一条程序段
……
N160 G70 P60 Q150;                //精加工
N170 G28 U0 W0;
……
```

9. G32、G92、G76 指令(螺纹加工)

1) G32 指令(螺纹切削)

G32 指令可切削等螺距的圆柱螺纹、圆锥螺纹和端面螺纹。

指令格式：G32 X_ Z_ F_ ;

其中，X、Z 表示螺纹终点坐标；F 表示螺纹导程。

若缺省 X 值，则为加工圆柱螺纹；若缺省 Z 值，则为加工端面螺纹；若都不缺省，则为加工锥螺纹。

走刀轨迹如图 5.26(a)所示，G32 指令加工螺纹只实现一刀切削，进刀、退刀需用 G00 或 G01 控制。而螺纹加工通常不能一次成型，需要多次进刀，且每次进刀量是递减的，G32 没有自动递减功能，必须由用户编程给定。

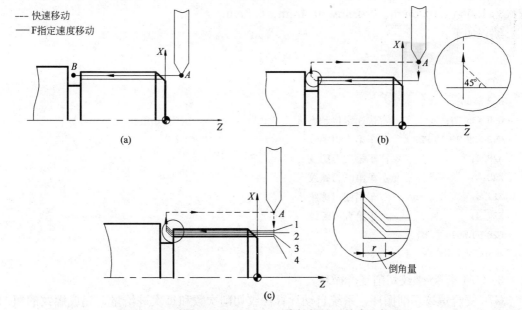

图 5.26　G32、G92、G76 加工圆柱螺纹时的走刀轨迹

例 5-15：如图 5.27 所示，加工螺纹 M30×2，设螺纹加工时第一刀切深 1mm(直径值)，第二刀切深 0.8mm，试用 G32 编程。

编程如下：

```
……
G00 X35 Z5;              //快速定位到点 A
X29;                     //进刀，第一刀切深 X 值
G32 Z-18 F2;             //车螺纹，X29 值不变
G00 X35;                 //X 向退刀
Z5;                      //Z 向退刀
X28.2;                   //进第二刀
G32 Z-18 F2;             //车螺纹
G00 X35;                 //X 向退刀
Z5;                      //Z 向退刀
……
```

2) G92 指令（螺纹切削单步循环）

G92 单步循环指令进行切削等螺距圆柱螺纹及圆锥螺纹。

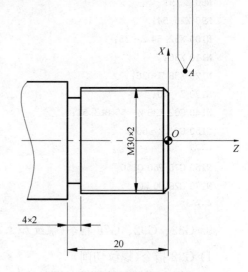

图 5.27　圆柱螺纹加工示例

指令格式：G92 X_Z_R_F_;

其中，X、Z 表示螺纹终点坐标；R 表示圆锥面起点与终点的半径差（R0，表示加工圆柱螺纹，可省略）；F 表示螺纹导程。

走刀轨迹如图 5.26(b)所示为 G92 指令加工螺纹，可实现"切入—切削—退刀—返回"一系列动作，无需 G00、G01 来控制进、退刀，切削完毕后自动回到螺纹起刀点。

例 5-16：如图 5.27 所示，加工螺纹 M30×2，试用 G92 编程。

分析：螺纹双边切深值为(1.2~1.3)P，本题取 1.3P=2.6mm；设定 5 刀，进刀深度依次为 1.0mm、0.6mm、0.4mm、0.4mm、0.2mm。

编程如下：

```
……
T0202;
M03 S400;
G00 X35 Z5;              //快速定位到点 A
G92 X29 Z-18 F2;         //车第一刀螺纹
X28.4;                   //车第二刀螺纹
X28;                     //车第三刀螺纹
X27.6;                   //车第四刀螺纹
X27.4;                   //车第五刀螺纹
G28 U0 W0;
……
```

3) G76 指令（螺纹切削复合循环）

G76 复合螺纹切削循环，系统自动计算螺纹切削次数和每次进给量，完成螺纹的粗加工和精加工循环。

如图 5.26(c)所示为 G76 指令加工螺纹，可实现螺纹的粗、精车，完成所有余量的切削，切削完毕后自动回到起始点。

指令格式：

G76 P$\underline{m}$ $\underline{r}$ $\underline{a}$ QΔdmin Rd;

G76 X_(U_) Z_(W_) RiPk QΔd Ff;

其中，m 表示精加工次数(1～99)；r 表示倒角量(0.0f～9.9f)；a 表示刀尖角度(可选 80°、60°、55°、30°、29°、0°之一)；Δdmin 表示最小切削深度(半径值)；d 表示精车余量(半径值)；X、Z、U、W 表示终点坐标；i 表示螺纹部分起点、终点处半径差(0 表示圆柱螺纹切削)；k 表示螺纹高度(X 向半径值)；Δd 表示第一刀切削深度(半径值)；f 表示导程。

G76 复合切削循环轨迹如图 5.28 所示。

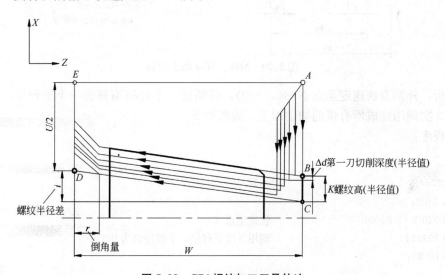

图 5.28 G76 螺纹加工刀具轨迹

例 5-7：如图 5.28 所示，加工螺纹 M30×2，试用 G76 编程。

……

T0202;

M03 S400;

G00 X35 Z5;   //快速定位到点 A

G76 P020060 Q0.1 R0.1;   //精加工两次，倒角量 0，刀尖角 60°，最小切深 0.1mm，精加工余量 0.1mm

G76 X27.4 Z-18 R0 P1.3 Q0.5 F2;   //圆柱螺纹，螺纹高度 1.3mm，第一刀切深 0.5mm，螺距 2mm

G28 U0 W0;

……

10. M98、M99 指令(子程序)

在程序中，当某一程序反复出现(即工件上相同的切削路线重复)时，可以把这类程序作为子程序，先存储起来，再多次调用，使程序简化。

M98——调用子程序。

M99——返回主程序。

例 5-18：如图 5.29 所示，2 号外割刀(刀宽 4mm)加工 3 个槽宽 7mm，槽底直径 31mm 的沟槽，试用 M98、M99 指令编制程序。

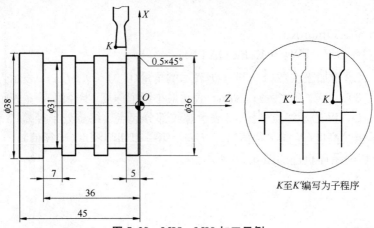

图 5.29　M98、M99 加工示例

分析：外割刀快速定至点 $K(40, -9)$，将切削一个外槽编写为一个子程序，通过主程序的 3 次调用完成所有槽的切削加工。编程如下。

主程序：

```
……
T0202;                    //外割刀
M03 S400;
G00 X40 Z-9 S400;         //快速定点 K
M98 P31111;               //调用 3 次子程序,子程序名为 O1111
G28 U0 W0;
……
```

子程序：

```
O1111;
G01 U-8.5F0.1;            //切至槽底,留 0.5mm 余量
U8.5;                     //退回 K 点
W-3;                      //Z 向移至与槽的左台阶平
U-9;                      //切入至槽底
W3;                       //槽底修光
U9;                       //退回切入点
W-12;                     //Z 向移至 K′点
M99;                      //返回主程序
%
```

5.3　数控车床编程实例

5.3.1　轴类零件加工程序编制

完成如图 5.30 所示的轴类零件的加工程序编制，材料：硬铝 LY12，毛坯尺寸 $\phi 40 \times$

120,单件生产。

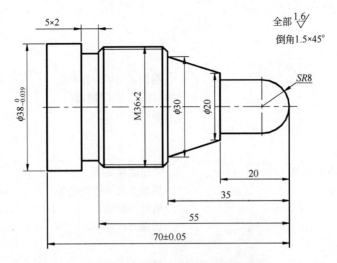

图 5.30　轴类零件编程实例

分析:工件的外形在 Z 方向的轨迹呈单调增趋势,故可采用 G71 指令粗加工。刀具选择如图 5.31 所示。

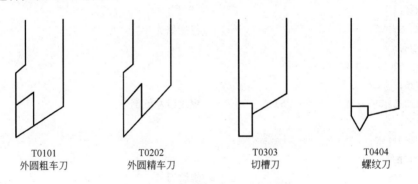

图 5.31　轴类零件加工选用刀具

编程如下:

O0001;
N10 T0101;   //外圆粗车刀
N20 M03 S600;
N30 G00 X42.0 Z2;
N40 G71 U1.5 R1;   //外轮廓粗加工
N50 G71 P60 Q160 U0.5 F0.15;
N60 G00 X0;
N70 G01 Z0;
N80 G03 X16 Z-8 R8;
N90 G01 Z-20;
N100 X20;
N110 G01 X30 Z-35;

N120 X33；
N130 X35.8 Z-36.5；
N140 Z-60；
N150 X38；
N160 Z-75；
N170 G28 U0 W0；   //粗加工完毕回参考点
N180 M00；   //暂停，对工件检测
N190 T0202；   //外圆精车刀
N200 M03 S1000；
N210 G00 X42 Z2；
N220 G70 P60 Q160 F0.05；   //外轮廓精加工
N230 G28 U0 W0；   //精加工完毕回参考点
N240 M00；   //暂停，检测
N250 T0303；   //切槽刀，宽4mm
N260 M03 S400；
N270 G00 X38 Z-59；   //槽加工
N280 G01 X32.5 F0.05；
N290 X38；
N300 Z-60；
N310 X32；
N320 Z-59；   //槽底修光
N330 X38；
N340 Z-57.5；（或 W1.5）
N350 X36；
N360 X33 Z-59；（或 U-3 W-1.5） //螺纹段左侧倒角
N370 X38；
N380 G28 U0 W0；
N390 M00；
N400 T0404；   //螺纹刀
N410 M03 S400；
N420 G00 X39 Z-30；
N430 G92 X35 Z-58 F2；   //螺纹加工
N440 X34.4；
N450 X34.0；
N460 X33.6；
N470 X33.4；
N480 G28 U0 W0；
N490 M00；
N500 T0303；   //切槽刀，宽4mm
N510 M03 S400；
N520 G00 X40 Z-74；
N530 G01 X0 F0.05；   //切断
N540 G00 X40；
N550 G28 U0 W0；

N560 M05;
N570 M30;
%

5.3.2 套类零件加工程序编制

如图 5.32 所示的套类零件，试完成加工程序编制。材料：硬铝 LY12，毛坯：$\phi 40 \times 100$，单件生产，预制孔 $\phi 16$mm。

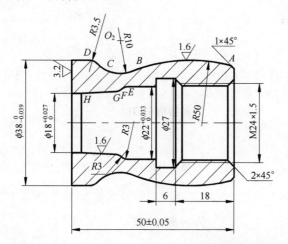

数值计算
$A(34.84, -1)$
$B(31.333, -31.41)$
$C(35.926, -42.105)$
$D(38, -44.592)$
$E(22, -32.702)$
$F(20.504, -34.684)$
$G(19.014, -36.521)$
$H(18, -47)$

图 5.32 套类零件编程实例

分析工艺步骤如下。

（1）工件的外形在 Z 方向非单调增和非单调减，故不可采用 G71 指令粗加工，而需采用 G73 指令来完成粗加工。

（2）工件的内形加工需采用 G71 指令完成粗加工。

（3）采用内切槽刀，切内槽，设刀宽为 3mm。

（4）加工 M24×1.5 内螺纹。

（5）采用外切槽刀进行切断，设刀宽为 4mm。

刀具选择如图 5.33 所示。

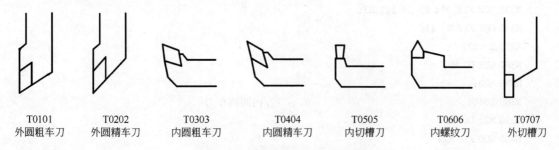

T0101 外圆粗车刀　　T0202 外圆精车刀　　T0303 内圆粗车刀　　T0404 内圆精车刀　　T0505 内切槽刀　　T0606 内螺纹刀　　T0707 外切槽刀

图 5.33 套类零件加工选用刀具

编程如下：

O0003;
N10 T0101;   //外圆粗车刀

```
N20 M03 S600;
N30 G00 X42.0 Z2;
N40 G73 U4.0 R2;                        //粗车外形
N50 G73 P60 Q120 U0.5 F0.15;
N60 G00 X32.84;
N70 G01 Z0;
N80 G01 X34.84 Z-1;
N90 G03 X31.333 Z-31.41 R50;
N100 G02 X35.926 Z-42.105 R10;
N110 G03 X38 Z-44.592 R3.5;
N120 G01 Z-55;
N130 G28 U0 W0;
N140 M00;
N150 T0202;                             //外圆精车刀
N160 M03 S1000;
N170 G00 X42 Z2;
N180 G70 P60 Q120 F0.05;                //精车外形
N190 G28 U0 W0;
N200 M00;
N210 T0303;                             //内圆粗车刀
N220 M03 S400;
N230 G00 X14 Z2;
N240 G71 U1 R1;                         //粗车内轮廓
N250 G71 P260 Q350 U-0.3 F0.15;
N260 G00 X26.5;
N270 G01 Z0;
N280 X22.5 Z-2;
N290 Z-24;
N300 X22;
N310 Z-32.702;
N320 G03 X20.504 Z-34.684 R3;
N330 G02 X19.014 Z-36.521 R3;
N340 G01 X18 Z-47;
N350 Z-52;
N360 G28 U0 W0;
N370 M00;
N380 T0404;                             //内圆精车刀
N390 M03 S600;
N400 G00 X14 Z2;
N410 G70 P260 Q350 F0.05;               //精车内轮廓
N420 G28 U0 W0;
N430 M00;
N440 T0505;                             //内切槽刀,宽3mm
N450 M03 S400;
```

N460 G00 X20 Z2;   //切内槽
N470 Z-21;
N480 G01 X26.5 F0.05;
N490 X20;
N500 Z-24;
N510 G01 X27;
N520 Z-21;   //槽底修光
N530 X20;
N540 Z-19;（或 W2）
N550 G01 X22.5;
N560 X26.5 Z-21;（或 U4 W-2）   //螺纹段左侧，倒角 2×45°
N570 G00 X20;
N580 G00 Z2;
N590 G28 U0 W0;
N600 M00;
N610 T0606;   //内螺纹刀
N620 M03 S400;
N630 G00 X20 Z5;
N640 G92 X23 Z-20 F1.5;   //车内螺纹
N650 X23.5;
N660 X23.8;
N670 X24;
N680 G28 U0 W0;
N690 M00;
N700 T0707;   //外切槽刀，宽 4mm
N710 M03 S400;
N720 G00 X40 Z-54;
N730 G01 X16 F0.05;   //切断
N740 G00 X40;
N750 G28 U0 W0;
N760 M05;
N770 M30;
%

5.4 习　　题

一、填空题

1. 数控车床具有的特点是机床功能_____，加工质量_____；适合加工各种形状复杂的_____零件；可加工_____螺纹。

2. 一般数控车床的主轴电动机采用了_____变速系统，减少了_____装置，比普通车床的主轴箱在结构上大大简化了。

3. 床身是支撑各运动部件的载体，使用中通常有_____、_____、_____和平床身斜滑板4种形式。

4. 卧式车削中心刀架上配有_____和机械手，可使用_____刀具；具有_____轴位置控制功能，该功能车床可实现_____轴三坐标两联动控制。

5. 为提高_____，车刀刀尖常制成_____。当采用圆头刀编制程序时，需要对刀具_____作补偿。

6. S指令用来指定机床的主轴速度，其单位有_____和_____两种。

7. 相对坐标也称_____坐标，它属于_____指令。

8. 卧式车削中心具备C轴位置控制功能，C轴指以_____轴为中心的旋转坐标轴。

9. 数控车床的种类较多，但一般均由_____、_____和_____及_____构成。

10. 在程序中同样轨迹的加工部分，只需制作一个程序，把它称为_____，其余相同的加工部分通过调用该程序即可。

二、判断题

1. G99指令定义F字段设置的切削速度：mm/min。　　　　　　　　　　（　　）
2. 外圆粗车循环G71 P(ns)Q(nf)U(Δd)W(Δr)F；其中，Δr表示循环次数。（　　）
3. 对于所有的数控系统，其G、M功能的含义与格式完全相同。　　　　（　　）
4. 数控车床的机床坐标系和工件坐标系零点相重合。　　　　　　　　　（　　）
5. 在FANUC系统中，圆弧插补用圆心指定指令时，在绝对方式编程中I、K还是相对值。　　　　　　　　　　　　　　　　　　　　　　　　　　　　　　（　　）
6. 在FANUC系统中，程序"M98 P51002;"是将子程序序号为5100的子程序连续调用两次。　　　　　　　　　　　　　　　　　　　　　　　　　　　　（　　）
7. G00指令为刀具依机器设定的最高位移速度前进至所指定的位置。　　（　　）
8. 数控车床适宜加工轮廓形状特别复杂或难于控制尺寸的回转体零件、箱体类零件、精度要求高的回转体类零件、特殊的螺旋类零件等。　　　　　　　　（　　）
9. 辅助功能M00为无条件程序暂停，执行该程序指令后，所有运转部件停止运动，且所有模态信息全部丢失。　　　　　　　　　　　　　　　　　　　　（　　）
10. 螺纹指令"G32 X41.0 W-43.0 F1.5;"是以1.5mm/min的速度加工螺纹。（　　）

三、选择题

1. 下列指令属于准备功能指令的是(　　)。
   A. G01　　　　　　　　　　　　　B. M08
   C. T01　　　　　　　　　　　　　D. S500
2. 根据加工零件图样选定的编制，零件程序的原点是(　　)。
   A. 机床原点　　　　　　　　　　　B. 编程原点
   C. 对刀点　　　　　　　　　　　　D. 刀位点
3. 用来指定圆弧插补的平面和刀具补偿平面为XY平面的指令是(　　)。
   A. G16　　　　　　　　　　　　　B. G17

C. G18　　　　　　　　　　　　D. G19

4. 撤销刀具半径补偿的指令是(　　)。

A. G40　　　　　　　　　　　　B. G41

C. G43　　　　　　　　　　　　D. G50

5. G96 S150 表示切削点线速度控制在(　　)。

A. 150m/min　　　　　　　　　　B. 150r/min

C. 150mm/min　　　　　　　　　D. 150mm/r

6. M 代码控制机床的各种(　　)。

A. 运动状态　　　　　　　　　　B. 刀具更换

C. 辅助动作状态　　　　　　　　D. 固定循环

7. 数控车床和普通车床主体结构相比,具有刚度好、(　　)高、可靠性好、热变形小等优点。

A. 单件生产效率　　　　　　　　B. 制造成本

C. 精确度　　　　　　　　　　　D. 噪声

8. 在数控程序中,G00 指令命令刀具快速到位,但是在应用时(　　)。

A. 必须有地址指令　　　　　　　B. 不需要地址指令

C. 地址指令可有可无　　　　　　D. 以上都不对

9. 在数控车床上 M09 表示(　　)。

A. 1 号冷却液开　　　　　　　　B. 2 号冷却液开

C. 冷却液关　　　　　　　　　　D. 以上都错

10. 在 FANUC 系统中,子程序的结束指令是(　　)。

A. M98　　　　　　　　　　　　B. M99

C. M02　　　　　　　　　　　　D. M05

11. 在 FANUC 系统中,表示固定循环功能的代码有(　　)。

A. G97　　　　　　　　　　　　B. G73

C. G04　　　　　　　　　　　　D. G02

12. 在 FANUC 系统中,混合编程的程序段是(　　)。

A. G00 X100 Z200 F300;　　　　B. G01 X−10 Z−20 F30;

C. G02 U−10 W−5 R30;　　　　D. G03 X5 W−10 R30 F500;

13. 程序停止,程序复位到起始位置的指令是(　　)。

A. M00　　　　　　　　　　　　B. M01

C. M02　　　　　　　　　　　　D. M30

14. 圆锥切削循环的指令是(　　)。

A. G90　　　　　　　　　　　　B. G92

C. G94　　　　　　　　　　　　D. G96

15. 采用固定循环编程,可以(　　)。

A. 加快切削速度,提高加工质量　　B. 缩短程序的长度,减少程序所占内存

C. 减少换刀次数,提高切削速度　　D. 减少吃刀深度,保证加工质量

16. 刀尖半径左补偿方向的规定是(　　)。

A. 沿刀具运动方向看,工件位于刀具左侧

B. 沿工件运动方向看，工件位于刀具左侧

C. 沿工件运动方向看，刀具位于工件左侧

D. 沿刀具运动方向看，刀具位于工件左侧

四、简答题

1. 数控车床加工的特点有哪些？
2. 数控车床可以分为哪几个主要组成部分？各部分的主要功用是什么？
3. 与普通车床相比，数控车床的主轴部分有哪些特殊之处？
4. 如果某台数控车床不能正常进行螺纹加工，可能是什么机构发生了故障？
5. 数控机床加工程序的编制方法有哪些？它们分别适用于什么场合？
6. 简述 G71，G72，G73 指令的应用场合有何不同。
7. 简述刀尖圆弧半径补偿的作用。

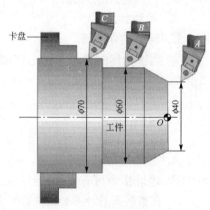

图 5.34 恒线速切削方式

五、计算题

如图 5.34 中所示的零件，为保持 A、B、C 各点的线速度在 150 m/min，则各点在加工时的主轴转速分别为多少？

六、编程题

1. 编程题，如图 5.35 所示。
2. 编程题，如图 5.36 所示。
3. 编程题，如图 5.37 所示。
4. 编程题，如图 5.38 所示。

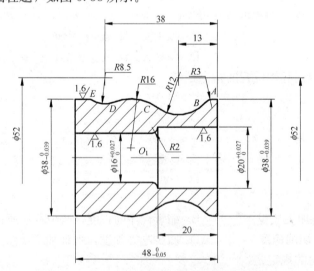

$A(38, -1.7801)$
$B(36, -4.0162)$
$C(32.4182, -19.8986)$
$D(36.148, -34.9294)$
$E(38, -42.8218)$
$O_1(6.309, -29.1494)$

图 5.35 数控车床编程题 1 图

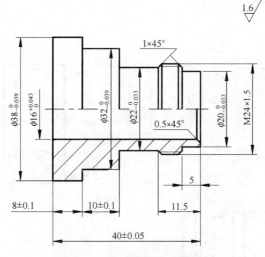

图 5.36 数控车床编程题 2 图

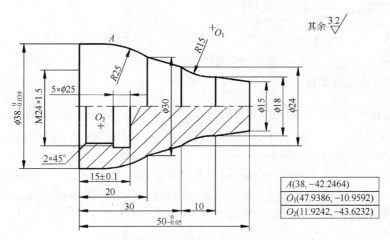

$A(38, -42.2464)$
$O_1(47.9386, -10.9592)$
$O_2(11.9242, -43.6232)$

图 5.37 数控车床编程题 3 图

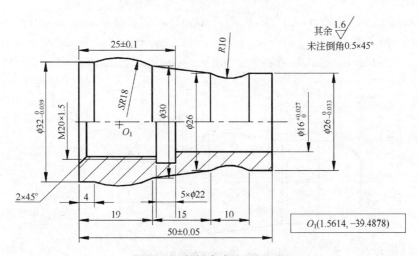

$O_1(1.5614, -39.4878)$

图 5.38 数控车床编程题 4 图

5. 编程题，如图 5.39 所示。

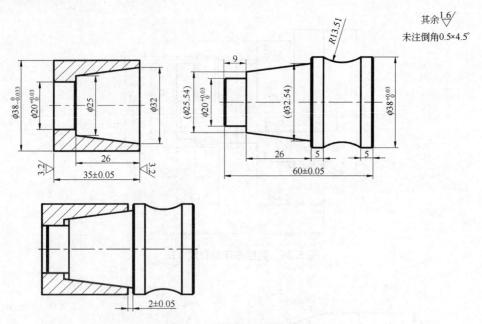

图 5.39　数控车床编程题 5 图

七、数控专业英语翻译

Turned parts have mirror-image symmetry about their axis of rotation. Such parts are machined from one side only. For this reason only one-half of the workpiece drawing is used for programming the contour.

A rapid traverse instruction traverses the tool to the target point at maximum traverse rate. The rapid traverse is used for movements where no tool is in engagement.

The instruction "Straight-line at feed rate" requires the program word G01, and the following functions are also needed: target point coordinates, feed rate, spindle speed or cutting speed.

The instructions "Radial arc, clockwise" (G02) and "Radial arc, counter-clockwise" (G03) require the following functions: target point coordinates, input of radius or circle center point, feed rate, spindle speed or cutting speed. (Fig. 5.40)

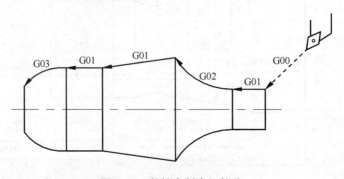

图 5.40　数控车削走刀轨迹

第 6 章 加工中心编程

教学目标: 了解加工中心的组成、类型和功用,认识加工中心的自动换刀装置,熟悉加工中心常用的编程指令和编程方式,熟练掌握典型零件的加工程序编制方法。

6.1 加工中心简介

6.1.1 加工中心的概念

加工中心(Machining Center,MC)是从数控铣床发展而来的。与数控铣床相同的是,加工中心同样是由计算机数控系统、伺服控制系统、机床本体、控制介质、辅助系统等各个部分组成,但是加工中心又不同于数控铣床,加工中心和数控铣床最本质的区别在于加工中心具有自动交换刀具的功能,而在数控铣床上却不能自动换刀。由于具有自动换刀功能,工件在一次装夹后,数控系统就可以控制机床按不同工序,自动选择和更换刀具,自动改变机床主轴转速、进给量和刀具相对工件的运动轨迹及其他辅助机能,依次完成工件上多面多工序的加工,从而实现了钻、铣、镗、扩、铰、攻螺纹、切槽等多种加工功能,所以适合于加工各类箱体、壳体、盘类、板类、模具等要求比较高的零件。

6.1.2 加工中心的分类

加工中心按床身结构和主轴结构的不同可以分为以下 4 类。

1. 卧式加工中心

如图 6.1 所示,卧式加工中心(HMC)指主轴轴线为水平状态设置的加工中心。通常都带有可进行分度回转运动的正方形分度工作台。卧式加工中心一般具有 3~5 个运动坐标轴,常见的是 3 个直线运动坐标轴(沿 X、Y、Z 轴方向)加一个回转运动坐标轴(回转工作台),它能够使工件在一次装夹后完成除安装面和顶面以外的其余 4 个面的加工,最适合箱体类零件的加工。

图 6.1 卧式加工中心

卧式加工中心有多种形式,如固定立柱式或固定工作台式。固定立柱式的卧式加工中心的立柱固定不动,主轴箱沿立柱实现上下运动,而工作台可在水平面内实现前后、左右两个方向的移动;固定工作台式的卧式加工中心,安装工件的工作台是固定不动的(不做直线运动),沿坐标轴 3 个方向的直线运动由主轴箱和立柱的移动来实现。

与立式加工中心相比较，卧式加工中心的结构复杂、占地面积大、重量大、价格也较高。

2. 立式加工中心

如图 6.2 所示，立式加工中心（VMC）指主轴轴心线为垂直状态设置的加工中心。其结构形式多为固定立柱式，工作台为长方形，无分度回转功能，适合加工盘类零件。一般立式加工中心具有 3 个直线运动坐标轴，并可在工作台上安装一个水平轴的数控转台，用以加工螺旋线类零件。

立式加工中心的结构简单、占地面积小、价格低。

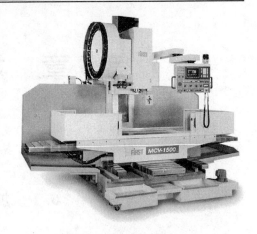

图 6.2　立式加工中心

3. 龙门式加工中心

龙门式（Planer-type）加工中心形状与龙门铣床相似，主轴多为垂直设置，带有自动换刀装置，带有可更换的主轴头附件，数控装置的软件功能也较齐全，能够一机多用，尤其适用于大型或形状复杂的工件，如航天航空工业及大型汽轮机中的某些零件的加工。

4. 万能加工中心

万能（Universal）加工中心是指某些加工中心具有立式和卧式加工中心的功能，工件一次装夹后能完成除安装面外的所有侧面和顶面等 5 个面的加工，也叫五面加工中心。常见的五面加工中心有两种形式：一种是主轴可以旋转 90°，既可以像立式加工中心那样工作，也可以像卧式加工中心那样工作；另一种是主轴不改变方向，而工作台可以带着工件旋转 90°完成对工件 5 个表面的加工。

这种加工方式可以使工件的形位误差降到最低，省去了二次装夹的工装，从而提高了生产效率，降低了加工成本。但是由于五面加工中心存在着结构复杂、造价高、占地面积大等缺点，所以它的使用和生产在数量上远不如其他类型的加工中心。

6.1.3　加工中心主要加工对象

加工中心适宜于加工形状复杂、工序多、精度要求高、需用多种类型的普通机床和众多刀具、夹具，且经多次装夹和调整才能完成加工的零件。其加工的主要对象有箱体类零件、复杂曲面、异形件、盘套、板类零件和特殊加工零件等，如图 6.3 所示。

图 6.3　加工中心适宜加工的零件

1. 箱体类零件

箱体类零件一般是指具有一个以上孔系,内部有型腔,在长、宽、高方向有一定比例的零件,这类零件在机床、汽车、飞机制造等行业应用较多。箱体类零件一般都需要进行多工位孔系及平面加工,公差要求较高,特别是形位公差要求较为严格,通常要经过铣、钻、扩、镗、铰、攻螺纹等工序,需要刀具较多,在普通机床上加工难度大,工装套数多,费用高,加工周期长,需多次装夹,找正,手工测量次数多,加工时必须频繁地更换刀具,工艺难以制定,更重要的是精度难以保证。

加工箱体类零件的加工中心。当加工工位较多,需工作台多次旋转角度才能完成的零件时,一般选卧式镗铣类加工中心;当加工的工位较少,且跨距不大时,可选立式加工中心,从一端进行加工。

2. 复杂曲面

复杂曲面在机械制造业,特别是航空航天工业中占有特殊重要的地位。此类零件的主要表面由复杂曲线、曲面组成,在加工时需要多坐标联动加工,这在普通机床上是无法完成的,加工中心由于具有多坐标联动和自动换刀的功能,因此是加工此类零件的最有效的设备。常见的典型零件有以下几种。

1) 凸轮类

凸轮(Cam)作为机械式信息存储与传递的基本元件,被广泛地应用于各种场合。这类零件有各种曲线的盘式凸轮、圆柱凸轮、圆锥凸轮和端面凸轮等,在加工时可以根据凸轮表面的复杂程度,选用3轴、4轴或5轴联动的加工中心。

2) 整体叶轮类

整体叶轮(Impeller)常见于航空发动机的压气机、空气压缩机、船舶水下推进器等。此类零件除了具有一般曲面加工的特点外,还存在许多特殊的加工难点,如通道狭窄,刀具很容易与加工表面和邻近曲面产生干涉,加工此类零件需采用4轴联动以上的加工中心。

3) 模具类

常见的模具有锻压模具、铸造模具、注塑模具和橡胶模具等。

3. 异形件

异形件是指外形不规则的零件,这类零件多数需要点、线、面多工位混合加工。异形件的刚性一般比较差,夹压变形难以控制,加工精度也难以保证。某些零件的某些加工部位用普通机床是难以完成的,用加工中心加工时,要采用合理的工艺措施,利用加工中心具有的自动换刀的功能,只需一次装夹或两次装夹,便可完成多道工序甚至全部工序的加工内容。

6.1.4 加工中心的自动换刀装置

自动换刀装置的用途是按照加工需要,自动地更换装在主轴上的刀具。它是一套独立、完整的部件。

1. 自动换刀装置的形式

自动换刀装置的结构取决于机床的类型、工艺范围及刀具的种类和数量等。自动换刀装置主要有回转刀架和带刀库的自动换刀装置两种形式。

回转刀架换刀装置的刀具数量有限,但结构简单,维护方便。

带刀库的自动换刀装置是由刀库和机械手组成的。它是多工序数控机床上应用最广泛的换刀装置。其整个换刀过程较复杂,首先把加工过程中需要使用的全部刀具分别安装在标准刀柄上,在机外进行尺寸预调后,按一定的方式放入刀库;换刀时,先在刀库中进行选刀,并由机械手从刀库和主轴上取出刀具,在进行刀具交换之后,将新刀具装入主轴,把旧刀具放回刀库。存放刀具的刀库具有较大的容量,它既可以安装在主轴箱的侧面或上方,也可以作为独立部件安装在机床以外。

2. 刀库的形式

刀库的形式很多,结构各异。如图 6.4 所示,加工中心常用的刀库有鼓轮式和链式刀库两种。

如图 6.4(a)、图 6.4(b)所示为鼓轮式刀库,其结构简单、紧凑,应用较多,一般存放刀具不超过 32 把。

如图 6.4(c)、图 6.4(d)所示为链式刀库,多为轴向取刀,适用于要求刀库容量较大的数控机床。

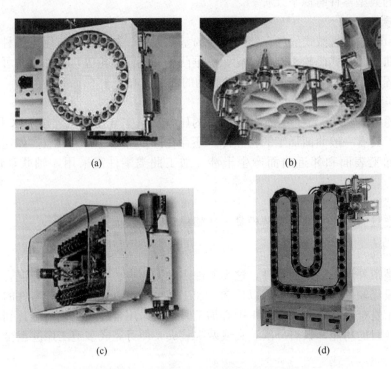

图 6.4 刀库形式

3. 换刀过程

自动换刀装置的换刀过程由选刀和换刀两部分组成。选刀即是刀库按照选刀命令(或信息)自动将要用的刀具移动到换刀位置,完成选刀过程,为下面换刀做好准备;换刀即是把主轴上用过的刀具取下,将选好的刀具安装在主轴上。

4. 刀具的选择方法

数控机床常用的选刀方式有顺序选刀方式和任选方式两种。

(1) 顺序选刀方式。将加工所需要的刀具,按照预先确定的加工顺序依次安装在刀座中,换刀时,刀库按顺序转位。这种方式的控制及刀库运动简单,但刀库中刀具排列的顺序不能错。

(2) 任选方式。对刀具或刀座进行编码,并根据编码选刀。它可分为刀具编码和刀座编码两种方式。

① 刀具编码方式是利用安装在刀柄上的编码元件(如编码环、编码螺钉等)预先对刀具编码后,再将刀具放入刀座中;换刀时,通过编码识别装置根据刀具编码选刀。采用这种方式的刀具可以放在刀库的任意刀座中;刀库中的刀具不仅可在不同的工序中多次重复使用,而且换下来的刀具也不必放回原来的刀座中。

② 刀座编码方式是预先对刀库中的刀座(用编码钥匙等方法)进行编码,并将与刀座编码相对应的刀具放入指定的刀座中;换刀时,根据刀座编码选刀。如程序中指定为 T13 的刀具必须放在编码为 13 的刀座中。使用过的刀具也必须放回原来的刀座中。

目前计算机控制的数控机床都普遍采用计算机记忆方式选刀。这种方式是通过可编程序控制器(Programmable Controller,PC)或计算机,记忆每把刀具在刀库中的位置,自动选取所需要的刀具。

6.2 加工中心程序编制

程序的编制是在掌握了加工中心的功能、编程方法、零件的具体要求和全部工艺内容后进行的,它是使用加工中心的中心环节。本节主要以 FANUC oi-MB 加工中心为例进行介绍。

6.2.1 机床坐标系与加工坐标系

1. 机床坐标系

加工中心的机床坐标系是机床的基本坐标系,其原点和坐标轴方向在机床出厂前由机床生产厂家设定完成,它是机床运动的基准。

加工中心在开机后一般都要求"回零"(Return to Zero)操作(目前一些使用绝对编码器的机床可以不回零),即加工中心的各个运动轴都回到一个固定的位置,这个位置就是机床原点。如图 6.5 所示,M 为立式加工中心机床坐标系的原点,对于一般加工中心而言,机床原点位于各个运动轴的正方向极限,即刀具在最上、最右、最前的位置。

2. 加工坐标系

对于加工中心来说,正确选择编程原点后,才能建立加工坐标系。

编程原点的位置在对零件进行工艺分析和数学处理时就已经确定好了,零件在机床上装夹好以后,这一点在机床坐标系里的位置也就确定了,但是它是随着工件装夹的位置不同而改变的，所以，加工坐标系在机床上根据需要是可以改变的。如图 6.5 所示，W 为此立式加工中心上某工件坐标系的原点。

6.2.2 加工中心的基本编程指令

除换刀程序外，加工中心的编程方法与数控铣床基本相同。

1. 自动换刀指令(M06)

功能：加工中心不同于数控铣床的功能之一，可以实现自动换刀。

指令格式：M06 T _ ；

其中，T 表示刀号。

不同的加工中心，其换刀程序也是

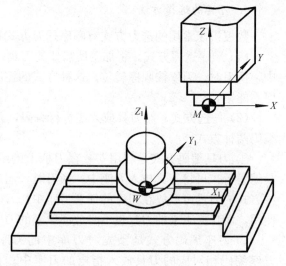

图 6.5 加工中心坐标系

有所不同的，对于盘式刀库来说一般选刀和换刀同时进行，而对于链式刀库来说一般选刀和换刀分开进行，其选刀动作可以与机床加工重合起来，即利用切削时间进行选刀，这样可以缩短换刀时间，提高整个程序的加工效率，当今一些加工中心的换刀时间只需要 1.5s。

加工中心换刀时会自动将主轴准停，所以换刀完毕后必须启动主轴，方可进行下面程序段的加工内容。

绝大多数加工中心都规定了换刀点位置，即定距换刀，主轴只有移至这个位置，机床才能执行换刀动作。有些加工中心在执行 M06 换刀指令时，主轴可以自动返回换刀点；而有些机床则不可以，必须在 M06 前加程序段，指令主轴移至换刀点，如：G28 Z0 等指令。

一些加工中心在换刀过程中是不允许暂停的，否则机床会报警，甚至出现乱刀等后果，必须等换刀动作全部完成后方可暂停。

编程举例：

方法一（选刀和换刀同时进行）：

```
N010    G28 Z0;                     //主轴回换刀点
N020    M06 T02;                    //主轴换上 2 号刀
```

方法二（选刀和换刀分开进行）：

```
N010    G01 X10 Y10 F200 T02;       //在切削过程中选 2 号刀
...
N080    G28 Z0;                     //主轴回换刀点
N090    M06;                        //主轴换上 2 号刀
N100    M03 S2000 T03;              //预选 3 号刀
...
```

2. 机床坐标系选择指令(G53)

功能：使刀具快速定位到机床坐标系中的指定位置上。

指令格式：G53（G90）X _ Y _ Z _；

其中，X、Y、Z 表示机床坐标系中的坐标值，一般其尺寸均为负值。

机床坐标系是机床固有的坐标系，由机床来确定。在机床调整后，一般此坐标系是不允许变动的。当完成"手动返回参考点"操作后，就建立了一个以机床原点为坐标原点的机床坐标系，此时显示器上显示的当前刀具在机床坐标系中的坐标值均为零。

当执行 G53 指令时，刀具移动到机床坐标系中坐标值为 X、Y、Z 的点上。G53 是非模态指令，仅在它所在的程序段中和绝对值指令 G90 时有效，在增量值指令 G91 时无效。

例 6-1：执行以下指令程序后，刀具在机床坐标系中的位置如图 6.6 所示。

G53 G90 G00 X-100 Y-100 Z-20；

注意：当执行 G53 指令时，取消刀具补偿；机床坐标系必须在 G53 指令执行前建立，即在电源接通后，至少回过一次参考点（手动或自动）。

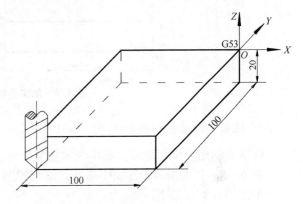

图 6.6　G53 机床坐标系的选择

3. 加工坐标系选择指令(G54、G55、G56、G57、G58、G59)

功能：若在工作台上同时加工多个相同零件时，可以设定不同的程序零点，可建立 G54～G59 这 6 个加工坐标系。

指令格式：G54 G00(G01)X _ Y _ Z _ (F _)；

1～6 号工件加工坐标系可以直接通过 CRT/MDI 方式设置。

例 6-2：如图 6.7 所示，用 CRT/MDI 在参数设置方式下设置了两个加工坐标系。

G54：X-50 Y-50 Z-10

G55：X-100 Y-100 Z-20

这时，建立了原点在 O' 的 G54 加工坐标系和原点在 O'' 的 G55 加工坐标系。若执行下述程序段，则刀尖点的运动轨迹如图 6.7 中的 $O—A—B$ 所示。

N10 G53 G90 G00 X0 Y0 Z0；

N20 G54 G90 G01 X50 Y0 Z0 F100；

N30 G55 G90 G01 X100 Y0 Z0 F100；

注意：G54～G59 设置加工坐标系的方法是一样的，但在使用中 G54 是系统默认的加工坐标系，如图 6.7 所示，如程序段 G00 X50 Y0 Z0；则刀具运动到 A 点，程序段中虽然没有指定加工坐标系，但系统默认为 G54。

G54～G59 指令是通过 MDI 在设置参数方式下设定工件加工坐标系的，一旦设定，加工原点在机床坐标系中的位置是不变的，它与刀具的当前位置无关，除非再通过 MDI 方式修改。

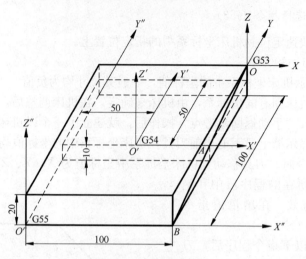

图 6.7 加工坐标系选择

4. 绝对、增量编程指令(G90、G91)

G90 表示绝对坐标编程，G91 表示增量坐标编程。

例 6-3：分别用 G90、G91 指令，编制如图 6.8 所示的零件轮廓的加工程序。

绝对编程程序如下：

O0001;
...
N110 G90 G01 X0 Y-25 F200;
N120 G01 X-19 Y-25;
N130 G02 X-25 Y-19 R6;
N140 G01 X-25 Y19;
N150 G02 X-19 Y25 R6;
N160 G01 X19 Y25;
N160 G02 X25 Y19 R6;
N170 G01 X25 Y-19;
N180 G02 X19 Y-25 R6;
N190 G01 X0 Y-25;
...
M02;
%

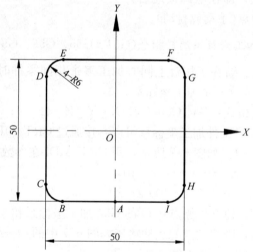

图 6.8 绝对、增量编程举例

增量编程程序如下：

O0002;
...
N110 G90 G01 X0 Y-25 F200;
N120 G91 G01 X-19 Y0;
N130 G02 X-6 Y6 R6;
N140 G01 X0 Y38;

```
N150 G02 X6 Y6 R6;
N160 G01 X38 Y0;
N160 G02 X6 Y-6 R6;
N170 G01 X0 Y-38;
N180 G02 X-6 Y-6 R6;
N190 G01 X-19 Y0;
N200 G90;
...
M02;
%
```

注意：G90 一旦被指定将一直有效，直到被 G91 取代为止，同样 G91 一旦被指定将一直有效，直到被 G90 取代为止；一般数控系统的默认方式为绝对方式，即 G90 方式；在程序中如果用到了 G91 方式的话，在使用完毕或程序结束前应该恢复为 G90 方式。

5. 刀具补偿指令

1) 刀具半径补偿指令

(1) 刀具半径补偿指令功能。

如图 6.9 所示，已知铣刀直径为 6mm。若刀具沿工件轮廓铣削，因刀具有一定的直径，故铣削的结果会增加或减少一个刀具直径值。外形尺寸会减少一铣刀直径值（双边）；内形尺寸会增加一铣刀直径值（双边）。

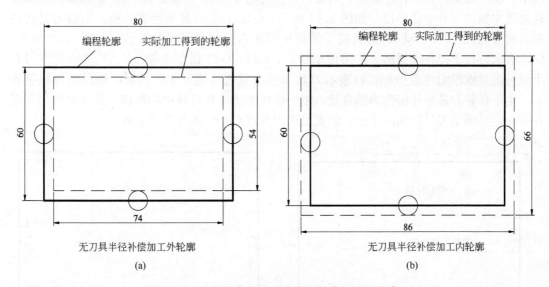

图 6.9 无刀具半径补偿的编程轮廓与实际轮廓

若如图 6.10 所示的铣刀的刀尖点向外（内）偏一半径值，如虚线所示，则可铣出正确的尺寸，但如果每次皆要加、减一刀具半径值才能找到真正的刀具中心轨迹，编写程序很不方便。为了编写程式的方便性，系统提供了刀具半径补偿指令，可以使编程时不必考虑刀具半径，只需根据图纸标准尺寸编程，然后系统会根据半径补偿指令自动偏移一个所指定的刀具半径值。

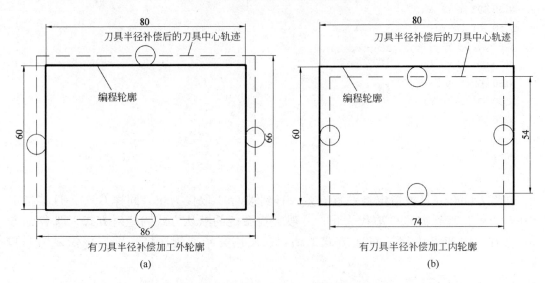

图 6.10 采用刀具半径补偿的编程轮廓与走刀轨迹

(2) 刀具半径补偿指令格式如下。

G41(G42) G00(或 G01)X_Y_D_F_;

……

G40 G00(或 G01) X_Y_;

其中，G41 表示刀具半径左补偿，沿着刀具行进的方向看(假设零件不动)，刀具位于编程轮廓线左侧的刀具半径补偿，如图 6.11 所示；G42 表示刀具半径右补偿，沿着刀具行进的方向看(假设零件不动)，刀具位于编程轮廓线右侧的刀具半径补偿，如图 6.12 所示；G40 表示刀具半径补偿撤销，使用该指令后，G41、G42 指令无效；X、Y 表示建立刀具半径补偿直线段的终点坐标；D 表示刀具半径偏置代号地址字，后面一般用两位数字表示，用于存放刀具半径值作为偏置量，用于数控系统计算刀具中心轨迹，其存放的偏置量并不一定必须是刀具的实际半径，偏置量可以通过 CRT/MDI 方式输入。

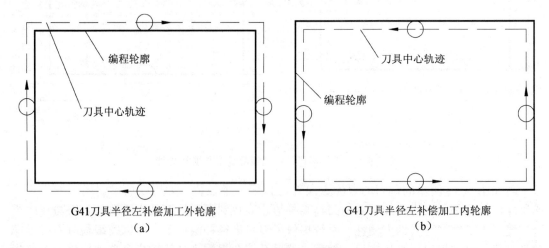

图 6.11 刀具半径左补偿

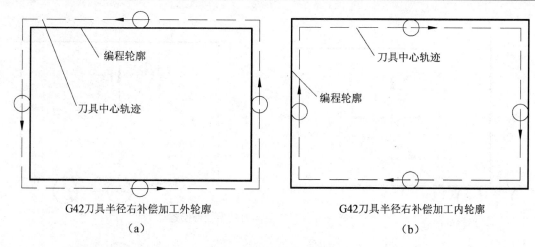

图 6.12 刀具半径右补偿

(3) 刀具半径补偿的 B 功能和 C 功能。

刀具半径补偿的 B 功能是只能实现在本程序段内的刀具半径补偿,而对于程序段间的过渡不予处理。对于直线插补段,只能实现程序给定的直线段相对长度的直线插补;对于圆弧插补段,可实现程序给定的圆弧半径与刀具半径之和或之差的同心圆插补。只有刀具半径补偿 B 功能的数控系统,在编程时除了零件轮廓各程序段之外,还应考虑其尖角过渡。对外轮廓(外拐角)要增加尖角过渡辅助程序段;对内轮廓(内拐角)不能使用刀具补偿 B 功能。

刀具半径补偿 C 功能可实现自动尖角过渡,只要给出零件轮廓的程序数据,数控系统就能自动地进行拐角处的刀具中心轨迹交点的计算。因此,刀具半径补偿 C 功能可用于内、外拐角轮廓的加工,而且在程序中可不用考虑其尖角过渡。以下所提到的刀具补偿都是指 C 类补偿。

(4) 刀具半径补偿的建立与撤销。

刀具补偿过程的运动轨迹分为 3 个组成部分:形成刀具补偿的建立补偿程序段,零件轮廓切削程序段和补偿撤销程序段。

数控系统一启动时,总是处在补偿撤销状态,这时刀具的偏移量为 0,刀具中心轨迹与编程路线一致。在补偿撤销状态下,如果满足以下条件的程序段被执行,系统就进入偏置状态,即建立了补偿。

① G41 或 G42 被指定,系统即进入 G41 或 G42 状态。

② 刀具补偿的偏置量不是 D00。

③ 在偏置平面内指定了不为 0 的任意一轴上的移动。

注意:刀具半径补偿的建立过程是一个补偿平面内的直线运动的过程(如图 6.13 所示),不能使用圆弧插补指令来建立刀具半径补偿(如图 6.14 所示),在刀具半径补偿建立过程中一般不出现非补偿平面内的运动。

当加工处在偏置状态时,如果一个满足下列任一条件的程序段被执行,那么系统就进入补偿撤销状态,这一程序段的功能就是补偿撤销。

① 指定了 G40。

② 刀具补偿的偏置量为 D00。

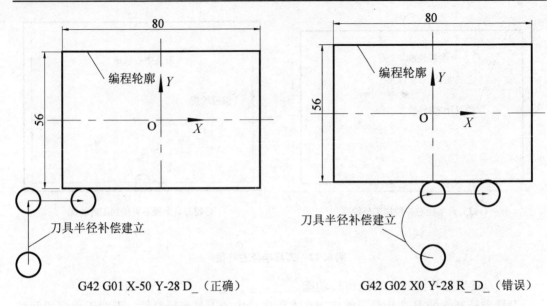

G42 G01 X-50 Y-28 D_（正确）　　　　　G42 G02 X0 Y-28 R_ D_（错误）

图 6.13　刀具半径补偿正确建立　　　图 6.14　刀具半径补偿无法建立

注意：刀具半径补偿的终点应该放在刀具切出零件以后，否则会发生过切或碰撞。刀具半径补偿撤销同样只能是直线运动，不能为圆弧插补。

（5）编程举例。

例 6-4：编制如图 6.15 所示的凸台轮廓的 NC 程序，已知 G54 编程零点设在零件左下角，Z0 设在零件上表面，T03 立铣刀，直径 20mm。

```
O001;
M06 T03;
M03 S1200;
G54 G00 X25 Y-20 M08;
G00 Z50;
G00 Z5;
G01 Z-4 F300;
G41 G01 X25 Y4 D03;
G01 X10 Y4;
G02 X4 Y10 R6;
G01 X4 Y25;
G01 X25 Y48;
G02 X48 Y25 R23;
G01 X25 Y4;
G40 G01 X25 Y-20 M09;
G00 Z100 M05;
M02;
%
```

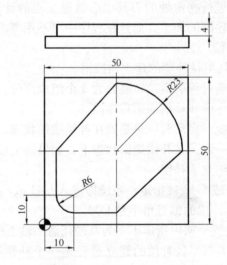

图 6.15　刀具半径补偿编程应用

参数设置：D03=10（系统默认单位为 mm）。

例 6-5：编制如图 6.16 所示的凹槽轮廓的 NC 程序，已知 G54 编程零点设在零件中心，Z0 设在零件上表面，T04 立铣刀，直径 10mm。

O0002;
M06 T04;
M03 S1200;
G54 G00 X0 Y0 M08;
G00 Z50;
G00 Z5;
G01 Z-2 F50;
G42 G01 X0 Y-24 D04;
G02 X-8 Y-16 R8;
G03 X-16 Y-8 R8;
G02 X-16 Y8 R8;
G03 X-8 Y16 R8;
G02 X8 Y16 R8;
G03 X16 Y8 R8;
G02 X16 Y-8 R8;
G03 X8 Y-16 R8;
G02 X0 Y-24 R8;
G40 G01 X0 Y0 M09;
G00 Z100 M05;
M02;
%

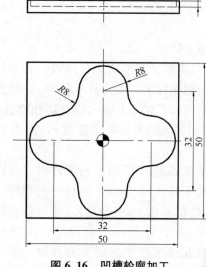

图 6.16 凹槽轮廓加工

参数设置：D04＝5。

(6) 刀具半径补偿的灵活运用

① 利用刀具半径补偿实现内外轮廓变化。在使用刀具半径补偿时，如果偏置量为负值，则实际补偿方向与编程方向相反，可以用此特性实现内外轮廓加工的变化。

例 6-6：欲加工如图 6.17 所示的凸台，则 NC 程序可编制如下。

O0003;
M06 T04;
M03 S1200;
G54 G00 X0 Y-40 M08;
G00 Z50;
G00 Z5;
G01 Z-2 F50;
G42 G01 X0 Y-24 D04;
G02 X-8 Y-16 R8;
G03 X-16 Y-8 R8;
G02 X-16 Y8 R8;
G03 X-8 Y16 R8;
G02 X8 Y16 R8;
G03 X16 Y8 R8;
G02 X16 Y-8 R8;

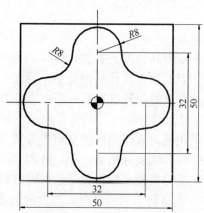

图 6.17 凸台轮廓加工

```
G03 X8 Y-16 R8;
G02 X0 Y-24 R8;
G40 G01 X0 Y-40 M09;
G00 Z100 M05;
M02;
%
```

参数设置：D04=-5。

② 利用刀具半径补偿功能可用同一程序、同一把刀具进行粗精加工。设刀具半径为 r，精加工余量为 Δ，则粗加工时手工输入的刀具补偿量为 $r+\Delta$，精加工时输入的刀具补偿量为 r，如图 6.18 所示。

例如在加工如图 6.15 所示的零件时，可以先将参数设置成 D03=10.1mm，运行一遍程序，实现粗加工（单边留了 0.1mm 余量），然后将参数设置成 D03=10mm，再运行一遍程序，实现精加工，此方法在单件生产中运用极为方便，可以提高编程效率。

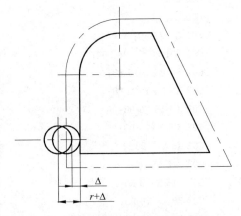

图 6.18 刀具半径补偿功能用于粗精加工

在利用刀具半径补偿完成粗、精加工时，当偏置量变大，则少切除材料，外轮廓尺寸变大，内轮廓尺寸变小；反之，当偏置量变小，则多切除材料，外轮廓尺寸变小，内轮廓尺寸变大。

③ 利用刀补功能还可进行阴、阳模具的加工。用 G42 指令得到阳模轨迹，用 G41 指令得到阴模轨迹，这样，使用同一加工程序可以加工基本尺寸相同的内外两种轮廓的模具。

2) 刀具长度补偿

在加工中心上加工零件时，绝大多数时候要用到多把刀具，而且还要进行刀具自动交换，这样就必须对每把刀具或除基准刀具之外的所有刀具进行 Z 向的长度补偿。

指令格式：
G43(G44)G00 Z_ H_ ;
……
G49 G00 Z ;

其中，G43 表示刀具长度正补偿；G44 表示刀具长度负补偿；G49 表示取消刀具长度补偿；H 表示刀具长度偏置代号地址字，后面一般用两位数字表示，用于存放刀具长度值作为偏置量，其存放的偏置量并不一定必须是刀具的实际长度。偏置量可以通过 CRT/MDI 方式输入。

无论是采用绝对方式编程还是增量方式编程，对于存放在 H 中的数值，在 G43 时是与 NC 程序中的 Z 轴坐标相加，在 G44 时是与 NC 程序中的 Z 轴坐标相减，从而形成新的 Z 轴坐标，此新的 Z 轴坐标为程序运行时刀具实际到达的 Z 轴坐标。

例 6-7：当运行下列程序时，刀具的运动情况如图 6.19 所示。

……

```
N10 G90 G00 X0 Y0 Z30;
N20 G01 Z15 F200;
N25 G01 X30;
N30 G43 G01 Z15 H01;
N35 G01 X60;
N40 G43 G01 Z15 H02;
N50 G49 G01 Z30;
N60 M30;
……
```

参数设置：

H01＝5，H02＝－5。

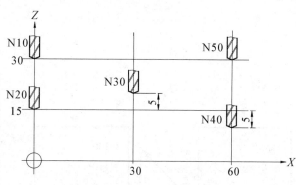

图 6.19　刀具长度补偿指令的应用

6. 简化编程指令

编程时，为了简化程序，提高编程的效率，当在零件上出现形状相同、形状对称、形状成比例等加工内容时，可以使用一些特殊的编程指令，达到缩短程序长度，减少编程时间的目的。

1) 子程序

当一个工件上有相同的加工内容时，常采用调子程序(Subprogram)的方法进行编程。调用子程序的程序叫做主程序，被调用的程序叫做子程序。

子程序的编制与一般程序基本相同，只是程序结束代码为 M99，表示子程序结束并返回到调用子程序的主程序中。

指令格式：

M98 P_ L_ ；

其中，P 表示调用的子程序号，后面跟 4 位阿拉伯数字；L 表示调用次数，后面跟 4 位阿拉伯数字。

例 6-8：M98 P100 L12 表示调用 O100 号子程序，调用 12 次。

调用次数为 1 时，可省略调用次数，即程序 M98 P100 与程序 M98 P100 L1 等同。

M99 的两种用法如下。

(1) 当子程序的最后程序段只用 M99 时，子程序结束返回，返回到调用程序段后面的一个程序段，如图 6.20 所示。

(2) 一个程序段号在 M99 后由 P 指定时，系统执行完子程序后，将返回到由 P 指定的那个程序段号上，如图 6.21 所示。

例 6-9：编制如图 6.22 所示的零件程序，编程零点设在零件中心，Z0 设在零件上表面。加工凸台时要求用分层切削，每刀切削深度为 1mm，使用 T01 号刀，直径为 16mm。加工 4—φ9 孔时用子程序调用，使用 T02 号刀，直径为 6mm。

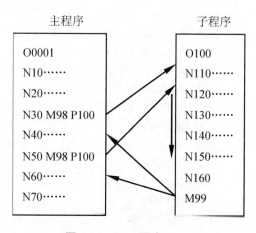

图 6.20　M99 用法一

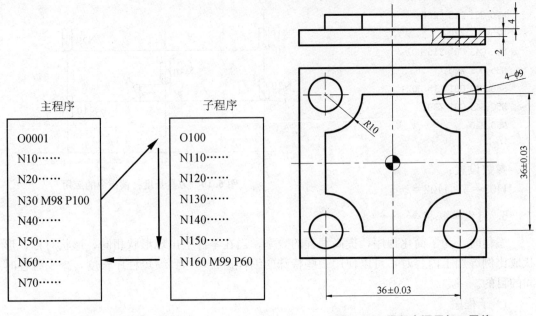

图 6.21 M99 用法二　　　　图 6.22 子程序调用加工零件

```
O0001;                    //主程序
N010 M06 T01;
N020 M03 S2000;
N030 M08;
N040 G54 G00 X0 Y0;
N050 G43 G00 Z50 H01;
N060 G00 X0 Y-40;
N070 G00 Z0;
N080 M98 P101 L4;
N090 G00 Z100;
N100 M05;
N110 M06 T02;
N120 M03 S2500;
N130 G54 G00 X-18 Y-18;
N140 G43 G00 Z50 H02;
N150 M98 P102;
N160 G00 X18 Y-18;
N170 M98 P102;
N180 G00 X18 Y18;
N190 M98 P102;
N200 G00 X-18 Y18;
N210 M98 P102;
N220 G00 Z150 M9;
N230 M05;
N240 M02;
```

```
%
O101;                          //子程序——加工凸台
N510 G91;
N520 G01 Z-1 F400;
N530 G90;
N540 G41 G01 X0 Y-18 D01;
N550 G01 X-8 Y-18;
N560 G03 X-18 Y-8 R10;
N570 G01 X-18 Y8;
N580 G03 X-8 Y18 R10;
N590 G01 X8 Y18;
N600 G03 X18 Y8 R10;
N610 G01 X18 Y-8;
N620 G03 X8 Y-18 R10;
N630 G01 X0 Y-18;
N640 G40 G01 X0 Y-40;
N650 M99;
%
O102;                          //子程序——加工孔
N710 G00 Z-1;
N720 G01 Z-6 F100;
N730 G91;
N740 G41 G01 X4.5 Y0 D02;
N750 G03 I-4.5;
N760 G40 G01 X-4.5 Y0;
N770 G90;
N780 G00 Z50;
N790 M99;
%
```

参数设置：D01=8；D02=3。

2）镜像加工

当零件上存在关于某个坐标轴对称（Symmetry）的加工内容时，可以使用镜像（Mirror）加工指令来编制加工程序，在一般情况下，镜像加工指令需要和子程序调用一起使用。

编程格式如下。

G51.1 X0；	关于直线 $X=0$ 对称，即关于 Y 轴对称
G51.1 Y0；	关于直线 $Y=0$ 对称，即关于 X 轴对称
G51.1 X0 Y0；	关于点(0,0)对称，即关于编程原点对称
G50.1 X0；	取消关于直线 $X=0$ 对称，即取消关于 Y 轴对称
G50.1 Y0；	取消关于直线 $Y=0$ 对称，即取消关于 X 轴对称
G50.1 X0 Y0；	取消关于点(0,0)对称，即取消关于编程原点对称

在程序关于 Y 轴对称状态下，当程序中 X 坐标为 A 时，实际刀具运动轨迹的 X 坐标

为$-A$，而 Y 坐标不变。

在程序关于 X 轴对称状态下，当程序中 Y 坐标为 B 时，实际刀具运动轨迹的 Y 坐标为$-B$，而 X 坐标不变。

在程序关于原点对称状态下，当程序中 X 坐标为 A、Y 坐标为 B 时，实际刀具运动轨迹的 X 坐标为$-A$，而 Y 坐标为$-B$。

镜像加工并不一定要求关于坐标轴对称，它可以关于任意直线或任意点对称。如程序 G51.1 X5；即关于直线 $X=5$ 对称。如程序 G51.1 X7 Y10；即关于点(7，10)对称，但在实际加工中这种情况不多。

例 6 - 10：编制如图 6.23 中所示的 4 个凹腔的加工程序，使用 T03 号刀，直径 12mm。

```
O0002;                   //主程序
N010 M06 T03;
N020 M03 S2500;
N030 G54 G00 X0 Y0 M08;
N040 G43 G00 Z50 H03;
N050 M98 P103;           //加工第二象限
N060 G51.1 X0;
N070 M98 P103;           //加工第一象限
N080 G51.1 Y0;
N090 M98 P103;           //加工第四象限
N100 G50.1 X0;
N110 M98 P103;           //加工第三象限
N120 G50.1 Y0;
N130 G00 Z150 M09;
N140 M05;
N150 M02;
%
```

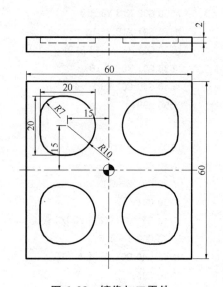

图 6.23 镜像加工零件

```
O103;                    //子程序
N510 G00 X - 15 Y15;
N520 G00 Z5;
N530 G01 Z - 2 F100;
N540 G41 G01 X - 25 D03 F300;
N550 G01 Y12;
N560 G03 X - 18 Y5 R7;
N570 G01 X - 15;
N580 G03 X - 15 Y25 R10;
N590 G01 X - 18;
N600 G03 X - 25 Y18 R7;
N610 G01 Y15;
N620 G40 G01 X - 15;
N630 G00 Z50;
```

N640 M99;
%

参数设置：D03＝6。

注意：由于使用了镜像功能，刀具的行走方向会随之变化，在上例中，加工第二象限内的凹腔时用的是左补偿(顺铣)，而加工第一象限内的凹腔时则变成了右补偿(逆铣)，加工第四象限内的凹腔时用的是左补偿(顺铣)，加工第三象限内的凹腔时用的是右补偿(逆铣)。由于切削方向的不同，会带来加工表面质量的不同，因此在加工表面质量要求高的零件时，要慎用镜像功能。

3) 旋转指令

用旋转指令可以使编程图形按指定的旋转中心及旋转方向旋转一定的角度。

编程格式为：

G68 X_ Y_ R_ ;

……

G69

其中，G68 表示开始坐标旋转；G69 表示结束坐标旋转；X、Y 表示旋转中心的坐标值(可以是 X、Y、Z 中的任意两个、由当前平面选择指令确定)，当 X、Y 省略时，系统默认刀具当前位置为旋转中心；R 表示旋转角度，R 为正值表示逆时针旋转，R 为负值表示顺时针旋转，R 一般为绝对值，旋转角度范围：－360.0°～＋360.0°。

编程举例：

例 6-11：编制如图 6.24 所示的凸台。

```
O001;
N10 M06 T01;
N20 M03 S1200;
N25 G68 X0 Y0 R15;              //开始坐标旋转
N30 G54 G00 X0 Y-45 M08;
N40 G43 G00 Z50 H01;
N50 G00 Z5;
N60 G01 Z-4 F500;
N70 G41 G01 X0 Y-17.5 D01 F230;
N80 G01 X-25, R7.5;             //倒圆角
N90 G01 Y17.5, R7.5;            //倒圆角
N100 G01 X25, R7.5;             //倒圆角
N110 G01 Y-17.5, R7.5;          //倒圆角
N120 G01 X0;
N130 G40 G01 X0 Y-45 F500;
N140 G00 Z150 M09;
N150 G69;                       //结束坐标旋转
N160 M05;
N170 M02;
%
```

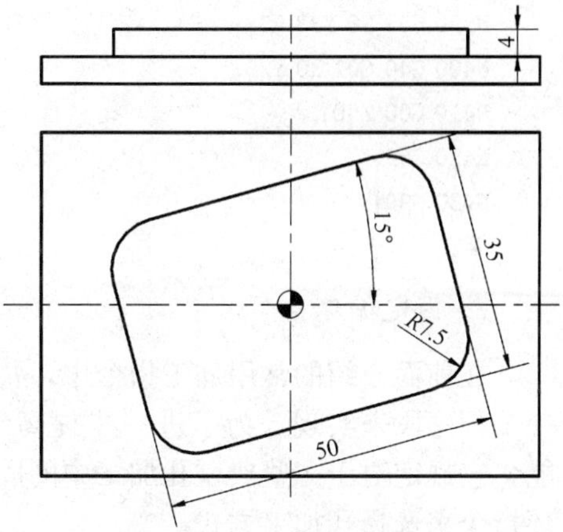

图 6.24 旋转指令加工零件一

例 6-12：编制如图 6.25 所示的 3 条圆弧槽程序。

```
O002;                          //主程序
N010 M06 T02;
N020 M03 S3000
N030 G54 G00 X0 Y0 M08;
N040 G43 G00 Z50 H2;
N050 M98 P104;
N060 G68 X0 Y0 R120;
N070 M98 P104;
N080 G68 X0 Y0 R240;
N090 M98 P104;
N100 G00 Z150 M08;
N110 M05;
N120 M02;
%

O104;                          //子程序
N310 G00 X0 Y28;
N320 G00 Z5;
N330 G01 Z-2 F100;
N340 G41 G01 X0 Y33 D02;
N350 G03 X-16.5 Y28.57 R33;
N360 G03 X-11.5 Y19.92 R5;
N370 G02 X11.5 Y19.92 R23;
N380 G03 X16.5 Y28.57 R5;
N390 G03 X0 Y33 R33;
N400 G40 G01 X0 Y28;
N410 G00 Z50;
N420 G69;
N430 M99;
%
```

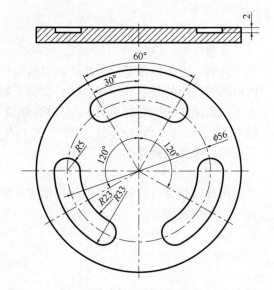

图 6.25 旋转指令加工零件二

7. 固定循环指令

在前面介绍的常用加工指令中，每一个 G 指令一般都对应机床的一个动作，它需要用一个程序段来实现。为了进一步提高编程的工作效率，FANUC 系统设计有固定循环功能，它规定对于一些典型孔加工中的固定、连续的动作，用一个 G 指令表达，即用固定循环指令来选择孔加工方式。

常用的固定循环指令能完成的工作有：钻孔、攻螺纹和镗孔等。这些循环通常包括下列 6 个基本操作动作。

(1) 在 XY 平面定位。

(2) 快速移动到 R 平面。

(3) 孔的切削加工。

(4) 孔底动作。

(5) 返回到 R 平面。

(6) 返回到起始点。

如图 6.26 中所示的实线表示切削进给,虚线表示快速运动。

R 平面为在孔口时,快速运动与进给运动的转换位置。

编程格式:

G90/G91 G98/G99 G73~G89 X_Y_Z_R_Q_P_F_K_;

其中,G90/G91 表示数据方式,在采用绝对方式 G90 时,Z 值为孔底的 Z 坐标值,当采用增量方式 G91 时,Z 值规定为 R 平面到孔底的距离;G98/G99 表示返回平面位置,G98 指令返回起始平面,G99 指令返回 R 平面;G73~G89 表示孔加工方式;X、Y 表示孔心位置坐标;R 表示绝对方式时,为 R 平面的绝对坐标值,增量方式时,为起始平面到 R 平面的增量距离;Q 表示在 G73、G83 方式时表示每次切削深度,在 G76、G87 方式时表示偏移量,

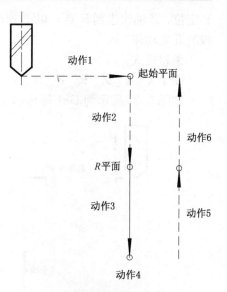

图 6.26 固定循环指令的基本动作

它始终是一个增量值;P 表示孔底暂停时间;F 表示切削进给速度;K 表示重复加工次数,当 K 没有规定时,默认为 K=1,当 K=0 时,孔加工数据存入,但不执行加工。

固定循环由 G80 指令撤销。

本系统的固定循环功能见表 6-1

表 6-1 固定循环功能

G 代码	加工运动 (Z 轴负向)	孔底动作	返回运动 (Z 轴正向)	应用
G73	分次,切削进给		快速定位进给	高速深孔钻削
G74	切削进给	暂停—主轴正转	切削进给	左螺纹攻丝
G76	切削进给	主轴定向,让刀	快速定位进给	精镗循环
G80				取消固定循环
G81	切削进给		快速定位进给	普通钻削循环
G82	切削进给	暂停	快速定位进给	钻削或粗镗削
G83	分次,切削进给		快速定位进给	深孔钻削循环
G84	切削进给	暂停—主轴反转	切削进给	右螺纹攻丝
G85	切削进给		切削进给	镗削循环
G86	切削进给	主轴停	快速定位进给	镗削循环
G87	切削进给	主轴正转	快速定位进给	反镗削循环
G88	切削进给	暂停—主轴停	手动	镗削循环
G89	切削进给	暂停	切削进给	镗削循环

下面介绍几种常用的孔加工固定循环。

(1) G81 指令(标准钻孔循环)。G81 指令是最简单的固定循环,它的执行过程为:X、

Y 定位,Z 轴快进到 R 点,以 F 速度进给到 Z 点,快速返回初始点(G98)或 R 点(G99),没有孔底动作。

编程格式:

G81 X_ Y_ Z_ R_ F_ K_ ;

如图 6.27 所示为 G81 循环的工作过程示意图。

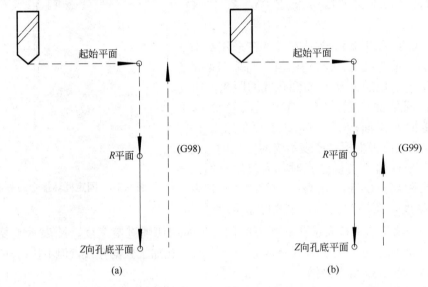

图 6.27　G81 标准钻孔循环

(2) G82 指令(钻削或粗镗削循环)。G82 固定循环在孔底有一个暂停的动作,除此之外和 G81 完全相同。孔底的暂停可以提高孔深的精度以及孔底的表面质量。G82 还可用于锪沉孔和孔口倒角,如图 6.28 所示。

编程格式:

G82 X_ Y_ Z_ R_ P_ F_ K_ ;

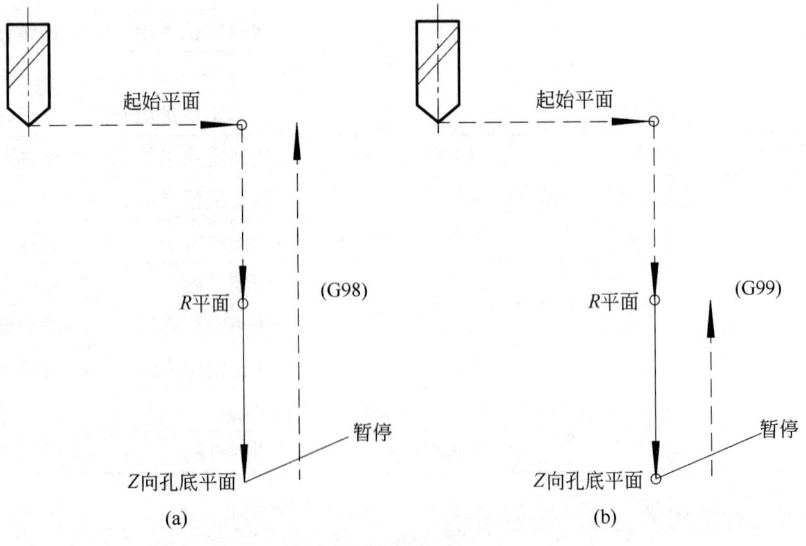

图 6.28　G82 钻削或粗镗削循环

(3) G73 指令(高速深孔钻削循环)。G73 指令用于深孔钻削,在钻孔时采取间断进给,有利于断屑和排屑,适合深孔加工。如图 6.29 所示为高速深孔钻削加工的工作过程。其中 Q 为增量值,指定每次切削深度。d 为排屑退刀量,d 是 NC 系统内部设定的。

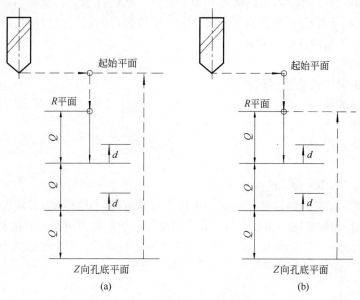

图 6.29 G73 高速深孔钻削循环

编程格式:
G73 X_ Y_ Z_ R_ Q_ F_ K_ ;

高速钻孔循环沿着 Z 轴执行间歇进给,当使用这个循环时,切屑可以容易从孔中排出,并且能够设定较小的回退值。这能有效地保护刀具不至于因为排屑困难而损伤,提高钻孔的效率,适用于深孔加工。

(4) G85 指令(镗削循环)。该固定循环非常简单,如图 6.30 所示。执行过程如下:
编程格式:
G85 X_ Y_ Z_ R_ P_ F_ K_ ;

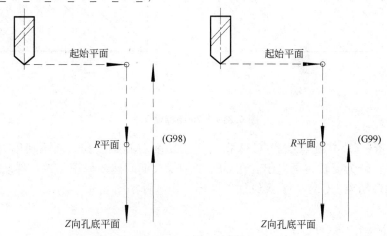

图 6.30 G85 镗削循环

X、Y定位，Z轴快速到R点，以F给定的速度进给到Z点，以F给定速度返回R点，如果在G98模态下，返回R点后再快速返回初始点。G85也可用于铰孔。

(5) G76指令(精镗孔循环)。G76指令用于精镗孔加工。镗削至孔底时，主轴停止在定向位置上，即准停，再使刀尖偏移离开加工表面，然后再退刀。这样可以高精度、高效率地完成孔加工而不损伤工件已加工表面。G76精镗循环的加工过程包括以下几个步骤。

① 在X、Y平面内快速定位。
② 快速运动到R平面。
③ 向下按指定的进给速度精镗孔。
④ 孔底主轴准停。
⑤ 镗刀偏移。
⑥ 从孔内快速退刀。

编程格式：
G76 X_ Y_ Z_ R_ Q_ F_ ;

其中，Q表示刀尖的偏移量，一般为正数，移动方向由机床参数设定。

注意：在执行精镗孔时，由于刀具在孔底有准停，然后镗刀进行偏移的动作，所以在镗刀安装时就要考虑到镗刀偏移的方向，如果镗刀方向安装错误，则会引起撞刀的严重后果。

如图6.31所示为G76精镗循环的工作过程示意图。

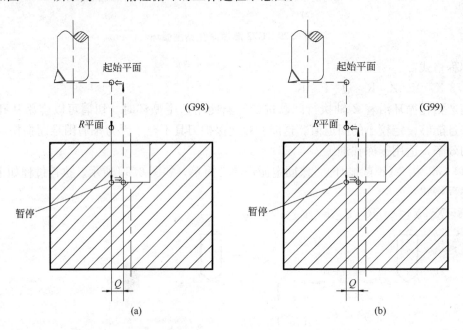

图6.31 G76精镗循环

(6) G84指令(攻右旋螺纹)。G84指令用于切削右旋螺纹孔。向下切削时主轴正转，孔底动作是变正转为反转，再退出。在G84切削螺纹期间速率修正无效，移动将不会中途停顿，直到循环结束。G84右旋螺纹加工循环工作过程如图6.32所示。

编程格式：
G84 X_ Y_ Z_ R_ F_ ;

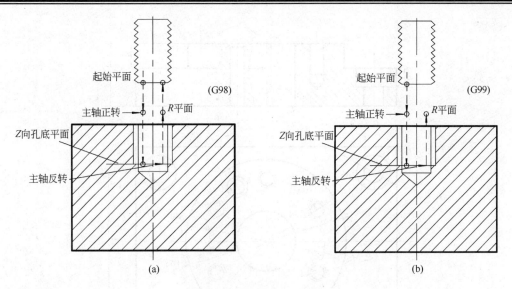

图 6.32 G84 螺纹加工循环

其中，F＝主轴转速×螺纹导程。

(7) 使用孔加工固定循环的注意事项。

① 指定固定循环之前，必须先使用 S 和 M 代码指令主轴旋转。

② 在固定循环模态下，必须包含 X、Y、Z、R 的位置数据，否则不执行固定循环。

③ 孔加工参数 Q、P 必须在被执行的程序段中被指定，否则指令的 Q、P 值无效。

④ 在执行含有主轴控制的固定循环(如 G74、G76、G84 等)过程中，刀具开始切削进给时，主轴有可能还没有达到指令转速。在这种情况下，需要在孔加工操作之间加入 G04 暂停指令。

⑤ 由于指令 G00、G01、G02、G03 也起到取消固定循环的作用，所以不要将固定循环指令与这些 G 指令写在同一程序段中。

⑥ 如果执行固定循环的程序段中指令了一个 M 代码，M 代码将在固定循环执行定位时被同时执行，M 指令执行完毕的信号在 Z 轴返回 R 点或初始点后被发出。使用 K 参数指令重复执行固定循环时，同一程序段中的 M 代码在首次执行固定循环时被执行。

⑦ 在固定循环模态下，刀具偏置指令 G45～G48 不起作用。

⑧ 在单程序段开关置上位时，固定循环执行完 X、Y 轴定位，快速进给到 R 点及从孔底返回(到 R 点或到初始点)后，都会停止。也就是说需要按循环启动按钮 3 次才能完成一个孔的加工。3 次停止中，前面两次是处于进给保持状态，后面一次是处于停止状态。

6.3 加工中心编程实例

本章节将以典型零件的加工实例来进一步理解加工中心的编程方法和编程技巧。

6.3.1 孔系零件加工程序编制

编制如图 6.33 中所示的所有孔的加工程序，工序步骤见表 6-2。

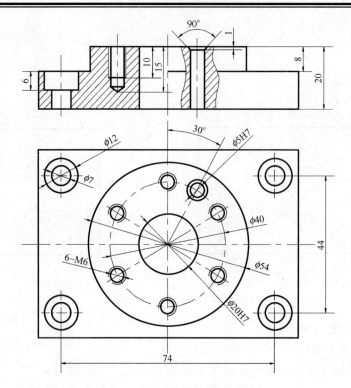

图 6.33 孔系零件加工编程实例

表 6－2 孔加工固定循环工序步骤

零件号	JK03－028	零件名称	底板	材料	45 钢	制表
程序号	O001	产品型号	JK03	夹具	平口钳	日期
工序内容	工步号	刀具号	刀具型号	主轴转速	进给速度	
钻中心孔	1	T01	D5 中心钻	1000	100	
钻孔 4－φ7	2	T02	D7 麻花钻	1200	120	
钻孔 4－φ12	3	T03	D12 键槽铣刀	600	60	
钻螺纹底孔(6－M6)	4	T04	D5 麻花钻	1400	140	
钻孔至 φ18(φ20H7)	5	T05	D18 麻花钻	400	40	
扩孔至 φ19.4(φ20H7)	6	T06	D19.4 麻花钻	300	30	
钻孔 φ4.8(φ5H7)	7	T07	D4.8 麻花钻	1500	150	
铰孔 φ5H7	8	T08	D5 铰刀	100	100	
倒角	9	T09	45°倒角刀	1000	200	
攻螺纹 6－M6	10	T10	M6 丝锥	1000	1000	
镗孔 φ20H7	11	T11	镗刀	500	50	

```
O001；
N010 M06 T01；                        //D5 中心钻
N020 G90 G54 G00 X－37 Y－22 M03 S1000；
N030 G43 G00 Z20 H01 M08；
```

```
N040 G98 G81 X-37 Y-22 Z-10 R-5 F100;        //钻中心孔
N050 X37;
N060 Y22;
N070 X-37;
N080 X0 Y20 Z-2 R3 G99;
N090 X-17.32 Y10;
N100 Y-10;
N110 X0 Y-20;
N120 X17.32 Y-10;
N130 Y10;
N140 X10 Y17.32;
N150 X0 Y0 G98;
N160 G80 M05;
N170 M06 T02;                                //D7 麻花钻
N180 G90 G54 G00 X-37 Y-22 M03 S1200;
N190 G43 G00 Z20 H02 M08;
N200 G98 G81 X-37 Y-22 Z-25 R-5 F120;        //钻通孔 φ7
N210 X37;
N220 Y22;
N230 X-37;
N240 G80 M05;
N250 M06 T03;                                //D12 键槽铣刀
N260 G90 G54 G00 X-37 Y-22 M03 S600;
N270 G43 G00 Z20 H03 M08;
N280 G98 G82 X-37 Y-22 Z-14 P100 R-5 F60;    //钻沉孔 φ12
N290 X37;
N300 Y22;
N310 X-37;
N320 G80 M05;
N330 M06 T04;                                //D5 麻花钻
N340 G90 G54 G00 X0 Y20 M03 S1400;
N350 G43 G00 Z20 H04 M08;
N360 G73 X0 Y20 Z-15 R3 Q3 F140 G99;         //钻螺纹底孔
N370 X-17.32 Y10;
N380 Y-10;
N390 X0 Y-20;
N400 X17.32 Y-10;
N410 Y10 G98;
N420 G80 M05;
N430 M06 T05;                                //D18 麻花钻
N440 G54 G00 X0 Y0 M03 S400;
N450 G43 G00 Z20 H05 M08;
N460 G73 X0 Y0 Z-28 R3 Q3 F40;               //钻孔 φ18
N470 G80 M05;
```

```
N480 M06 T06;                              //D19.4 麻花钻
N490 G54 G00 X0 Y0 M03 S300;
N500 G43 G00 Z20 H06 M08;
N510 G81 X0 Y0 Z-28 R3 F30;                //扩孔 φ19.4
N520 G80 M05;
N530 M06 T07;                              //D4.8 麻花钻
N540 G54 G00 X10 Y17.32 M03 S1500;
N550 G43 G00 Z20 H07 M08;
N560 G73 X10 Y17.32 Z-25 R3 Q3 F150;       //钻孔 φ4.8
N570 G80 M05;
N580 M06 T08;                              //D5 铰刀
N590 G54 G00 X10 Y17.32 M03 S100;
N600 G43 G00 Z20 H08 M08;
N610 G85 X10 Y17.32 Z-28 R3 F100;          //铰孔 φ5H7
N620 G80 M05;
N630 M06 T09;                              //45°倒角刀
N640 G54 G00 X10 Y17.32 M03 S1000;
N650 G43 G00 Z20 H09 M08;
N660 G82 X10 Y17.32 Z-3.5 R3 P100 F200;    //倒角
N670 G80 M05;
N680 M06 T10;                              //M6 丝锥
N690 G90 G54 G00 X0 Y20 M03 S1000;
N700 G43 G00 Z20 H10 M08;
N710 G84 X0 Y20 Z-10 R5 F1000 G99;         //攻螺纹 M6
N720 X-17.32 Y10;
N730 Y-10;
N740 X0 Y-20;
N750 X17.32 Y-10;
N760 Y10 G98;
N770 G80 M05;
N780 M06 T11;                              //镗刀
N790 G54 G00 X0 Y0 M03 S500;
N800 G43 G00 Z20 H11 M08;
N810 G76 X0 Y0 Z-21 R3 Q0.3 F50;           //镗孔
N820 G80 M09;
N830 G00 Z200 M05;
N840 M02;
%
```

6.3.2 壳体类零件加工程序编制

编制如图 6.34 所示的壳体类零件的加工程序。

分析此壳体零件的加工要求是：铣削上表面，保证厚度尺寸为 $60_0^{+0.2}$，铣槽保证槽宽尺寸 $10_0^{+0.1}$，槽深尺寸 $6_0^{+0.1}$，加工 φ100 圆形凸台上表面保证厚度尺寸 $25_0^{+0.2}$，加工 φ80H7

孔保证孔径符合要求;加工 4-M10-7H 螺纹孔。

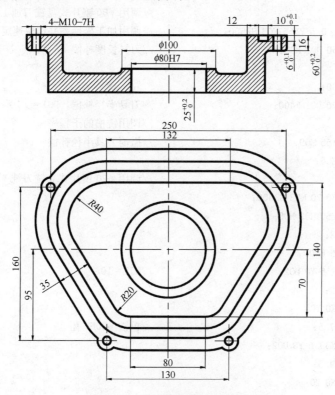

图 6.34 壳体类零件编程实例

该零件加工工艺卡片见表 6-3。

表 6-3 壳体类零件加工工艺卡片

零件号	MB-8	零件名称	壳体	材料	AL6061	制表	×××
程序号	O002	产品型号	MB	夹具	专用夹具	日期	×××
工序内容	序号	刀具号	刀具型号		主轴转速		进给速度
铣上表面	1	T01	φ80 镶片式盘铣刀		S2500		F400
铣 φ100 圆形凸台上表面	2	T02	φ20 镶片式立铣刀		S3000		F800
粗铣 φ80H7 孔	3	T02	φ20 镶片式立铣刀		S3000		F800
粗铣槽	4	T03	φ8 硬质合金键槽铣刀		S4000		F600
钻 4-M10 中心孔	5	T04	φ3 中心钻		S1000		F100
钻 4-M10 底孔	6	T05	φ8.5 硬质合金钻头		S2500		F400
螺纹口倒角	7	T06	φ16 硬质合金 90°倒角刀		S2000		F400
攻 4-M10 螺纹	8	T07	M10×1.5 螺旋丝锥		S800		F1200
精铣槽	9	T08	φ10 硬质合金键槽铣刀		S4000		F600
精镗 φ80H7 孔	10	T09	可调式精镗刀		S500		F40

该零件加工程序如下。

1. 主程序

O002;

```
N10 G40 G80 G90;
N20 M06 T01;                              //调用φ80镶片式盘铣刀加工上表面
N30 G54 G00 X-0.5 Y155 M03 S2500;         //调用加工坐标系并作快速定位
N40 G43 G00 Z50 H01 M08;                  //刀具长度补偿
N50 G00 Z3;
N60 G01 Z0 F400;
N70 G41 G01 Y70 D01 F400;                 //刀具半径补偿,D01=-10
N80 M98 P101;                             //调用铣槽的子程序
N90 G40 G01 Y155 M09;                     //撤消刀具半径补偿
N100 G00 Z50 M05;
N110 M06 T02;                             //调用φ20镶片式立铣刀铣φ100圆形凸台上表面
N120 G54 G00 X0 Y0 M03 S3000;
N130 G43 G00 Z50 H02 M08;
N140 G00 Z-32;
N150 G01 Z-35 F800;
N160 G41 G01 X55 Y0 D02;                  //D02=10
N170 G03 I-55;
N180 G40 G01 X0 Y0;
N190 G01 Z-47.5;                          //粗铣φ80H7孔
N200 G41 G01 X39.5 Y0 D02;
N210 G03 I-39.5;
N220 G40 G01 X0 Y0;
N230 G01 Z-60;
N240 G41 G01 X39.5 Y0 D02;
N250 G03 I-39.5;
N260 G40 G01 X0 Y0 M09;
N270 G00 Z50 M05;
N280 M06 T03;                             //调用φ8硬质合金键槽铣刀粗铣槽
N290 G54 G00 X-0.5 Y110 M03 S4000;
N300 G43 G00 Z50 H03 M08;
N310 G00 Z3;
N320 G41 G00 Y70 D03;                     //D03=17
N330 G01 Z-6 F300;
N340 M98 P101 F600;                       //调用铣槽子程序
N350 G00 Z50 M09;
N360 G40 G00 Y110 M05;
N370 M06 T04;                             //调用φ3中心钻,钻4-M10中心孔
N380 G54 G00 X-65 Y-95 M03 S1000;
N390 G43 G00 Z50 H04 M08;
N400 G99 G81 X-65 Y-95 Z-5.5 R3 F100;
N410 M98 P102;                            //调用孔位子程序
N420 M06 T05;                             //调用φ8.5硬质合金钻头钻4-M10底孔
N430 G54 G00 X-65 Y-95 M03 S2500;
N440 G43 G00 Z50 H05 M08;
```

N450 G99 G83 X-65 Y-95 Z-22 R3 Q5 F400;
N460 M98 P102;   //调用孔位子程序
N470 M06 T06;   //调用φ16的90°倒角刀加工螺纹口倒角
N480 G54 G00 X-65 Y-95 M03 S2000;
N490 G43 G00 Z50 H06 M08;
N500 G99 G82 X-65 Y-95 Z-6 R3 P500 F100;
N510 M98 P102;   //调用孔位子程序
N520 M06 T07;   //调用M10×1.5螺旋丝锥攻4-M10螺纹
N530 G54 G00 X-65 Y-95 M03 S800;
N540 G43 G00 Z50 H07 M08;
N550 G99 G84 X-65 Y-95 Z-18 R5 F1200;
N560 M98 P102;   //调用孔位子程序
N570 M06 T08;   //调用φ10硬质合金键槽铣刀精铣槽
N580 G54 G00 X-0.5 Y110 M03 S4000;
N590 G43 G00 Z50 H08 M08;
N600 G00 Z3;
N610 G41 G00 Y70 D08;   //D08=17
N620 G01 Z-6.05 F300;
N630 M98 P101 F600;   //调用铣槽子程序
N640 G00 Z50 M09;
N650 G40 G00 Y110 M05;
N660 M06 T09;   //调用可调式精镗刀精镗φ80H7孔
N670 G54 G00 X0 Y0 M03 S500;
N680 G43 G00 Z50 M08;
N690 G76 X0 Y0 Z-60 Q0.3 R-32 F40;
N700 M09 M05;
N710 M06 T01;
N720 G28 Y0;
N730 M02;
%

2. 铣槽子程序

O101;
N10 G01 X66 Y70;
N20 G02 X100.04 Y8.946 R40;
N30 G01 X57.01 Y-60.527;
N40 G02 X40 Y-70 R20;
N50 G01 X-40 Y-70;
N60 G02 X-57.01 Y-60.527 R20;
N70 G01 X-100.04 Y8.946;
N80 G02 X-66 Y70 R40;
N90 G01 X0.5 Y70;
N100 M99;
%

3. 螺纹孔加工子程序

```
O102;
N10 X65 Y-95;
N20 X125 Y65;
N30 G98 X-125 Y65;
N40 G80 M09;
N50 M05;
N60 M99;
%
```

6.3.3 模板类零件加工程序编制

加工如图 6.35 所示的零件，保证零件尺寸要求。加工工艺卡片见表 6-4。

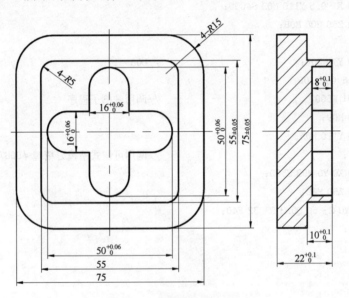

图 6.35 模板类零件实例

表 6-4 模板类零件加工工艺卡片

零件号	HK-7	零件名称	模板	材料	45 钢	制表	×××
程序号	O003	产品型号	HK	夹具	平口钳	日期	×××
工序内容	序号	刀具号	刀具型号		主轴转速		进给速度
铣上表面	1	T01	ϕ80 镶片式盘铣刀		S1500		F200
粗铣凸台	2	T02	ϕ20 高速钢立铣刀		S500		F50
粗铣腔	3	T03	ϕ12 高速钢键槽铣刀		S600		F60
精铣凸台	4	T04	ϕ16 硬质合金立铣刀		S2000		F200
精铣腔	5	T05	ϕ12 硬质合金立铣刀		S2500		F200

编制加工程序：

```
O003;                                    //主程序
N10 G40 G80 G90;
N20 M06 T01;
N30 G54 G00 X-85 Y0 M03 S1500;
N40 G43 G00 Z50 H01 M08;
N50 G00 Z5;
N60 G01 Z0 F400;
N70 G01 X85 F200;
N80 G00 Z50 M09;
N90 M05;
N100 M06 T02;
N110 G54 G00 X0 Y-55 M03 S500;
N120 G43 G00 Z50 H02 M08;
N130 G00 Z5;
N140 G01 Z-10.05 F200;
N150 G41 G01 X0 Y-27.5 D02 F50;          //D02=10.2，单边留0.2mm余量
N160 M98 P211;                           //调用凸台一子程序完成粗加工
N170 G01 Z-22 F200;
N180 G41 G01 X0 Y-37.5 D02 F50;          //D02=10.2，单边留0.2mm余量
N190 M98 P212;                           //调用凸台二子程序完成粗加工
N200 G00 Z50 M09;
N210 M05;
N220 M06 T03;
N230 G54 G00 X0 Y0 M03 S600;
N240 G43 G00 Z50 H03 M08;
N250 G00 Z5;
N260 G01 Z-8.05 F20;
N270 G41 G01 X0 Y25 D03 F60;             //D03=6.2，单边留0.2mm余量
N280 M98 P213;                           //调用腔子程序完成粗加工
N290 G00 Z50 M09;
N300 M05;
N310 M06 T04;
N320 G54 G00 X0 Y-55 M03 S2000;
N330 G43 G00 Z50 H04 M08;
N340 G00 Z5;
N350 G01 Z-10.05 F200;
N360 G41 G01 X0 Y-27.5 D04 F200;         //D04=8
N370 M98 P211;                           //调用凸台一子程序完成精加工
N380 G01 Z-22.05;
N390 G41 G01 X0 Y-37.5 D04;              //D04=8
N400 M98 P212;                           //调用凸台二子程序完成精加工
N410 G00 Z50 M09;
```

```
N420 M05;
N430 M06 T05;
N440 G54 G00 X0 Y0 M03 S2500;
N450 G43 G00 Z50 H05 M08;
N460 G00 Z5;
N470 G01 Z-8.05 F100;
N480 G41 G01 X0 Y25 D05 F200;        //D05 = 5.97
N490 M98 P213;                        //调用腔子程序做精加工
N500 G00 Z50 M09;
N510 M05;
%

O211;                                 //凸台一子程序
N10 G01 X-22.5 Y-27.5;
N20 G02 X-27.5 Y-22.5 R5;
N30 G01 Y22.5;
N40 G02 X-22.5 Y27.5 R5;
N50 G01 X22.5;
N60 G02 X27.5 Y22.5 R5;
N70 G01 Y-22.5;
N80 G02 X22.5 Y-27.5 R5;
N90 G01 X0;
N100 G41 G01 X0 Y-55;
N110 M99;
%

O212;                                 //凸台二子程序
N10 G01 X-22.5 Y-37.5;
N20 G02 X-37.5 Y-22.5 R15;
N30 G01 Y22.5;
N40 G02 X-22.5 Y37.5 R15;
N50 G01 X22.5;
N60 G02 X37.5 Y22.5 R15;
N70 G01 Y-22.5;
N80 G02 X22.5 Y-37.5 R15;
N90 G01 X0;
N100 G41 G01 X0 Y-55;
N110 M99;
%

O213;                                 //腔子程序
N10 G03 X-8 Y17 R8;
N20 G01 Y8;
N30 G01 X-17;
N40 G03 Y-8 R8;
N50 G01 X-8;
```

```
N60 G01 Y-17;
N70 G03 X8 R8;
N80 G01 Y-8;
N90 G01 X17;
N100 G03 Y8 R8;
N110 G01 X8;
N120 G01 Y17;
N130 G03 X0 Y25 R8;
N140 G40 G01 X0 Y0;
N150 M99;
%
```

6.4 习　　题

一、填空题

1. 世界上第一台加工中心诞生于_____年。
2. 加工中心按床身结构和主轴结构的不同可以分为_____、_____万能加工中心和_____。
3. _____是机床的基本坐标系，其原点和坐标轴方向在机床出厂前由机床生产厂家设定完成，它是机床运动的基准。
4. 不同的加工中心，其换刀程序有所不同，盘式刀库一般选刀和换刀_____进行，而对于链式刀库来说一般选刀和换刀_____进行。
5. 沿着刀具行进的方向看(假设零件不动)，刀具位于编程轮廓线的右侧的刀具半径补偿应该用_____指令；刀具位于编程轮廓线的左侧的刀具半径补偿应该用_____指令。
6. 刀具补偿过程的运动轨迹分为 3 个组成部分：形成刀具补偿的_____程序段，_____程序段和补偿撤销程序段。
7. 当一个工件上有相同的加工内容时，常采用调_____的方法进行编程。
8. 子程序以_____指令结束并返回，主程序用_____指令调用子程序。
9. 在固定循环中，当采用绝对方式时，Z 值表示为_____；当采用增量方式时，Z 值表示为_____。
10. _____指令用于深孔钻削，在钻孔时采取间断进给，有利于断屑和排屑，适合深孔加工。

二、判断题

1. 加工中心与数控铣床的最大区别是加工中心具有自动换刀功能。（　　）
2. 在加工中心上可以实现铣削和镗削功能，但不能实现钻孔和攻螺纹功能。（　　）
3. 由于加工中心本身的加工精度比较高，所以在加工零件时不需要考虑加工工艺路线。（　　）

4. 刀具半径补偿的建立既可以用 G01 也可以用 G02(G03)。（　）
5. 指令 G01 和指令 G1 是一样的，都是直线插补指令。（　）
6. 在判断刀具半径补偿时，只需要考虑刀具位于零件的左边还是右边，而不必考虑刀具的行进方向。（　）
7. 子程序和主程序都是一个独立的程序，都是以 M02 作为程序结束的。（　）
8. 刀具半径补偿只可以用在封闭的零件轮廓，而不能用在开放的零件轮廓。（　）
9. 由于每把刀具的长度不一样，所以在编程时要使用刀具长度补偿功能。（　）
10. 在固定循环中 G99 是抬刀到起始平面，G98 是抬刀到参考平面。（　）

三、选择题

1. 第一台加工中心是（　）年由美国卡尼（　）特雷克公司首先研制成功的。
   A. 1955　　　　　　　　　　B. 1956
   C. 1957　　　　　　　　　　D. 1958
2. 以下不适合加工中心加工的零件是（　）。
   A. 加工精度要求高的零件　　　B. 形状复杂，普通机床无法完成的零件
   C. 箱体类零件　　　　　　　　D. 装夹困难的零件
3. 以下不属于加工中心对刀具的要求的是（　）。
   A. 较高的精度　　　　　　　　B. 价格便宜
   C. 配备完善的工具系统　　　　D. 良好的切削性能
4. 以下不属于编程原点选择原则的是（　）。
   A. 尽量使编程原点与零件的设计基准重合
   B. 引起的加工误差最小
   C. 一定在零件的中心
   D. 加工过程中便于测量的位置
5. 以下哪句程序是建立坐标系的？（　）
   A. G00 X0 Y0 Z0;　　　　　　B. G92 X0 Y0 Z0;
   C. G01 X0 Y0 Z0 F100;　　　　D. G02 X0 Y0 R8 F100;

四、简答题

1. 在加工中心上加工零件前对零件进行加工工艺分析时应考虑哪几个方面的问题？
2. 加工中心对刀具的基本要求有哪些？
3. 编程原点的选择原则有哪些？
4. G92 指令与 G54～G59 指令都是用于设定工件加工坐标系的，它们在使用中有什么区别？
5. 什么是绝对编程？什么是增量编程？
6. 编程时为什么要用刀具半径补偿？
7. G41 和 G42 有什么区别？
8. 编程时为什么要用刀具长度补偿？
9. 说明在使用刀具半径补偿时，当偏置量改变时，零件实际尺寸的变化情况。
10. G81 和 G73 都是钻孔循环，两者有什么区别？各适用于什么场合？

11. G99 和 G98 有什么区别？

12. G76 和 G85 都是镗孔循环，两者有什么区别？各适用于什么场合？

五、数控专业英语与中文解释对应划线

    Machining Center   换刀

    Tool Change   主轴停

    Coolant On   刀具补偿

    Spindle Off   固定循环

    Subprogram   子程序

    Cutter Compensation   冷却液开

    Fixed Cycles   加工中心

六、编程题

1. 编制如图 6.36 所示的零件的加工程序，并制作加工工艺卡片。

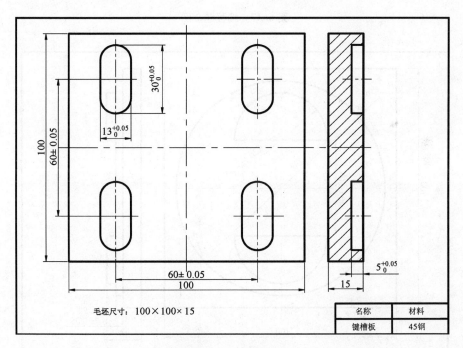

图 6.36 编程题 1 图

2. 编制如图 6.37 所示的零件的加工程序，并制作加工工艺卡片。
3. 编制如图 6.38 所示的零件的加工程序，并制作加工工艺卡片。
4. 编制如图 6.39 所示的零件的加工程序，并制作加工工艺卡片。

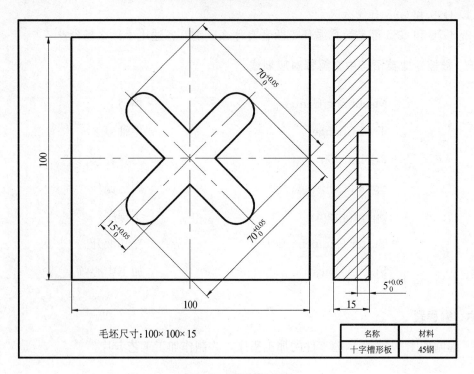

图 6.37 编程题 2 图

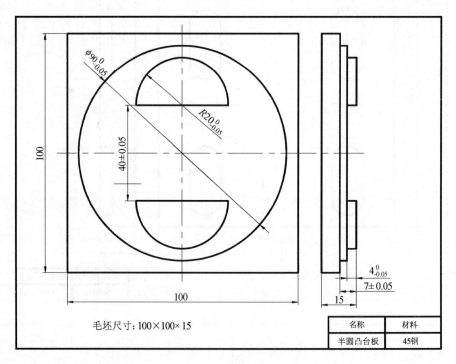

图 6.38 编程题 3 图

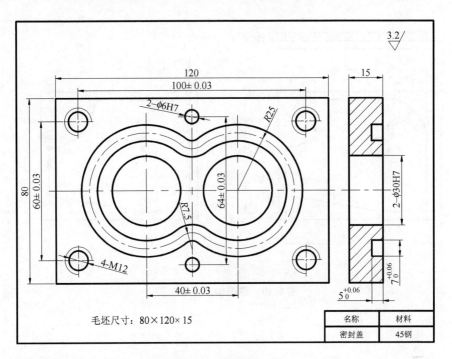

图 6.39 编程题 4 图

七、数控专业英语翻译

Fig. 6.40(a) shows the drawing of a milled part. To machine this milled part with an NC program, you can proceed as follows:

After setting up the machine (clamping the workpiece in position, inserting the milling cutter, inputting the tool dimensions) the workpiece zero point is established on the workpiece surface at the left-hand lower corner of the contour (Fig. 6.40(b)).

Actual NC machining begins with the tool's rapid-approach of the workpiece and the spindle start.

Fig. 6.40(b) shows that the contour is to be milled in a counter-clockwise direction starting at $P1$ and continuing via $P2$, $P3\cdots$ (with a feed rate of 400mm/min.). To allow this, the milling cutter initially has to be fed in at point $P1$. Subsequently, the various contour elements are traversed until the milling cutter has reached the point $P8$ (equivalent to $P1$). When the milling cutter has been retracted from the workpiece, it is positioned to point $P9$ at rapid traverse rate. Here, a through-hole is drilled, the drill is then retracted and the spindle stopped.

If the chosen milling cutter diameter was not large enough, any material remaining along the workpiece edge will have to be removed by taking additional cuts.

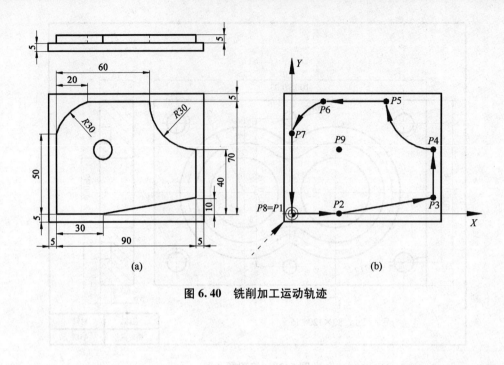

图 6.40　铣削加工运动轨迹

第 7 章 用户宏程序编程

教学目标： 了解用户宏程序的基本概念，熟悉用户宏程序的各类变量，掌握用户宏程序的编程指令和编程格式，会使用用户宏程序编制零件的加工程序。

7.1 用户宏程序编程基础

7.1.1 用户宏程序的概念

将一群命令所构成的功能，如同子程序一样登录在数控系统的存储体中，再把这些功能用一个命令作为代表，执行时只需要写出这个代表命令，就可以执行其功能。

在这里，所登录的这一群命令叫做用户宏程序主体，简称宏程序（Macro Program）。这个代表命令称为用户宏命令，也称为宏调用命令。

当宏程序编制好并已经登录进数控系统存储体（Memory Bank）中后，操作者只需要根据要求给宏程序赋予一定的变量（Variable）值就可以使用，而不需要去理解宏程序主体里面的内容，就如同使用系统提供的一些固定循环指令一样，只需要给定各参数值，而不需要去化解固定循环内部的分步操作。

例如，在下述程序流程中，可以这样使用宏程序。

主程序	宏程序
O001;	O9001;
……	……
	G01 X#1 Y#2 F100;
G65 P9001 A12 B6;	……
……	M99;
M02;	

在这个程序的主程序中，用 G65 P9001 来调用宏程序 O9001，并且对宏程序中的变量赋值：#1=12；#2=6（其中 A 代表#1，B 代表#2，A、B 称为自变量）。

宏程序的基本特征有以下几个。

(1) 可以在宏程序中使用变量，使得程序更具有通用性，当同类零件的尺寸发生变化时，只需要更改宏程序主体中变量的值就可以了，而不需要重新编制程序。

(2) 在宏程序中可以进行变量的计算和算术逻辑运算，从而可以加工出非圆曲线轮廓和一些简单的曲面。

(3) 可以在宏程序调用命令中对变量进行赋值或在参数设置中对变量赋值，从而使使用者只需要按照要求使用，而不必去理解整个宏程序内部的结构。

下面用一个示意性的例子来说明宏程序的概念。

当加工一个矩形轮廓时,设矩形的左下角坐标为 $X=10$,$Y=5$,矩形的长为 $A=50$,矩形的宽为 $B=30$ 时,其程序为:

O001;
……
G01 X10.0 Y5.0;
G91 G01 Y30.0;
G01 X50.0;
G01 Y-30.0;
G01 X-50.0;
G90;
……

通常,当图中矩形的位置或矩形的长、宽有所变化时,又得重新编写一个程序。

实际上,如果采用用户宏程序,可以把程序写为:

O001;
……
G01 X_ Y_   //矩形左下角的 X、Y 坐标;
G91 G01 Y_   //矩形宽 B;
G01 X_   //矩形长 A;
G01 Y-_   //矩形宽 B;
G01 X-_   //矩形长 A;
G90;
……

此时可以将矩形的左下角坐标和矩形的长、宽用变量来替代,字母与变量的对应关系为:

X:♯24
Y:♯25
A:♯1
B:♯2

则宏程序主体即可写成如下形式:

O9001;
……
G01 X♯24 Y♯25;
G91 G01 Y♯2;
G01 X♯1;
G01 Y-♯2;
G01 X-♯1;
G90;
……

用 G65 命令来调用:

G65 P9001 X10.0 Y5.0 A50.0 B30.0;

在实际使用时,一般还要在程序中加上 F、S、T、M 指令。

综上所述,当加工同一类尺寸不同的工件时,只需要改变宏程序调用命令中的变量数值即可,而不必针对每个零件都编制一个加工程序。

7.1.2 变量及变量的使用方法

在普通的零件加工程序中,指定地址码并直接用数字值表示移动的距离,例如,G00 X100.0。而在宏程序中,可以使用变量来代替地址后面的具体数值,在程序中或 MDI 方式下对其进行赋值。变量的使用可以使宏程序具有通用性,并且在宏程序中可以使用多个变量,彼此之间用变量号码进行识别。

1. 变量的形式

变量是由符号♯后面加上变量号码所构成的,即:
♯i(i=1,2,3…)
例如:♯5
♯109
♯1005

也可以用表达式指定变量号,这时表达式要用方括号括起来,如:
♯[♯4]
♯[♯105-3]
♯[♯1006-♯1005]

注意在这里的变量形式不同于计算机语言中的变量形式,它是不允许命名的。

2. 变量的赋值

在宏程序中,可以用符号"="来对变量赋值,如:
♯5=20   (♯5 的值为 20.0)
♯3=20+30   (♯3 的值为 50.0)
♯4=♯3+20   (♯4 的值为 70.0)
♯5=♯5+♯4   (♯5 的值为 90.0)

另外有些变量可以在调用宏程序时用引数给其赋值或直接在操作面板上输入变量值。在给变量赋值时可以忽略小数点,如:
♯105=12 而不必写成 ♯105=12.0。

3. 变量的引用

在地址符后的数值可以用变量来置换。
如:F=♯103,当♯103=200 时就等同于 F200。
改变引用变量的值的符号,要把负号"-"放在♯的前面。
如:Z-♯5,当♯5=48 时就等同于 Z-48.0。
当用表达式指定变量时,要把表达式放在括号中。
例如:G01 X[♯1+♯2] F♯3;
但是有些地址符是不可以引用变量的,如 O、N 等。
例如:O♯26、N♯12 等,都是错误的。

4. 未定义的变量

尚未被定义的变量，被称为〈空〉。变量♯0 是空变量，它不能写，只能读。
〈空〉变量具有以下性质。
(1) 在引用未定义变量时，地址符也被忽略，如：

当♯1＝〈空〉时	当♯1＝0 时
G90 X100 Y♯1;	G90 X100 Y♯1;
↓	↓
G90 X100;	G90 X100 Y0;

(2) 在运算式中，除了被〈空〉置换的场合以外，与数值 0 相同，如：

当♯1＝〈空〉时	当♯1＝0 时
♯2＝♯1	♯2＝♯1
↓	↓
♯2＝〈空〉	♯2＝0
♯2＝♯1＊5	♯2＝♯1＊5
↓	↓
♯2＝0	♯2＝0
♯2＝♯1＋♯1	♯2＝♯1＋♯1
↓	↓
♯2＝0	♯2＝0

(3) 在条件表达式中，只有 EQ 和 NE 的场合，〈空〉不同于零，如：

当♯1＝〈空〉时	当♯1＝0 时
♯1 EQ ♯0	♯1 EQ ♯0
↓	↓
成立	不成立
♯1 NE ♯0	♯1 NE ♯0
↓	↓
成立	不成立
♯1 GE ♯0	♯1 GE ♯0
↓	↓
成立	不成立
♯1 GT ♯0	♯1 GT ♯0
↓	↓
不成立	不成立

7.1.3 变量的种类

按变量号码可将变量分为局部(Local)变量、公共(Common)变量、系统(System)变量，其用途和性质都是不同的。

1. 局部变量(♯1～♯33)

局部变量就是在宏程序中局部使用的变量。换句话说，在某一时刻调用的宏程序中的局部变量♯1和另一时刻调用的宏程序中使用的♯1是不同的，因此，在多重调用时，当出现宏程序A调用宏程序B的情况时，也不会将A中所用到的局部变量破坏。

例如，用G65调用宏程序时，局部变量级会随着调用多重度的增加而增加。即存在下述关系：

```
     主程序              1级用户宏            2级用户宏
   ┌─────────┐         ┌─────────┐         ┌─────────┐
   │ O0001;  │         │ O9001;  │         │ O9002;  │
   │ G65 P9001;│       │ G65 P9002;│       │ G65 P……;│
   │         │         │         │         │         │
   │ M02;    │         │ M99;    │         │ M99;    │
   └─────────┘         └─────────┘         └─────────┘

   0级局部变量
   ┌─────────┐         ┌─────────┐         ┌─────────┐
   │ ♯1      │         │ ♯1      │         │ ♯1      │
   │ ⋮       │         │ ⋮       │         │ ⋮       │
   │ ♯33     │         │ ♯33     │         │ ♯33     │
   └─────────┘         └─────────┘         └─────────┘
```

上述关系说明了以下几点。

(1) 主程序O0001中具有♯1～♯33的局部变量(0级)。

(2) 用G65调用宏程序(第1级)时，主程序的局部变量(0级)被保存起来，再重新为宏程序9001(第1级)准备了另外一套局部变量♯1～♯33(第1级)，可以再向它赋值。

(3) 当下一级的宏程序O9002(第2级)被调用时，其上一级(O9001)的局部变量(第1级)又被保存，再准备出一套新的局部变量♯1～♯33供当前级宏程序(O9002)使用，依次类推。

(4) 当用M99从各宏程序返回到前一级程序时，所保存的变量以被保存前的状态出现。对于没有赋值的局部变量，其初期状态为〈空〉，用户可以自由使用。

局部变量可以通过引数来赋值。

如：G65 P005 A10 B12；在宏程序O005中，♯1=10，♯2=12。其中A，B称为引数。

也可以在程序中直接赋值。

如：♯12=8，♯23=[♯5+1]等。

2. 公共变量

与局部变量相对，公共变量是在主程序，以及调用的子程序中通用的变量，因此，在某个宏程序中运算得到的公共变量的结果♯1，会影响其他程序中♯1的值。

公共变量主要由♯100～♯149及♯500～♯531构成。其中前一组是非保持型，断电后即被清零；后一组是保持型，断电后仍被保持。

公共变量可以在程序中赋值，也可以通过操作面板输入，其输入界面如图 7.1 所示。

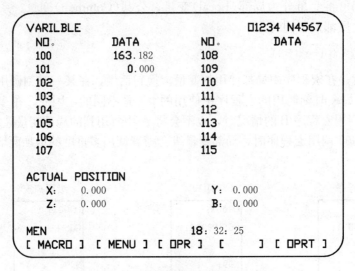

图 7.1 公共变量操作面板输入界面

3. 系统变量

系统变量能用来读写内部 NC 数据，如刀具补偿值和当前位置数据，见表 7-1 和表 7-2。注意：有些系统变量是只读变量。

表 7-1 位置信息的系统变量

变量号	位置信息	坐标系	刀具补偿值	运动时的读操作
#5001～#5003	程序段终点	工件坐标系	不包含	可能
#5021～#5023	当前位置	机床坐标系	包含	不可能
#5041～#5043	当前位置	工件坐标系	包含	不可能
#5061～#5063	跳转信号位置	工件坐标系	包含	可能
#5081～#5083	刀具长度补偿值			不可能
#5101～#5103	伺服位置偏差			不可能

表 7-2 刀具补偿存储器的系统变量

补偿号	刀具长度补偿(H)		刀具半径补偿(D)	
	外形补偿	磨损补偿	外形补偿	磨损补偿
1	#11001	#10001	#13001	#12001
⋮	⋮	⋮	⋮	⋮
200	#11201	#10201	#13200	#12200
⋮	⋮	⋮	⋮	⋮
400	#11400	#10400	#13400	#12400

注：具体的系统变量请参阅系统使用手册。

7.1.4 变量的算术和逻辑运算

表7-3中列出的运算可以在变量中执行，运算符右边的表达式可包含常量和变量。表达式中的变量♯j和♯k可以用常数替换，左边的变量也可以用表达式赋值。

表7-3 变量的算术和逻辑运算

功能	格式	注释
赋值	♯i=♯j	
加	♯i=♯j+♯k	
减	♯i=♯j－♯k	
乘	♯i=♯j*♯k	
除	♯i=♯j/♯k	
正弦	♯i=SIN［♯j］	
反正弦	♯i=SIN［♯j］	
余弦	余弦	角度以度为单位，如：90°30′表示成90.5°
反余弦	反余弦	
正切	♯i=TAN［♯j］	
反正切	♯i=ATAN［♯j］/［♯k］	
平方根	♯i=SQRT［♯j］	
绝对值	♯i=ABS［♯j］	
舍入	♯i=ROUND［♯j］	
下进位	♯i=FIX［♯j］	
上进位	♯i=FUP［♯j］	
自然对数	♯i=LN［♯j］	
指数函数	♯i=EXP［♯j］	
OR(或)	♯i=♯jOR♯k	
XOR(异或)	♯i=♯jXOR♯k	用二进制数按位进行逻辑操作
AND(与)	♯i=♯jAND♯k	
将BCD码转换成BIN码	♯i=BIN［♯j］	用于与PMC间信号的交换
将BIN码转换成BCD码	♯i=BCD［♯j］	

1. 角单位

在SIN，COS，TAN，ATAN中所用的角度单位是度。

2. 反正弦功能(♯i=ASIN［♯j］)

取值范围如下：

当参数(No.6004♯0)NAT位设为0时，270°~90°。

当参数(No.6004♯0)NAT位设为1时，-90°~90°。

当#j超出-1到1的范围时，发出P/S报警No.111。
常数可替代变量#j。

3. 反余弦功能(#i=ACOS [#j])

取值范围为180°～0°。
当#j超出-1到1的范围时，发出P/S报警No.111。
常数可以替代变量#j。

4. ATAN 功能(#i=ATAN [#j]/[#k])

在ATAN之后的两个变量用"/"分开，用来指定两个边的长度。取值范围如下。
当NAT位(参数No.6004，#0)设为0时：0°～360°。
例如：当指定#1=ATAN [-1]/[-1]；时，#1=225°。
当NAT位(参数No.6004，#0)设为1时，-180°～180°。
例如：当指定#1=ATAN [-1]/[-1]；时，#1=135.0°。
常数可以代替变量#j。

5. 舍入功能(#i=ROUND [#j])

当算术运算或逻辑运算指令IF或WHILE中包含ROUND函数时，则ROUND函数在第1个小数位置四舍五入。

例：当执行#1=ROUND [#2]；时，此处#2=1.2345，变量1的值是1.0。

当在NC语句地址中使用ROUND函数时，ROUND函数根据地址的最小设定单位将指定值四舍五入。

例：编制钻削加工程序，按变量#1和#2的值切削，然后返回到初始位置。假定最小设定单位是1/1000mm，变量#1是1.2345，变量#2是2.3456，则：

G00 G91 X-#1；移动1.2345mm

G01 X-#2 F300；移动2.3456mm

G00 X [#1+#2]；由于1.2345+2.3456=3.5801，移动距离为3.580，刀具不会返回到初始位置。该误差来自于舍入之前还是舍入之后相加，必须指定G00 X [[ROUND [#1]+ROUND [#2]]；以使刀具返回到初始位置。

6. 上进位和下进位成整数

CNC处理数值运算时，若操作后产生的整数绝对值大于原数的绝对值时为上取整；若小于原数的绝对值为下取整；对于负数的处理应小心。

例如：

假设#1=1.2，#2=-1.2。

当执行#3=FUP [#1]；时，2.0赋给#3。

当执行#3=FIX [#1]；时，1.0赋给#3。

当执行#3=FUP [#2]；时，-2.0赋给#3。

当执行#3=FIX [#2]；时，-1.0赋给#3。

7. 运算次序依次为：

(1) 函数。

(2) 乘和除运算(*、/)。
(3) 加和减运算(+、-)。

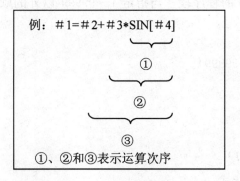

8. 方括号嵌套

方括号用于改变运算的次序。方括号最多可用5层,包括函数内部使用的方括号,当超出5层时,出现118号报警。

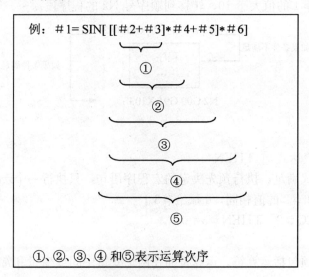

注意:方括号用于封闭表达式,圆括号用于注释。

9. 除数

如果除数是零或TAN[90],则会产生112号报警。

7.1.5 转移和循环

在宏程序中,可以通过指令来改变和控制程序的运行流程,这里有3种转移和循环指令可供使用。

1. 无条件转移(GOTO 语句)

转移到标有顺序号 n 的程序段。当指定 1～99999 以外的顺序号时,系统出现报警,也可以用表达式指定顺序号。

格式:GOTO n;

其中,n 表示顺序号(1～99999)。

例:

GOTO 1;

GOTO #10;

2. 条件转移(IF 语句)

IF 之后指定条件表达式。

1) IF [〈条件表达式〉] GOTO n

如果指定的条件表达式满足时,转移到标有顺序号 n 的程序段。如果指定的条件表达式不满足,执行下个程序段。

例:如果变量#1 的值大于 10,转移到顺序号 N2 的程序段。

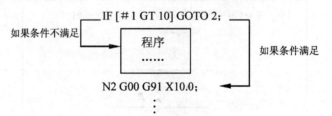

2) IF [〈条件表达式〉] THEN

如果条件表达式满足,执行预先决定的宏程序语句,只执行一个宏程序语句。

例:如果#1 和#2 的值相同,0 赋给#3。

则:IF [#1 EQ#2] THEN#3=0;

3) 条件表达式

条件表达式必须包括运算符。运算符插在两个变量中间或变量和常数中间,并且用方括号封闭。

4) 运算符

运算符由两个字母组成,用于两个值的比较,以决定它们是相等,还是一个值小于或大于另一个值。各运算符含义见表 7-4。

表 7-4 运算符及其含义

运算符	含义	运算符	含义
EQ	等于(=)	GE	大于或等于(≥)
NE	不等于(≠)	LT	小于(<)
GT	大于(>)	LE	小于或等于(≤)

5) 示例

下面的程序计算数值 1~10 的总和。

```
O9500;
♯1=0;                    //存储和的变量初值
♯2=1;                    //被加数变量的初值
N1 IF [♯2 GT 10] GOTO 2; //当被加数大于10时转移到N2
♯1=♯1+♯2;                //计算和
♯2=♯2+1;                 //下一个被加数
GOTO 1;                  //转到N1
N2 M30;                  //程序结束
```

3. 循环(WHILE 语句)

在 WHILE 后指定一个条件表达式。当指定条件满足时，执行从 DO 到 END 之间的程序。否则，转到 END 后的程序段。

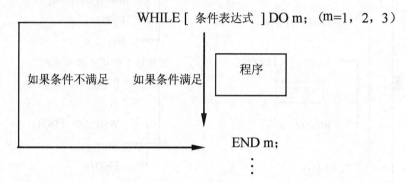

当指定的条件满足时，执行 WHILE 后从 DO 到 END 之间的程序。否则，转而执行 END 之后的程序段。与 IF 语句的指令格式相同，DO 后的数和 END 后的数为指定程序执行范围的标号，标号值为 1，2，3。若用 1，2，3 以外的值则会产生 P/S 报警 No.126。

在 DO～END 循环中的标号(1～3)可根据需要多次使用。但是，当程序有交叉重复循环(DO 范围重叠)时，出现 P/S 报警 No.124。

示例：

下面的程序计算数值 1~10 的总和。

```
O0001;
♯1=0;
♯2=1;
WHILE [♯2LE10] DO 1;
♯1=♯1+♯2;
♯2=♯2+1;
END 1;
M30;
```

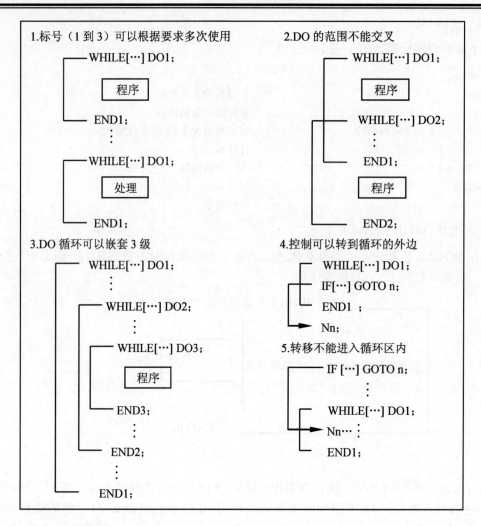

7.1.6 宏程序的调用

可以用下列方式调用宏程序。

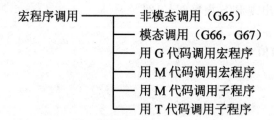

1. 非模态调用(G65)

G65 被指定时,地址 P 所指定的用户宏被调用,数据(自变量)能传递到用户宏程序中。

格式:G65 Pp L$_l$〈自变量表〉;

其中,P 表示要调用的宏程序号;L 表示重复调用的次数(缺省值为 1,取值范围 1~9999)。

自变量：传递给宏的数。通过使用自变量表，数值可以被分配给相应的局部变量。如下列中♯1=1.0，♯2=2.0。

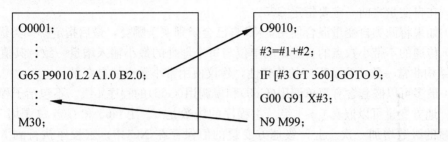

自变量分为两类。第一类可以使用除 G、L、O、N、P 之外的字母并且只能使用一次。第二类可以使用 A、B、C（一次），也可以使用 I、J、K（最多 10 次）。自变量使用的类别根据使用的字母自动确定，见表 7-5，表 7-6。

表 7-5 类别一

地址	变量号	地址	变量号	地址	变量号
A	♯1	I	♯4	T	♯20
B	♯2	J	♯5	U	♯21
C	♯3	K	♯6	V	♯22
D	♯7	M	♯13	W	♯23
E	♯8	Q	♯17	X	♯24
F	♯9	R	♯18	Y	♯25
H	♯11	S	♯19	Z	♯26

表 7-6 类别二

地址	变量号	地址	变量号	地址	变量号
A	♯1	K_3	♯12	J_7	♯23
B	♯2	I_4	♯13	K_7	♯24
C	♯3	J_4	♯14	I_8	♯25
I_1	♯4	K_4	♯15	J_8	♯26
J_1	♯5	I_5	♯16	K_8	♯27
K_1	♯6	J_5	♯17	I_9	♯28
I_2	♯7	K_5	♯18	J_9	♯29
J_2	♯8	I_6	♯19	K_9	♯30
K_2	♯9	J_6	♯20	I_{10}	♯31
I_3	♯10	K_6	♯21	J_{10}	♯32
J_3	♯11	I_7	♯22	K_{10}	♯33

（1）地址 G、L、N、O、P 不能当作自变量使用。
（2）不需要的地址可以省略，与省略的地址相应的地方变量被置成空。

在实际程序中，I、J、K 的下标不用写出来。

注意：

(1) 在自变量之前一定要指定 G65。

(2) 如果将两类自变量混合使用，NC 自己会辨别属于哪类，最后指定哪一类优先。

(3) 传递的不带小数点的自变量的单位与每个地址的最小输入增量一致，其值与机床的系统结构非常一致，为了程序的兼容性，建议使用带小数点的自变量。

(4) 最多可以嵌套含有简单调用(G65)和模调用(G66)的程序 4 级。不包括子程序调用(M98)。地方变量可以嵌套 0～4 级。主程序的级数是 0。用 G65 和 G66 每调用一次宏，地方变量的级数增加一次。上一级地方变量的值保存在 NC 中。宏程序执行到 M99 时，控制返回到调用的程序。这时地方变量的级数减 1，恢复宏调用时存储的地方变量值。

G65 调用宏程序和 M98 调用子程序之间的区别如下。

(1) 用 G65，可以指定一个自变量(传递给宏的数据)，而 M98 没有这个功能。

(2) 当 M98 段含有另一个 NC 语句时(如：G01 X100.0 M98 Pp;)，则执行命令之后调用子程序，而 G65 无条件调用一个宏。

(3) 当 M98 段含有另一个 NC 语句时(如：G01 X100.0 M98 Pp;)，在单段方式下机床停止，而使用 G65 时机床不停止。

(4) 用 G65 时局部变量的级要改变，而 M98 不改变。

2. 模态调用(G66、G67)

一旦指定了 G66，那么在以后的含有轴移动命令的程序段执行之后，地址 P 所指定的宏被调用，直到发出 G67 命令，该方式被取消。

格式：G66 Pp L₁〈自变量表〉；

其中，P 表示要调用的宏程序序号；L 表示重复调用的次数(缺省值为 1，取值范围 1～9999)。

自变量即传递给宏的数。通过使用自变量表，值被分配给相应的局部变量。

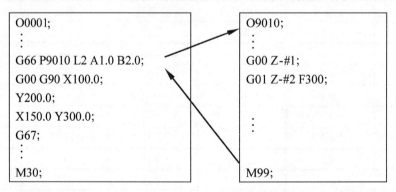

注意：

(1) 最多可以嵌套含有简单调用(G65)和模态调用(G66)的宏程序 4 级，不包括子程序调用(M98)。模态调用期间可重复嵌套 G66。

(2) 在 G67 段，不能调用宏。

(3) 在自变量前一定要指定 G66。

(4) 在含有像 M 码这样与轴移动无关的段中不能调用宏。

(5) 地方变量(自变量)只能在 G66 段设定,每次模态调用执行时不能设定。

3. G 代码调用宏程序

在参数中设置调用宏程序的 G 代码,按非模态调用(G65)同样的方法调用宏程序。

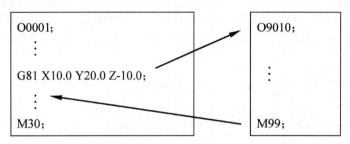

参数 No. 6050＝81。

在参数(No. 6050～No. 6059)中设置调用用户宏程序(O9010～O9019)的 G 代码号(1～9999),调用用户宏程序的方法与 G65 相同。

例如,设置参数,由 G81 调用宏程序 O9010,不用修改加工程序,就可以调用由用户宏程序编制的加工循环。参数号和程序号之间的对应关系见表 7-7。

表 7-7　参数号和程序号之间的对应关系(1)

程序号	参数号	程序号	参数号
O9010	6050	O9015	6055
O9011	6051	O9016	6056
O9012	6052	O9017	6057
O9013	6053	O9018	6058
O9014	6054	O9019	6059

注意:在用 G 码调用的程序中,不能再用 G 码调用宏程序,在这样的程序中 G 码被看作是普通 G 码,在用 M 码和 T 码调用的子程序中也一样。

4. M 代码调用宏程序

在参数中设置调用宏程序的 M 代码,按非模态调用(G65)一样的方法调用宏程序。

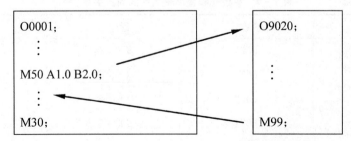

参数 No. 6080＝50。

在参数(No.6080~No.6089)中设置调用用户宏程序(O9020~O9029)的 M 代码(1~9999),调用宏程序的方法和 G65 相同。参数号和程序号之间的对应关系见表 7-8。

表 7-8 参数号和程序号之间的对应关系(2)

程序号	参数号	程序号	参数号
O9020	6080	O9025	6085
O9021	6081	O9026	6086
O9022	6082	O9027	6087
O9023	6083	O9028	6088
O9024	6084	O9029	6089

注意:
(1)调用宏程序的 M 码一定要在段首指定。
(2)在用 G 码调用的宏或用 M 码和 T 码调用的子程序中,不能再用 M 码调用宏程序,在这样的宏或程序中 M 码被看作是普通 M 码。

5. 用 M 代码调用子程序

在参数中设置调用子程序(宏程序)的 M 代码号,按与子程序调用(M98)相同的方法调用宏程序。

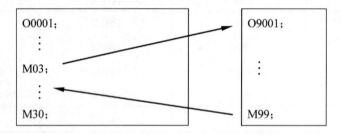

参数 No.6071=03。

在参数(No.6071~No.6079)中设置调用子程序的 M 代码(1~99999999),相应的用户宏程序(O9001~O9009)可按与 M98 同样的方法调用。参数号和程序号之间的对应关系见表 7-9。

表 7-9 参数号和程序号之间的对应关系(3)

程序号	参数号	程序号	参数号
O9001	6071	O9006	6076
O9002	6072	O9007	6077
O9003	6073	O9008	6078
O9004	6074	O9009	6079
O9005	6075		

注意:

(1) 在用 G 代码调用的宏程序,或用 M 或 T 代码调用的子程序中,不能使用 M 代码调用子程序。这种宏程序或程序中的 M 代码被处理为普通 M 代码。

(2) 不允许指定自变量。

6. 用 T 代码调用子程序

通过设定参数,可使用 T 代码调用子程序(宏程序),每当在加工程序中指定 T 代码时,即调用宏程序。

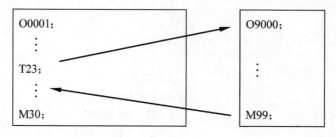

参数 No.6001 的 5 位＝1。

设置参数 No.6001 的 5 位 TCS＝1,当在加工程序中指定 T 代码时,可以调用宏程序 O9000。在加工程序中指定的 T 代码赋值到公共变量♯149。

在用 G 代码调用的宏程序,或用 M 或 T 代码调用的程序中,不能用 T 代码调用子程序。这种宏程序或程序中的 T 代码被处理为普通 T 代码。

7.2 宏程序实例

7.2.1 圆周孔加工实例

编制如图 7.2 所示的圆周均布孔的宏程序。

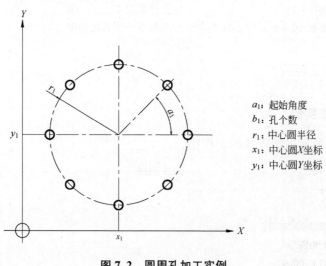

图 7.2 圆周孔加工实例

```
O001;                                    //主程序
N10 G40 G80 G90;
N20 M06 T01;                             //钻头
N30 G54 G00 X0 Y0 M03 S1200;
N40 G43 G00 Z50 H01;
N50 G81 Z-10 R3 F100 K0;                 //设置钻孔参数,但并不钻孔
N60 G65 P9001 Aa₁ Bb₁ Rr₁ Xx₁ Yy₁;
N70 G00 Z150 M09;
N80 M05;
N90 M02;
%

O9001;                                   //孔位宏程序
N10 #101=0;                              //#101=孔的计数
N20 #102=#4003;                          //#102=G90 或 G91
N30 #103=#5001;                          //#103=当前 X 坐标
N40 #104=#5002;                          //#104=当前 Y 坐标
N50 #111=#1;                             //#111=角度计数
N60 WHILE [#101 LT #2] DO1;              //当孔数还小于要求数时做循环
N70 #120=#24+#18*COS[#111];              //计算孔的 X 坐标
N80 #121=#25+#18*SIN[#111];              //计算孔的 Y 坐标
N90 #122=#120;
N100 #123=#121;
N110 IF [#102 EQ 90] GOTO160;            //如果为绝对值编程则跳到 N160
N120 #122=#120-#103;                     //为增量值编程时计算孔的 X 坐标
N130 #123=#121-#104;                     //为增量值编程时计算孔的 Y 坐标
N140 #103=#120;                          //更新当前的 X 坐标
N150 #104=#121;                          //更新当前的 Y 坐标
N160 X#122 Y#123;                        //钻孔
N170 #101=#101+1;                        //孔计数加 1
N180 #111=#1+360*#101/#2;                //计算下一个孔的角度
N190 END1;
N200 M99;
%
```

7.2.2 矩阵孔加工实例

编制如图 7.3 所示的矩阵孔的宏程序。

```
O001;                                    //主程序
N10 G40 G80 G90;
N20 M06 T01;
N30 G54 G00 X0 Y0 M03 S800;
N40 G43 G00 Z50 H01;
N50 G81 Z-10 R3 F100 K0;
```

```
N60 G65 P9004 Xx₁ Yy₁ Ii₁ Jj₁ Aa₁ Bb₁;
N70 G80 M09;
N80 G00 Z100 M05;
N90 M02;
%

O9004;                              //孔位宏程序
N10  #101 = #24;                    //#101 = X轴起点
N20  #102 = #25;                    //#102 = Y轴起点
N30  #103 = #4;                     //#103 = X方向间隔
N40  #104 = #5;                     //#104 = Y方向间隔
N50  #106 = #2;                     //#106 = Y方向孔数
N60  WHILE [#106 GT 0] DO1;         //如果Y向孔数大于0则执行循环
N70  #105 = #1;                     //#105 = X方向孔数
N80  WHILE [#105 GT 0] DO2;         //如果X向孔数大于0则执行循环
N90  G90 X#101 Y#102;               //孔位置定位
N100 #101 = #101 + #103;            //X坐标更新
N110 #105 = #105 - 1;               //X方向孔数减1
N120 END2;
N130 #101 = #101 - #103;            //X坐标修正
N140 #102 = #102 + #104;            //Y坐标更新
N150 #103 = - #103;                 //X方向钻孔方向反转
N160 #106 = #106 - 1;               //Y方向孔数减1
N170 END1;
N180 M99;
%
```

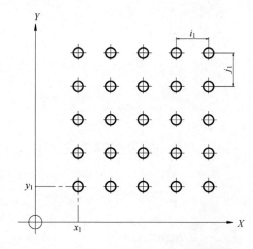

图 7.3 矩阵孔加工实例

7.2.3 椭圆凸台加工实例

编制如图 7.4 所示的椭圆凸台的粗、精加工程序。

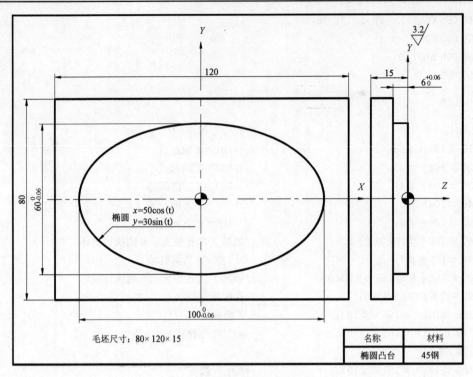

图7.4 椭圆凸台加工实例

```
O001;                              //主程序
N10 M06 T01;                       //φ20 立铣刀，粗加工
N20 G54 G00 X75 Y20 M03 S800;
N30 G43 G00 Z50 H01 M08;
N40 G00 Z5;
N50 G01 Z-6 F200;
N60 G41 G01 X50 Y20 D01 F120;      //D01 = 10.3
N70 G65 P002;
N80 G01 X50 Y-20;
N90 G40 G01 X75 Y-20;
N100 G01 Z5 M09;
N110 G00 Z100 M05;
N120 M6 T02;                       //φ16 立铣刀，精加工
N130 G54 G00 X75 Y20 M03 S1200;
N140 G43 G00 Z50 H02 M08;
N150 G00 Z5;
N160 G01 Z-6.03 F200;
N170 G41 G01 X50 Y20 D02 F120;     //D02 = 7.97
N180 G65 P002;
N190 G01 X50 Y-20;
N200 G40 G01 X75 Y-20;
N210 G01 Z5 M09;
N220 G00 Z100 M05;
```

```
N230 M02;
%
O002;                                  //子程序
N1010 #101 = 50;                       //设置椭圆长半轴半径
N1020 #102 = 30;                       //设置椭圆短半轴半径
N1030 #103 = 0;                        //设置椭圆角度
N1040 #104 = 0;                        //X 坐标
N1050 #105 = 0;                        //Y 坐标
N1060 IF [#103 GT 360] GOTO1120;       //当角度大于 360°时跳出循环
N1070 #104 = #101 * COS [#103];        //计算 X 坐标
N1080 #105 = #102 * SIN [#103];        //计算 Y 坐标
N1090 G01 X#104 Y-#105;                //切削进给
N1100 #103 = #103 + 2;                 //角度 +2°
N1110 GOTO1060;
N1120 M99;
%
```

7.2.4 倒圆角加工实例

编制如图 7.5 所示的零件的加工程序。

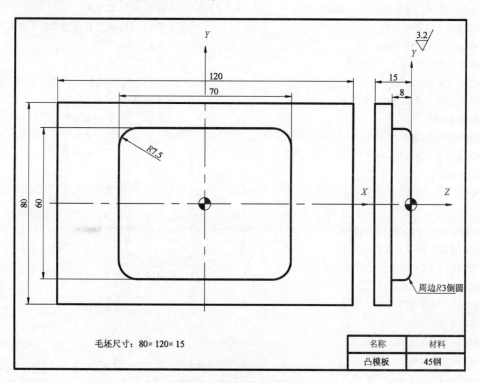

图 7.5 倒圆角加工实例

```
O001;                                  //主程序
N10 M06 T01;                           //φ20 立铣刀加工凸台
N20 G54 G00 X0 Y-60 M03 S800;
```

```
N30 G43 G00 Z50 H01 M08;
N40 G00 Z5;
N50 G01 Z-4 F150;
N55 G41 G01 X0 Y-30 D01;              //D01=10
N60 M98 P002;
N70 G01 Z-8 F150;
N75 G41 G01 X0 Y-30 D01;
N80 M98 P002;
N90 G00 Z5 M09;
N100 G00 Z50 M05;
N110 M06 T02;                         //φ8 球头铣刀加工 R3 圆角
N120 G54 G00 X0 Y-60 M03 S2000;
N130 G43 G00 Z50 H02 M08;
N135 G00 Z5;
N140 #1=4;                            //#1 为刀具半径
N150 #2=3;                            //#2 为倒角半径
N160 #3=90;                           //#3 为角度变量,从顶层开始加工
N170 WHILE [#3 GE 0] DO1;             //当角度大于等于 0°时做循环
N180 #4=[#1+#2]*COS[#3]-#2;           //计算半径补偿值
N190 #5=[#1+#2]*SIN[#3]-[#1+#2];      //计算刀具 Z 坐标
N200 #13002=#4;                       //设置刀具半径补偿量 D02=#4
N210 G01 Z#5 F1000;                   //Z 向运动
N220 G41 G01 X0 Y-30 D02;             //刀具半径补偿
N230 M98 P002;                        //调用加工轮廓的子程序
N240 #3=#3-2;                         //角度减 2°
N250 END1;
N260 G01 Z5 M09;
N270 G00 Z50 M05;
N280 M02;
%

O002;                                 //子程序
N1010 G01 X-27.5 Y-30;
N1020 G02 X-35 Y-22.5 R7.5;
N1030 G01 X-35 Y22.5;
N1040 G02 X-27.5 Y30 R7.5;
N1050 G01 X27.5 Y30;
N1060 G02 X35 Y22.5 R7.5;
N1070 G01 X35 Y-22.5;
N1080 G02 X27.5 Y-30 R7.5;
N1090 G01 X0 Y-30;
N1100 G40 G01 X0 Y-60;
N1110 M99;
%
```

7.3 习 题

一、填空题

1. 可以在宏程序中使用_____,使得程序更具有通用性。
2. 使用宏程序时,当同类零件的尺寸发生变化时,只需要更改宏程序主体中_____就可以了,而不必要重新编制程序。
3. 在宏程序中可以使用多个变量,彼此之间用_____进行识别。
4. 当用表达式指定变量号时,这时表达式要用_____括起来。
5. 变量_____总是空变量,它不能写,只能读。
6. 在宏程序中局部使用的变量称为_____变量。
7. 在主程序以及调用的子程序中通用的变量称为_____变量。
8. 方括号用于改变运算的次序,方括号最多可用_____层。
9. 在宏程序中,可以通过_____来改变和控制程序的运行流程。
10. 公共变量可以在程序中赋值,也可以通过_____输入。

二、判断题

1. 在宏程序中只能使用一个变量。 (　　)
2. 只有坐标值可以用变量表示,其他不可以用变量表示。 (　　)
3. 空变量和变量值等于零是一回事。 (　　)
4. 在多重调用时,在宏程序 A 调用宏程序 B 的情况下,也不会将 A 中所用到的局部变量破坏。 (　　)
5. 在引用未定义变量时,地址符也被忽略。 (　　)
6. 对于没有赋值的局部变量,其初期状态为零。 (　　)
7. 所有变量只可以通过程序输入。 (　　)

三、问答题

1. 什么是用户宏程序?
2. 宏程序基本特征是什么?
3. 什么是局部变量?
4. 什么是公共变量?
5. 什么是系统变量?
6. 在宏程序中有哪几个指令可以改变程序的运行流程?

四、编程题

1. 编制如图 7.6 所示的零件的加工程序。
2. 编制如图 7.7 所示的零件的加工程序。
3. 编制如图 7.8 所示的零件的加工程序。

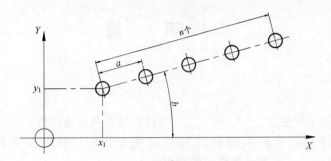

图 7.6 宏程序编程题 1 图

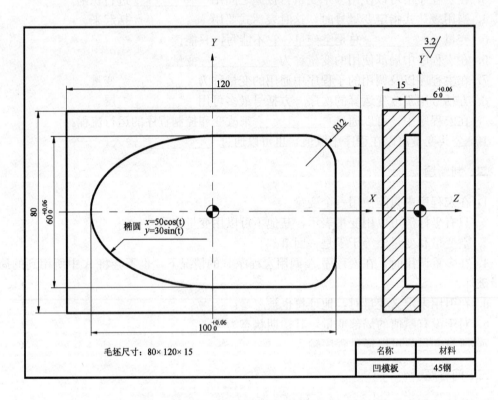

图 7.7 宏程序编程题 2 图

4. 编制如图 7.9 所示的零件的加工程序。

五、数控专业英语与中文解释对应划线

    Variable   变量
    Macro Program   系统变量
    Local Variable   局部变量
    Common Variable   宏程序
    System Variable   公共变量

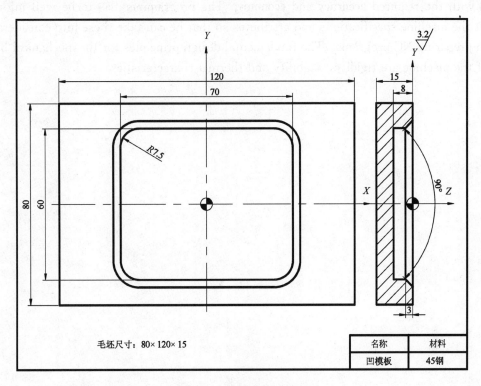

图 7.8 宏程序编程题 3 图

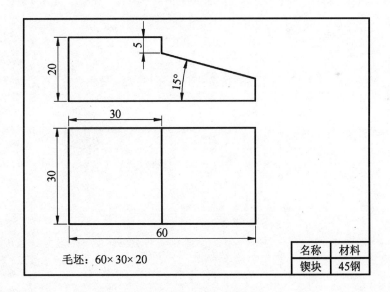

图 7.9 宏程序编程题 4 图

六、数控专业英语翻译

The machine employee should be capable of carrying out the desired machining operations with the required **accuracy** and **economy**. The programmer has to be well informed about the machine specifications and attributes so that he can take these into consideration when preparing NC programs. The fundamental design principles for the mechanical build-up of the machine are rigidity, stability and thermal characteristics.

第 8 章 自 动 编 程

教学目标: 了解自动编程的基础知识,认识自动编程的原理、分类及其发展过程,了解当前生产中所运用的自动编程技术和常见CAD/CAM软件。初步掌握自动编程技术的概念、特点、运用步骤,以及辅助加工软件的使用方法。

8.1 自动编程基础知识

当零件形状比较简单时,可以采用手工方法进行加工程序的编制。但是,随着零件复杂程度的增加,数学计算量、程序段数目也将大大增加,这时如果单纯依靠手工编程将极其困难,甚至不可能完成。于是人们发明了一种软件系统,它可以代替人来完成数控加工程序的编制,这就是自动编程(Automated Programming)。

8.1.1 自动编程的原理

自动编程系统是通过数控自动编程系统实现的。就是根据图样和工艺要求,使用规定的编程语言,编写零件加工源程序(Source Program),并将其输入编程机,编程机自动对输入的信息进行处理,即可以自动计算出刀具中心运动轨迹、自动编辑零件加工程序并自动制作穿孔带等。由于编程机多带有显示器,可自动绘出零件图形和刀具运动轨迹,所以程序员可检查程序是否正确,必要时可及时修改。

自动编程系统由软硬件组成如图8.1所示。硬件主要由计算机、绘图仪、打印机、传输介质及其他一些外围设备组成;软件部分即计算机编程系统。

现在常见的自动编程是采用计算机辅助数控编程技术实现的,而系统自动编程原理为:利用计算机辅助设计模块生成的几何图形,采用人机交互的实时对话方式,在计算机屏幕上指定被加工部位,输入相应的加工参数,计算机便可自动进行必要的数学处理并编制出数控加工程序,同时在计算机屏幕上动态地显示出刀具的加工轨迹。

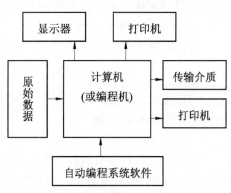

图 8.1 自动编程系统的组成

8.1.2 自动编程的特点

根据问题复杂程度的不同,数控加工程序可通过手工编程或计算机自动编程来获得。目前计算机自动编程采用图形交互式自动编程,即计算机辅助编程。这种自动编程系统就是CAD(计算机辅助设计)与CAM(计算机辅助制造)高度结合的自动编程系统,通常称为CAD/CAM系统。

CAD/CAM 系统自动编程的特点：将零件加工的几何造型、刀位计算、图形显示和后置处理等作业过程结合在一起，有效地解决了编程的数据来源、图形显示、走刀模拟和交互修改问题，弥补了数控语言编程的不足；编程过程是在计算机上直接面向零件的几何图形交互进行的，不需要用户编制零件加工源程序，用户界面友好，使用简便、直观、准确、便于检查；有利于实现系统的集成，不仅能够实现产品设计（CAD）与数控加工编程（NCP）的集成，还便于实现与工艺过程设计（CAPP）、刀具量具设计等其他生产过程的集成。

集成化数控编程的主要特点：零件的几何形状可在零件设计阶段，采用 CAD/CAM 集成系统的几何设计模块在图形交互方式下进行定义、显示和修改，最终得到零件的几何模型。编程操作都是在屏幕菜单及命令驱动等图形交互方式下完成的，具有形象、直观和高效等优点。

8.1.3 自动编程的分类

自动编程技术发展迅速，至今已形成的种类繁多，3 种常见的分类方法如下。

1. 按使用的计算机硬件种类划分

按使用的计算机硬件种类划分，自动编程可分为：微机自动编程、小型计算机自动编程、大型计算机自动编程、工作站自动编程、依靠机床本身的数控系统进行自动编程。

2. 按程序编制系统（编程机）与数控系统紧密程度划分

1) 离线自动编程

与数控系统相脱离，采用独立机器进行程序编制工作称为离线（Off-line）自动编程。其特点是可为多台数控机床编程，功能多而强，编程时不占用机床工作时间。随着计算机硬件价格的下降，离线编程将是未来的趋势。

2) 在线自动编程

数控系统不仅用于控制机床，而且用于自动编程，称为在线（On-line）自动编程。

3. 按原始数据输入方式的不同划分

自动编程的主要类型可分为：数控语言编程、图形交互式编程、语音式自动编程和实物模型式自动编程 4 种。

1) 数控语言编程

数控语言编程要有数控语言和编译程序。编程人员需要根据零件图样要求用一种直观易懂的编程语言（数控语言）编写零件的源程序（源程序描述零件形状、尺寸、几何元素之间的相互关系及进给路线、工艺参数等），相应的编译程序对源程序自动进行编译、计算、处理，最后得出加工程序。数控语言编程中使用最多的是 APT 数控编程语言系统。

2) 图形交互式编程

图形交互式编程是以计算机绘图为基础的自动编程方法，需要 CAD/CAM 自动编程软件支持。这种编程方法的特点是以工件图形为输入方式，并采用人机对话方式，而不需要使用数控语言编制源程序。从加工工件的图形再现、进给轨迹的生成、加工过程的动态模拟，直到生成数控加工程序，都是通过屏幕菜单驱动的。具有形象直观、高效及容易掌握等优点。

3) 语音式自动编程

语音式自动编程是利用人的声音作为输入信息,并与计算机和显示器直接对话,令计算机编出数控加工程序的一种方法。语音编程系统编程时,编程员只需对着话筒讲出所需指令即可。编程前应使系统"熟悉"编程员的"声音",即首次使用该系统时,编程员必须对着话筒讲该系统约定的各种词汇和数字,让系统记录下来并转换成计算机可以接受的数字命令。

4) 实物模型式自动编程

实物模型式自动编程适用于有模型或实物,而无尺寸的零件加工的程序编制。因此,这种编程方式应具有一台坐标测量机,用于模型或实物的尺寸测量,再由计算机将所测数据进行处理,最后控制输出设备,输出零件加工程序单或穿孔纸带。这种方法也称为数字化技术自动编程。

8.2 自动编程的发展

1. 语言自动编程的产生与发展

1952年,美国麻省理工学院(MIT)研制成功了世界上第一台数控铣床。为了充分发挥数控机床的加工能力,克服手工编程时计算工作量大、繁琐且容易出错、编程效率低质量差、对于形状复杂零件由于计算困难而难以编程等缺点,麻省理工学院伺服机构实验室在美国空军资助下,开始研究数控自动编程问题。研究成功后,于1955年公布并发布了世界上第一个语言自动编程系统APTI(Automatical Programmed Tools)。1956年美国宇航工业协会(AIA)在APTI的基础上组织研究自动编程系统,于1958年发展为APTII系统。1961年在圣地亚哥规划集中了14名有经验的程序员,在贝茨领导下开发出了APTIII系统。后来AIA继续对APT进行了改进,并成立了APT长期规划组织ALRP(APT Long Range Program),由美国伊利诺斯理工学院负责。到了20世纪70年代,成立了计算机辅助制造的国际机构(CAM-I),它取代了ALRP,又发展了APTIV系统。到20世纪80年代,又发展到具有定义和编制复杂曲面加工程序功能的APTIV/SS系统。

由于APT是一种通用系统,它试图兼顾方方面面,从而使系统变得较为庞大,需要使用大型计算机才能运行,费用昂贵。为此,各国根据加工的特点和用户的不同需要,参考APT语言系统的思想,先后开发了许多具有各自特色的小型语言自动系统。如美国的ADAPT、AUTOSPOT;英国的2C、2CL、2PC;德国的EXAPT-1(点位加工)、EXAPT-2(车削加工)、EXAPT-3(铣削加工);法国的IFAPT-P(点位加工)、IFAPT-C(轮廓加工)、IFAPT-CP(点位轮廓加工);日本的FAPT、HAPT等数控自动语言编程系统。

我国自20世纪50年代末期开始研制数控机床,20世纪60年代中期开始数控自动编程方面的研究工作。20世纪70年代已研制出了SKC、ZCK、ZBC-1等具有两轴半铣削加工、车削加工等功能的数控语言自动编程系统。后来又研制成功了具有复杂曲面编程功能的数控语言自动编程系统CAM-251。随着微机性能价格比的提高,后来又推出了HZAPT、EAPT、SAPT等微机数控语言自动编程系统。

APT系统及其派生系统都属于语言自动编程系统。语言自动编程可将编程过程中的数学处理与编写加工程序工作交由计算机来完成，从而使数控加工编程从面向机床指令的"汇编语言"级上升到面向几何元素的"高级语言"级，提高了编程速度与精度，解决了某些手工编程无法解决的复杂零件的编程问题，大大地促进了数控技术的发展。然而，由于语言数控自动编程技术发展较早，受计算机软硬件的限制，使其也存在许多不足之处：语言数控自动编程系统需要采用某种特定语言的形式来描述本来十分直观的零件几何形状信息及加工过程，致使这种编程方法直观性差，编程过程复杂抽象，不易掌握。同时，由于语言的描述能力有限，难以描述复杂的几何形状；缺少对零件形状、刀具运动轨迹的直观图形显示和刀具轨迹的验证手段，不便于进行阶段性的检查；语言自动编程是由编程人员根据零件图纸，结合加工工艺手工编写源程序，再由编程系统处理生成数控代码，因而从零件设计到数控加工程序的生成各部分工作相互隔离，既影响编程效率，又使得语言自动编程系统难以和CAD数据库以及CAPP系统有效连接，不容易做到高度的自动化、集成化；另外，APT语言经过近30年的发展，功能大而全，使其语言专用词多，语法规则复杂多样，况且大多数APT语言自动编程系统都采用了字符界面，这导致了系统用户界面不友好。

2. 图形自动编程的产生与发展

正是由于语言自动编程的上述缺点，使人们开始研究图形自动编程技术。而世界上第一台图形显示器于1964在美国研制成功，为图形自动编程系统的研制奠定了硬件基础；计算机图形学等学科的发展，又为图形自动编程系统的研制准备了理论基础。

早在1965年，美国洛克西德飞机制造公司首先组织了一个专门小组进行图形自动编程的研制，并于1972年以CADAM为名正式投入使用，该系统具有计算机辅助设计、绘图和数控编程一体化功能。1978年，法国达索飞机公司开发出具有三维设计、分析与数控编程一体化功能的CATIA系统，该系统经过不断发展，目前已成为应用最广泛的CAD/CAM集成软件之一，在航空和汽车工业领域得到广泛的应用。1983年，美国McDonnell Douglas Automation公司（1991年并入General Motor公司下属的EDS公司，1998年成为EDS公司的独立子公司，即现在的Unigraphics Solutions公司）开发出了UGII CAD/CAM系统，该系统也是目前应用最广泛的CAD/CAM集成软件之一。从20世纪80年代以后，各种不同的CAD/CAM集成数控图形自动编程系统如雨后春笋般地发展起来，如法国的Euclid；美国的MasterCAM、SurfCAM、Pro/Engineer；以色列的Cimatron；英国的HyperMill等。20世纪90年代中期以后，CAD/CAM集成数控图形自动编程向集成化、智能化、网络化、并行化和虚拟化方向迅速发展。

我国对图形自动编程技术的研究起步较晚，近些年来有所发展，也出现了一些商品化软件。但是，总的来看，我国CAD/CAM集成自动编程软件不管是从产品开发水平还是从商品化、市场化程度都与发达国家有不小的差距。由于国外CAD/CAM集成自动编程软件出现得较早，开发和应用的时间也较长，所以它们发展得比较成熟，现在基本上已经占领了国际市场。这些国外软件公司利用其技术和资金的优势，开始大力向我国市场进军，目前，国外一些优秀软件已经占领了一部分国内市场。所以，我国CAD/CAM集成自动编程软件前景不容乐观。但是，我们也应该看清自己的优势，比如了解本国市场、提供技术支持方便、价格便宜等。在这些前提下，我们不仅要紧跟时代潮流，跟踪国际最新动态，遵守各种国际规范，在国际国内形成自己独特的优势，更要立足国内，结合国情，面向国内经济建设的需要,开发出有自己特色,符合中国人习惯的 CAD/CAM 软件。

很显然,这种编程方法与语言自动编程方法相比,具有速度快、精度高、直观性好、简便易学、便于检查与纠错、便于实现 CAD/CAM 一体化等优点。因此,图形自动编程技术已成为目前国内外先进的集成 CAD/CAM 自动编程系统所普遍采用的方法。

  3. 自动编程的发展趋势

(1) 从系统结构来看,将趋于模块化。根据用户不同,选择不同模块组成的专用系统,使效率更高,实用性更强,从而能解决大而全与小而专的矛盾。

(2) 从加工角度来看,系统中工艺处理能力将逐步得到加强,使自动编程从仅仅代替人进行数学计算与编写程序单扩展到数控程序编制的全过程。

(3) 从系统输入角度看,将逐步由面向点、线、面等几何要素发展到面向面、孔、槽等工程要素。系统造型将更加丰富、算法更先进、理论更完善、误差更小。

(4) 系统的集成化。CAM 应与 CAD(计算机辅助设计)、CAPP(计算机辅助工艺过程设计)、CAT(计算机辅助检测)一体化,使产品从设计到制造全过程更系统、更科学。

(5) 系统的智能化与自动化。随着人工智能等技术的引进,使自动编程系统具有一定的智能,从而使人工参与更少,系统自动化进一步提高。

(6) 系统的网络化。数控自动编程系统能随时与设计系统、工艺系统相沟通(得到相关信息并可以进行一定的反馈),能通过系统中的通信软件及 DNC 软件将生成的加工程序传送给机床。

(7) 系统的并行化。可实现一定程度的并行化,即在零件设计过程中就考虑工艺与加工问题,从而提高效率,缩短生产周期。

(8) 系统的虚拟化。逐步引入虚拟现实技术,使动态仿真更加真实可靠,从而不必进行任何实际加工,就可以对零件的设计、工艺、编程进行评估。

8.3 数控语言自动编程

8.3.1 数控语言自动编程过程

数控语言自动编程过程如图 8.2 所示。

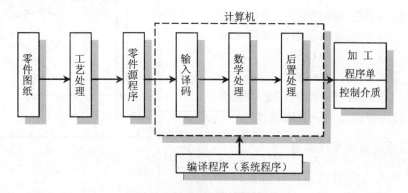

图 8.2 数控语言自动编程过程

采用数控语言自动编程系统进行数控编程时，编程人员首先应该对给定的零件图纸进行分析，在分析的基础上制定加工工艺，这个过程与手工编程基本相近。之后，编程人员根据零件的几何图形和工艺要求，采用特定语言（如 APT）编写计算机的输入程序，即所谓"源程序"，以便于将零件几何信息与工艺信息输入计算机。这之后，编程人员就可以将源程序输入计算机，剩下的工作就可以交由计算机来完成了。

计算机系统中的数控语言自动编程系统程序（或称为编译程序）首先对输入的源程序进行一定的语法扫描，以判断源程序是否存在错误。如果存在错误，则给出错误清单，供编程人员修改。在确认源程序无错误后，则将零件源程序翻译成为等价的目标程序。接着，便可以根据源程序的输入信息进行各种数学计算，最终生成一系列的刀位数据。最后，编译程序根据特定数控系统的具体要求，将刀位数据转化为数控机床加工程序（相当于手工编程中的编写加工程序单的工作）。生成的数控机床加工程序根据需要可以打印出程序清单或直接制作穿孔纸带或通过通信软件直接输入到数控机床 CNC 装置的存储器中。

8.3.2　数控语言自动编程软件系统组成

从数控语言自动编程系统的软件程序来看，该系统主要由两部分组成：零件源程序、系统程序（或编译程序）。

（1）零件源程序。零件源程序（也叫零件程序）是一种由编程人员用特定数控编程语言（如 APT）编写的，包含有零件加工形状与尺寸、刀具动作路线、切削条件、机床辅助功能（如冷却液开关）等零件几何与工艺信息的程序。它是编程人员与计算机进行信息交流的一种手段，也是计算机生成零件加工程序的依据与根源。对于一般编程人员而言，关键是学习和掌握数控语言，正确编写零件源程序。

（2）系统程序（或编译程序）。系统程序（或编译程序）是由数控自动编程系统开发商提供的、用于控制计算机完成自动编程过程的程序。对于一般编程人员而言，只需了解其基本原理即可。

系统程序（或编译程序）一般由输入译码翻译程序、主信息处理程序与后置处理程序组成。输入译码程序完成源程序的错误扫描和生成等价目标程序的任务；主信息处理程序完成数学处理的工作，计算的结果以刀位数据的形式存在。主信息处理程序及计算出的刀具位置信息对所有数控机床具有通用性；将刀具位置信息转化为特定数控机床的加工程序是由后置处理程序来完成的。由于对某一特定的机床而言，数控装置的指令形式不同，所以机床的辅助功能也不一样。因此后置处理程序必须根据数控装置和机床特性一个一个地编写。

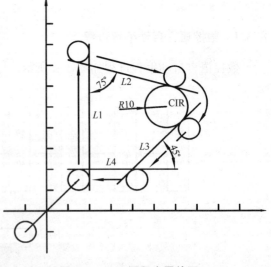

8.3.3　数控语言自动编程举例

加工如图 8.3 所示的零件轮廓。已确定选用 ϕ10 立铣刀。切入进给速度为

图 8.3　APT 源程序零件图

20mm/min，铣削进给速度为100mm/min。铣削起刀点为(-10，-10，10)，机床原点在工件坐标系的位置为(200，-60，0)，零件厚度为12mm。加工路线如图8.3中箭头所指示的方向。

该零件的APT源程序如下：

```
PARTNO/TEMPLATE              //初始语句，说明加工零件名称为TEMPLATE
REMARK/KS-002                //注释语句，说明零件图号
REMARK/编程员 年 月 日         //注释语句，说明编程员姓名、编程日期
$ $                          //说明语句
MACHIN/F240, 2               //后置处理语句，说明数控系统类型和系列号
CLPRNT                       //说明需要打印刀位数据清单
OUTTOL/0.002                 //指定外容差
INTOL/0.002                  //指定内容差
TRANS/200，-60，0            //指定机床原点在工件坐标系中的位置
CUTTER/10                    //说明选用φ10mm的平底立铣刀
$ $ GEOMETRY DEFINITION      //说明语句，说明以下语句为几何定义语句
LN1 = LINE/20, 20, 20, 70    //定义一条通过点(20, 20)和(20, 70)的直线
LN2 = LINE/(POINT/20, 70), ATANGL, 75, LN1
                             //定义过点(20, 70)且与线LN1夹角75°的直线
LN3 = LINE/(POINT/40, 20), ATANGL, 45
                             //定义过点(40, 20)且与X轴夹角45°的直线
LN4 = LINE/20, 20, 40, 20    //定义一条过点(20, 20)和(40, 20)的直线
CIR = CIRCLE/YSMALL, LN2, YLARGE, LN3, RADIUS, 10
                             //定义一半径为10，与LN2和LN3相切，且位于LN2下方、LN3
                             //上方的圆
XYPL = PLANE/0, 0, 1, 0      //定义法向矢量为(0, 0, 1)，Z = 0的平面(XOY)
SETPT = POINT/-10, -10, 10   //定义一个点(-10, -10, 10)
$ $ CUTTER MOTION            //说明语句，说明以下语句为刀具运动语句
FROM/SETPT                   //指定起刀点
RAPID                        //指定快速运动方式
GODLTA/20, 20, -5            //增量编程X、Y、Z向分别移20, 20, -5
SPINDL/ON                    //启动主轴旋转
COOLNT/ON                    //开启冷却液
FEDRAT/20                    //指定切入速度为20mm/min
GO/TO, LN1, TO, XYPL, TO, LN4 //初始运动语句，完成刀具切入
FEDRAT/100                   //指定正常切削速度为100mm/min
TLLFT, GOLFT/LN1, PAST, LN2  //以下为连续运动语句，说明走刀路线
GORGT/LN2, TANTO, CIR
GOFWD/CIR, TANTO, LN3
GOFWD/LN3, PAST, LN4
GORGT/LN4, PAST, LN1
FEDRAT/20                    //指定刀具退出速度为20mm/min
GODLTA/0, 0, 10              //增量编程X、Y、Z方向分别移0, 0, 10
SPINDL/OFF                   //主轴停止
```

```
COOLNT/OFF              //冷却液关闭
RAPID                   //指定快速运动方式
GOTO/SETPT              //刀具快速退回起刀点
END                     //机床停止
FINI                    //零件源程序结束
```

8.4 图形交互自动编程

8.4.1 数控图形自动编程过程

目前,基于 CAD/CAM 的数控自动编程的基本步骤如图 8.4 所示。

1. 加工零件及其工艺分析

加工零件及其工艺分析是数控编程的基础。所以,在目前计算机辅助工艺过程设计(CAPP)技术尚不完善的情况下,无论采用哪种编程方式都首先要进行这项工作,需人工完成。随着 CAPP 技术及机械制造集成技术(CIMS)的发展与完善,这项工作必然逐步由计算机所代替。加工零件及其工艺分析的主要任务有:分析工件几何形状、公差及尺寸要求;选择加工方法、工量具及刀具;选择加工定位方法、确定编程原点及坐标系;确定走刀策略及加工工艺参数。

2. 零件加工部位建模

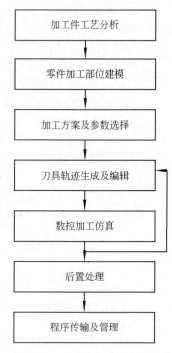

图 8.4 自动编程的步骤

零件加工部位建模(Modeling)是利用 CAD/CAM 集成数控编程软件的建模模块,使用点线面,曲面曲线及实体造型等功能,将基于图纸零件被加工部位的几何模型准确绘制在计算机屏幕上,同时以一定的数据结构对该图形加以记录。加工部位建模实质上是由人将零件加工部位的相关信息提供给计算机的一种手段,它是自动编程系统进行自动编程的依据和基础。随着建模技术及机械集成技术的发展,将来的数控编程软件将可以直接从 CAD 模块获得相关信息,而无需对加工部位再进行建模。

3. 加工方案及工艺参数的输入

利用编程系统的相关菜单与对话框等,将与工艺有关的参数输入到系统中。常需输入的工艺参数有:刀具信息(刀具类型、刀具尺寸)、切削用量(主轴转速、进给速度、切削深度、加工余量)、毛坯信息(毛坯尺寸、毛坯材料等)、其他信息(安全平面、逼近误差、残留高度、进退刀方式、走刀方式、冷却方式等)。现在有一些 CAD/CAM 系统具有部分的 CAPP 功能,其中部分工艺参数可以直接由系统来给出。而数控加工的效率与质量有赖于加工方案与加工参数的合理选择,其中刀具、刀轴控制方式、走刀路线和进给速度的优化选择是满足加工要求、保证机床正常运行和延长刀具寿命的前提。

4. 刀具轨迹生成及编辑

刀具轨迹生成是复杂形状零件数控加工中最重要的内容,能否生成有效的刀具轨迹直接决定了加工的可能性、质量与效率。刀具轨迹生成的首要目标是使所生成的刀具轨迹能满足无干涉、无碰撞、轨迹光滑、切削负荷光滑并满足代码质量高等要求。同时,刀具轨迹生成还应满足通用性好、稳定性好、编程效率高、代码量小等条件。刀具轨迹生成后,对于具备刀具轨迹显示及交互编辑功能的系统,还可以将刀具轨迹显示出来,如果有不太合适的地方,可以在人工交互方式下对刀具轨迹进行适当的编辑与修改。

5. 数控加工仿真

仿真(Simulation)是指在计算机屏幕上,采用真实感图形显示技术,把加工过程中的零件模型、机床模型、夹具模型及刀具模型动态显示出来,模拟零件的实际加工过程。仿真过程的真实感较强,基本上具有试切加工的验证效果。可以较为直观地观察到加工过程中的过切与欠切、机床各部件之间的干涉碰撞等。特别对于多轴加工、高速加工,每台特定的设备和每种切削轨迹对选择的刀具、走刀路线、进退刀方式都有极其严格的要求,一旦出现不合理或者发生干涉现象,对机床和零件来说常常是致命的。因此,实际加工前采取一定的措施对加工程序进行检验并修正是十分必要的。数控加工仿真通过软件模拟加工环境、刀具路径与材料切除过程来检验并优化加工程序,具有柔性好、成本低、效率高且安全可靠等特点,是提高编程效率与质量的重要措施。

6. 后置处理

后置(Postposition)处理是数控加工编程技术的一个重要内容,它将通用前置处理生成的刀位数据转换成适合于具体机床数据的数控加工程序。其技术内容包括机床运动学建模与求解、机床结构误差补偿、机床运动非线性误差校核修正、机床运动的平稳性校核修正、进给速度校核修正及代码转换等。因此后置处理对于保证加工质量和效率、保证机床可靠运行具有重要作用。

7. 程序输出及加工管理

对于经后置处理而生成的数控加工程序,可以利用打印机打印出清单,以供阅读;还可输出复制至软盘、U 盘、存储盘等存储介质,提供给有读带装置的机床控制系统使用。对于有标准通信接口的机床控制系统,还可以与编程计算机直接联机,由计算机将加工程序直接送给机床控制系统,或者使用 DNC(边传边加工)的方式。另外,采取科学的程序和加工信息管理对于大型企业来说也非常重要。

8.4.2 CAD/CAM 关键技术概述

1. 零件数字模型的建立

零件建模是属于 CAD 范畴的一个概念。它大致研究 3 方面的内容:①零件模型如何输入计算机;②零件模型在计算机内部的表示方法(存储方法);③如何在计算机屏幕上显示零件。

根据零件模型输入、存储及显示方法的不同,现有的零件模型大致有 4 大类。

1) 线框模型(Wire-frame Models)

通过输入、存储及显示构成零件的各个边来表示零件。其优点是数据量小、运算简单、对硬件要求低；缺点是描述能力有限，个别图形的含义不唯一。这种模型主要应用于工厂车间的布局、运动机构的模拟与干涉检查、加工中刀具轨迹的显示，也可用于建模过程的快速显示。

2) 表面模型(Surface Models)

通过输入、存储及显示构成零件表面的各个面及面上的各个边来表示零件。同线框模型相比，表面模型能精确表示零件表面的形状，信息更加完整，因而可以表示很多用线框模型无法表示的零件。但由于表面模型仅能描述零件表面情况，而无法描述零件内部情况，所以信息仍然是不完备的。利用表面模型可以进行消隐与渲染，从而生成真实感图形。该模型可用于有限元网格划分及数控自动编程过程。

3) 实体模型(Physical Models)

通过将零件看成实心物体来描述零件。实体模型可以完备的表达物体的几何信息，因而广泛应用于CAD/CAM、建筑效果图、影视动画、电子游戏等各个行业。但实体模型对工程至关重要的工艺信息却还没有涉及。

4) 特征模型(Feature Models)

通过具有工程意义的单元(如孔、槽等)构建、表达零件模型的一种方法。该方法在20世纪80年代后期获得了广泛接受与研究，是一种全新的、划时代的模型方法。对于零件设计者而言，机械零件的设计不在面向点、线、面等几何元素，而是面向具有特定功能的单元。而特征模型不仅可以完备表达零件的几何与拓扑信息，而且还包含精度、材料、技术要求等信息，从而使零件工艺设计、制造的自动化成为可能。需要指出的是，4种模型之间是有一定关系的，从线框模型到特征模型是一个表达信息不断完善的过程。低级模型是高级模型的基础；高级模型是低级模型的发展。

适合数控编程的模型主要是表面模型、实体模型及特征模型。在现有技术条件下，应用最广泛的是表面模型，以表面模型为基础的CAD/CAM集成数控编程系统习惯称为图像数控编程系统。在以表面模型为基础的数控编程系统中，其零件的设计功能(或几何造型功能)是专为数控编程服务的，针对性强，易于使用，典型系统有MasterCAM、Surf-CAM等。基于实体模型的数控编程较为复杂，由于实体模型并非是专为数控编程所设计的，所以为了用于数控编程往往需对实体模型进行加工表面(或区域)的识别并进行工艺规划，最后才可以进行数控编程。特征模型的引入可以实现工艺分析设计的自动化，但特征模型尚处于研究之中，其成功应用于数控编程还需时日。

2. 刀具轨迹生成与编辑

刀具轨迹的生成一般包括走刀轨迹的安排、刀位点的计算、刀位点的优化与编排3个步骤。编程系统对于刀具轨迹的具体处理一般按二维轮廓加工、腔槽加工、曲面加工、多坐标曲面加工及车削加工等情况分别进行处理。下面仅介绍常用的前3种加工刀具轨迹的生成方法。

1) 二维轮廓加工

对于二维轮廓加工，一般需要先在计算机中绘制出轮廓线，然后选择有序化串联方式将各轮廓线首尾相连，再定义进退刀方式及各基本参数(如粗精加工次数、步进距离等)，这样系统就可以完成二维轮廓走刀轨迹的生成了。

2) 腔槽加工

腔槽加工走刀轨迹的生成一般分粗加工与精加工两种。精加工一般较简单，只需沿型腔底面和轮廓走刀，精铣型腔底面和边界外形即可。粗加工一般有两种生成方式可供用户选择：行切方式与环切方式。用行切方式加工时，首先使用者需提供走刀路线的角度（与 X 轴的夹角）及走刀方式是单向（One Way）还是双向（Zig-zag）、每一层粗加工的深度及型腔实际深度。之后，使用者还需指定腔槽的边界。编程系统根据这些信息，首先计算边界（含岛屿边界）的等距线，该等距线距离边界轮廓的距离为精加工余量。然后从刀具路径方向与轮廓等距线的第一个切线切点处开始逐行计算每一条行切刀具轨迹线与等距线的交点，生成各切削行的刀具轨迹线段。最后，从第一条刀具轨迹线开始，按照走刀方式，将各个刀具轨迹线按照一定方法相连就形成了所需的刀具运动轨迹。环切加工一般沿型腔边界走等距线，其优点是铣刀的切削方式不变（顺铣或逆铣）。用环切法加工时，编程系统的计算方法是按一定偏置距离对型腔轮廓的每一条边界曲线分别计算等距线。然后，通过对各个等距线进行必要的裁剪或延伸，并进行一定的有效性检测，以判断是否与岛屿或边界轮廓干涉，从而连接形成封闭等距线。最后，将各个封闭等距线相连，就构成了所需刀具轨迹。

3) 曲面的加工

曲面的加工相对较为复杂，目前常用的刀具轨迹生成方法有参数线法、截面法、投影法 3 种方法。

(1) 参数线法。任何一个曲面都可以写成参数方程 $[x, y, z]=[fx(u, v), fy(u, v), fz(u, v)]$ 的形式。当 u 或 v 中某一个为常数时，就形成空间的一条曲线。采用参数线法加工时，选择一个参数方向为切削行的走刀方向，另外一个参数方向为切削行的进给方向，通过一行行的切削最终生成整个刀具轨迹。参数线法计算简单、速度快，是曲面数控加工编程系统主要采用的方法，但当加工曲面的参数线不均匀时会造成刀具轨迹也不均匀，加工效率不高。

(2) 截面法。采用一组截面（可以是平面、也可以是回转柱面）去截取加工表面，截出一系列交线，将来刀具与加工表面的切触点就沿着这些交线运动，通过一定方法将这些交线连接在一起，就形成了最终的刀具轨迹。截面法主要适用于曲面参数线分布不太均匀及由多个曲面形成的组合曲面的加工。

(3) 投影法。它是将一组事先定义好的曲线（也称导动曲线）或轨迹投影到曲面上，然后将投影曲线作为刀触点轨迹，从而生成曲面的加工轨迹。投影法常用来处理其他方法难以获得满意效果的组合曲面和曲面型腔的加工。

4) 刀具轨迹的编辑

对于很多复杂曲面零件及模具而言，刀具轨迹计算完成后，都需要对刀具轨迹进行编辑与修改。这是因为在零件模型的构造过程中，往往处于某种考虑要对待加工表面及约束面进行延伸并构造辅助面，从而使生成的刀具轨迹超出加工表面范围需要进行裁剪和编辑；由于生成的曲面不光滑，使刀位点出现异常，需对刀位点进行修改；采用的走刀方式经检验不合理，需改变走刀方式等，都需进行刀具轨迹的编辑。

刀具轨迹的编辑一般分为文本编辑和图形编辑两种。文本编辑是编程员直接利用任何一个文本编辑器对生成的刀位数据文件进行编辑与修改。而图形编辑方式则是在快速生成的刀具轨迹图形上直接修改。目前基于CAD/CAM的自动编程系统均采用了后一种方法。刀位轨迹编辑一般包括刀位点、切削段、切削行、切削块的删除、复制、粘贴、插入、移动、延伸、修剪、几何变换，刀位点的匀化，走刀方式变化时刀具轨迹的重新编排以及刀具轨迹的加载与存储等。

5）刀位轨迹的验证

目前，刀具轨迹验证的方法较多，常见的有显示法验证、截面法验证、数值验证和加工过程仿真验证4种方法。

显示法验证就是将生成的刀位轨迹、加工表面与约束面及刀具在计算机屏幕上显示出来，以便编程员判断所生成刀具轨迹的正确性与合理性。根据显示内容的不同，又有刀具轨迹显示验证、加工表面与刀位轨迹的组合显示验证及组合模拟显示验证3种。刀具轨迹显示验证就是在计算机屏幕上仅仅显示生成的刀具轨迹，以便编程员判断刀具轨迹是否连续，检查刀位计算是否正确；加工表面与刀位轨迹的组合显示验证就是将刀具轨迹与加工表面一起显示在计算机屏幕上，从而使编程员可以进一步判断刀具轨迹是否正确，走刀路线、进退刀方式是否合理；组合模拟显示验证就是在计算机屏幕上同时显示刀位轨迹、刀具和加工表面及约束面并进行消隐处理。其作用是更进一步检查刀具轨迹是否正确。

截面法验证就是先构造一个截面（Cross-section），然后求该截面与待验证的刀位点上刀具外形表面、加工表面及其约束面的交线，构成一幅截面图在计算机屏幕上显示出来，从而判断所选择的刀具是否合理，检查刀具与约束面是否发生干涉与碰撞，加工过程是否存在过切。根据所用截面的不同，截面法验证又可以分为横截面验证、纵截面验证及曲截面验证。如果所取截面为平面且大致垂直于刀具轴线方向，则为横截面验证；如果所取截面为平面且通过刀具轴线方向，则为纵截面验证；如果所取截面为曲面，则为曲截面验证。

距离验证是一种定量验证方法。它通过不断计算刀具表面和加工表面及约束面之间的距离，来判断是否发生过切与干涉。

加工过程动态仿真验证是通过在计算机屏幕上模仿加工过程来进行验证的。现代数控加工过程的动态仿真验证的典型方法有两种：一种是只显示刀具模型和零件模型的加工过程动态仿真，如UGII CAD/CAM集成系统中的Vericut动态仿真工具和MasterCAM系统的N-See动态仿真工具；另一种是同时显示刀具模型、零件模型、夹具模型和机床模型的机床仿真系统，如UGII CAD/CAM集成系统中的Unisim机床仿真工具。随着虚拟现实技术的引入及刀具、零件、夹具和机床模型的完善（特别是力学及材料模型的建立与完善），加工过程动态仿真将更加逼真准确，完全可以取代试切环节，从而提高效率、降低成本。

6）后置处理

上述生成的刀位文件还不能用于数控加工，还需要将刀位文件转化为特定机床所能执行的数控程序，这就是后置处理。不让自动编程中由刀位轨迹计算模块直接生成为数控加工程序的原因，是因为不同数控系统对数控代码的定义、格式有所不同。因此，配备不同的后置处理程序，就可以使计算机一次计算的结果适用于多个数控系统。

后置处理系统可分为专用后置处理系统和通用后置处理系统。

（1）专用后置处理系统是针对专用数控系统和特定数控机床而开发的后置处理程序。一般而言，不同数控系统和机床就需要不同的专用后置处理系统，因而一个通用编程系统往往需要提供大量的专用后置处理程序。由于这类后置处理程序针对性强，程序结构比较简单，实现起来比较容易，因此在过去的数控编程系统中比较常见，而且现在在一些专用系统中仍然普遍使用。

（2）通用后置处理系统是指能针对不同类型的数控系统的要求，将刀位原文件进行处理生成数控程序的后置处理程序。使用通用后置处理时，用户首先需要编制数控系统数据文件（NDF）或机床数据文件（MDF），以便将数控系统或数控机床信息提供给编程系统。之后，将满足标准格式的刀位原文件和数控系统数据文件（NDF）或机床数据文件（MDF）输入到通用后置处理系统中，后置处理系统就可以产生符合该数控系统指令及格式的数控程序。数控系统数据文件（NDF）或机床数据文件（MDF）可以按照系统给定的格式手工编写，也可以以对话形式——回答系统提出的问题，然后由系统自动生成。有些后置处理系统也提供市场上常见的各种数控系统的数据文件。特别要说明的是目前国际上流行的商品化 CAD/CAM 系统中的刀位原文件格式都符合 IGES 标准，所以它们所带的通用后置处理系统具有一定的通用性。

8.5 常用 CAD/CAM 系统介绍

8.5.1 常用 CAD/CAM 系统类型及简介

1. NX/Unigraphics

Unigraphics(UG)是美国 EDS 公司发布的 CAD/CAE/CAM 一体化软件。广泛应用于航空航天、汽车、通用机械及模具等领域。国内外已有许多科研院所和厂家选择了 UG 作为企业的 CAD/CAM 系统。UG 可运行于 PC 平台，无论装配图还是零件图设计，都从三维实体造型开始，可视化程度很高。三维实体生成后，可自动生成二维视图，如三视图、轴侧图、剖视图等。其三维 CAD 是参数化的，一个零件尺寸的修改，可致使相关零件的变化。该软件还具有人机交互方式下的有限元解算程序，可以进行应变、应力及位移分析。UG 的 CAM 模块提供了一种产生精确刀具路径的方法，该模块允许用户通过观察刀具运动来图形化地编辑刀轨，如延伸、修剪等，其所带的后处理程序支持多种数控机床。UG 具有多种图形文件接口，可用于复杂形体的造型设计，特别适合大型企业和研究所使用。

2. Pro/Engineer

Pro/Engineer 是美国参数技术公司（PTC）开发的 CAD/CAM 软件，在我国也有较多用户。它采用面向对象的统一数据库和全参数化造型技术，为三维实体造型提供了一个优良的平台。其工业设计方案可以直接读取内部的零件和装配文件，当原始造型被修改后，具有自动更新的功能。其 MOLDESIGN 模块用于建立几何外形，产生模具的模芯和腔体，产生精加工零件和完善的模具装配文件。新近发布的 WF3 版本，提供了最佳的加工路径控制和智能化加工路径创建，允许 NC 编程人员控制整体的加工路径直到最细节的部分。该软件还支持高速加工和多轴加工，带有多种图形文件接口（Interface）。

3. CATIA

CATIA 最早是由法国达索飞机公司研制的，是一个高档 CAD/CAM/CAE 系统，广泛用于航空、汽车等领域。它采用特征造型和参数化造型技术，允许自动指定或由用户指定参数化设计、几何或功能化约束的变量式设计。根据其提供的 3D 线架，用户可以精确地建立、修改与分析 3D 几何模型。其曲面造型功能包含了高级曲面设计和自由外形设计，用于处理复杂的曲线和曲面定义，并有许多自动化功能，包括分析工具，加速了曲面设计过程。CATIA 提供的装配设计模块可以建立并管理基于 3D 的零件和约束的机械装配件，可自动地对零件间的连接进行定义，便于对运动机构进行早期分析，大大加速了装配件的设计。后续应用则可利用此模型进行进一步的设计、分析和制造。CATIA 具有一个 NC 工艺数据库，存有刀具、刀具组件、材料和切削状态等信息，可自动计算加工时间，并对刀具路径进行重放和验证，用户可通过图形化显示来检查和修改刀具轨迹。该软件的后处理程序支持铣床、车床和多轴加工。

4. MasterCAM

MasterCAM 价格便宜，是一种应用广泛的中低档 CAD/CAM 软件，由美国 CNC Software 公司开发。该软件三维造型功能稍差，但操作简便实用，容易学习。新的加工任选项使用户具有更大的灵活性，如多曲面径向切削和将刀具轨迹投影到数量不限的曲面上等功能。这个软件还包括新的 C 轴编程功能，可顺利将铣削和车削结合。其他功能，如直径和端面切削、自动 C 轴横向钻孔、自动切削与刀具平面设定等，有助于高效地生产零件。其后处理程序支持铣削、车削、线切割、激光加工以及多轴加工。另外，MasterCAM 提供多种图形文件接口，如 SAT、IGES、VDA、DXF、CADL 以及 STL 等。

5. Cimatron

Cimatron 是 Cimatron Technologies 公司开发的，可运行于 DOS、Windows 或 NT，是早期的微机 CAD/CAM 软件。其 CAD 部分支持复杂曲线和复杂曲面造型设计，在中小型模具制造业有较大的市场。在确定工序所用的刀具后，其 NC 模块能够检查出应在何处保留材料不加工，而对零件上符合一定几何或技术规则的区域进行加工。通过保存技术样板，可以指示系统如何进行切削，可以重新应用于其他加工件，即所谓基于知识的加工。该软件能够对含有实体和曲面的混合模型进行加工。它还具有 IGES、DXF、STA、CADL 等多种图形文件接口。

6. Delcam

Delcam PIC 位于英国 Birmingham，是伦敦股票交易所上市公司。Delcam 软件的研发起源于世界著名学府剑桥大学，Delcam 软件系列横跨产品设计、模具设计、产品加工、模具加工、逆向工程、艺术设计与雕刻加工、质量检测和协同合作管理等应用领域。Delcam CAD/CAM 系列软件被广泛地应用于航空航天、汽车、船舶、家用电器、轻工产品和模具制造等行业。主要软件有 PowerSHAPE 用于三维造型，PowerMILL 用于 2～5 轴数控加工，FeatureCAM 基于特征知识的 CAM 系统，ArtCAM 用于艺术浮雕和珠宝设计，CopyCAD 用于逆向工程，Exchange 用于数据转换服务，支持通用数据格式和专用数据格式。

7. CAXA

CAXA 是我国北京北航海尔软件有限公司的品牌产品。CAXA 开发的软件包括 CAD/CAM/CAPP/BOM 等设计制造软件和 PLM/PDM/MES 等管理软件，这系列软件包括了设计、工艺、制造和管理等解决方案。数据接口强大，接受各种 CAD 模型，可与各种主流 CAD 软件进行双向通畅的数据交流，保证企业与合作伙伴跨平台、跨地域协同工作。

软件标准数据接口：IGES、STEP、STL、VRML；直接接口：DXF、DWG、SAT、Parasolid、Pro/Engineer，CATIA，提供复杂形状的曲面实体混合造型功能，提供基于实体的特征造型、自由曲面造型、以及实体和曲面混合造型功能，可实现对任意复杂形状零件的造型设计。提供多种 NURBS 曲面造型手段，可通过列表数据、数学模型、字体、数据文件及各种测量数据生成样条曲线；通过扫描、放样、旋转、导动、等距、边界网格等多种形式生成复杂曲面；并提供了测量数据造型、加工代码反读等功能。提供了 2～5 轴的数控加工解决方案。

8.5.2 CAD/CAM 应用实例

Cimatron E 是以色列 Cimatron 公司为工模具制造者提供的 CAD/CAM 解决方案。该软件无缝集成了一系列强大的、兼容的模块，使得设计、造型和绘图在实体—曲面—线框的统一环境下高度关联、统一。Cimatron E 是一套易学易用的 3D 工具，具有强大的功能。在整个设计过程中，Cimatron E 无缝集成了快速分模，工程变更，生成电极、嵌件以及导向、冷却道等详细的模具零件。在制造过程中，非常容易实现 2.5～5 轴的刀路轨迹编程，在编程过程中充分利用高速加工、基于毛坯残留知识的加工、模板加工等强大的功能和优秀的策略，从而大大减少了编程时间和实际加工时间。

1. 鼠标上盖 CAD 应用实例

以图 8.5 所示的鼠标上盖外形加工为例，了解 Cimatron E 的应用。

（1）启动 Cimatron E7.1 软件 。

（2）选择 File 菜单（文件），建立 New Document（新文档），如图 8.6 所示。在弹出的 New Document（窗口）选中 Units（单位）mm 单选项，Part（工件）选项，然后单击 OK（确认）按钮，如图 8.7 所示。

图 8.5 鼠标上盖外形

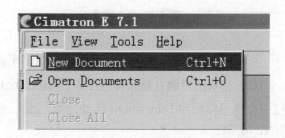

图 8.6 建立新文档

（3）建立基准平面主平面进入建模模块以后，单击 Datum（基准）→Plane（平面）→Main Planes（主平面）选项，如图 8.8 所示。

（4）单击 图标在原点处建立主平面，如图 8.9 所示。

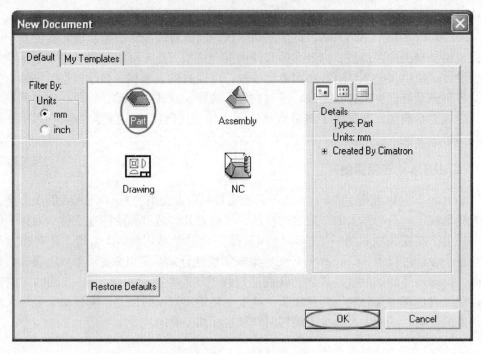

图 8.7 自动编程系统的组成

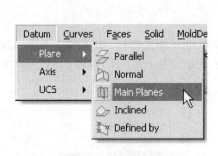

图 8.8 建立基准面

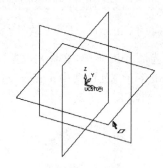

图 8.9 主平面

(5) 单击"草图"按钮 ，选择在 XY 平面上绘制草图。

(6) 在草图界面右侧工具栏中单击 Rectangle 图标(矩形) ，从原点开始向右上侧拉一个矩形然后用 Dimension(尺寸约束) ，控制其外形尺寸，长 103，宽 64。

(7) 切换至 Isometric View(正等视图) ，选择刚刚建立的草图，单击 Extrude(新建拉伸)按钮 ，向上至高度 100，如图 8.10 所示。

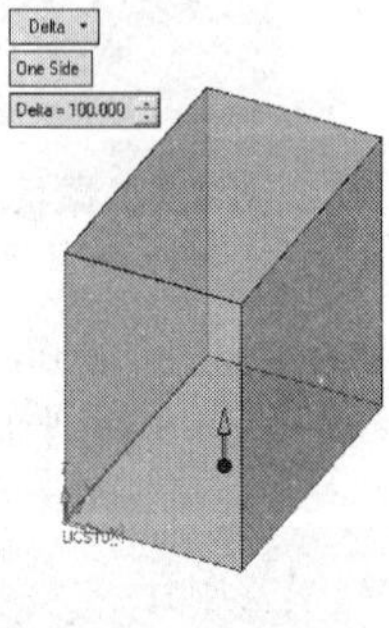

(8) 单击 Point(点绘制)按钮 ，先绘制以下关键点 $A(0, 0, 4.5)$，$B(32, 0, 10)$，$C(64, 0, 12)$，$D(64, 52, 27)$，$E(64, 105, 16)$，$F(32, 105, 23)$，$G(0, 105, 23)$。

(9) 单击 Spline(多义线)按钮 ，用通过 3 点的办法，依次连

图 8.10 拉伸实体

接 ABC，CED，EFG 形成 3 条曲线，如图 8.11 所示。

（10）单击 Blend 按钮 建立混和曲面，先选择 ABC，EFG，作为第一条和第二条边，然后单击 Optional(选项)中的 Pick boundaries(选择边界)按钮 ，选择 CDE 曲线，完成。

（11）单击 Cut(剪切)按钮 ，选择被剪切物品，拉伸块，选择剪切物刚刚建立的混和曲面，单击箭头选择剪切方向，结果如图 8.12 所示。

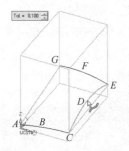
图 8.11　建立边界曲线

图 8.12　用曲面剪切

（12）单击 Round(倒角)按钮 ，选择后面的两条边填写倒角值"30"，如图 8.13 所示。

（13）单击 Taper(拔模斜度)按钮 ，选择中立面，下面，然后选择拔模面侧面和拔模方向，填写拔模斜度"2"。

（14）单击 Round(倒角)按钮 ，选择前面的两条竖边和上面周边，填写倒角值"5"，得到想要的结果。

（15）为方便装夹在下面增加一个凸台，其长为 110，宽为 70，高为 12，如图 8.14 所示。

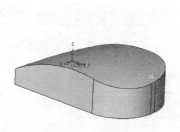
图 8.13　倒圆角

图 8.14　完成效果

（16）建立加工坐标系，单击 Datum(菜单基准)→坐标系 UCS→Center of Geometry (几何中心) ，然后点选工件下表面，然后选择 Optional(选项)里的 CS Rotation(旋转)选项 ，在 Z 轴里填写"90"，选择绕 Z 轴转动。

2. 鼠标上盖 CAM 应用实例

（1）选择 File 菜单(文件)里的 Export 菜单(输出)选项输出至加工模块(To NC)。

(2) 选择(Select USC)工件工具下面中心处坐标系作为加工坐标系，然后单击 ✓ 按钮确认，如果需要也可以单击 Optional(选项)按钮改变位置和角度。

(3) 为了方便讲解这里使用 Wizard Mode(向导模式)，单击 按钮，只要按照左侧工具栏依次填写即可完成，单击 按钮切换到正等侧显示。

(4) 单击 Create Mill & Drill Cuters(刀具管理)按钮 ，如图 8.15 所示，打开"新刀具"选项卡 ，填写刀具名"T1-E21R0.8"，选择 Bull Nose(牛鼻刀)选项填写刀具参数进入下面的相关表格，注意刀刃长度要确保可以完成切削加工。同样加入 T2-B6，T3-D14。

(5) 单击 Creat Toolpath 按钮 建立刀具路径，如图 8.16 所示，起一个 Name(刀路名)，Type(类型)：选 3 轴；UCS 选模型还有一个安全高度 Z(Clearance)：100，它和装夹方式有关系，然后单击"确认"按钮 ✓ ，然后出现程序列表框，如图 8.17 所示。

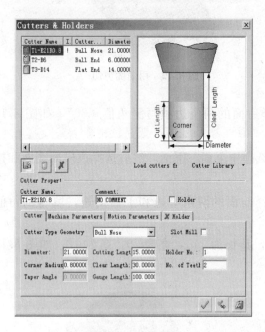

图 8.15 建立刀具

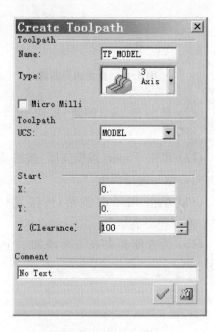

图 8.16 建立刀路方式

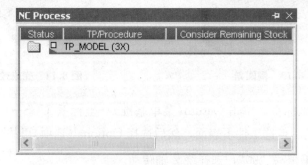

图 8.17 加工程序列表

(6) 单击 Creat Stock 按钮 建立毛坯，Stock Type(毛坯类型)：选 Box 选项，然后

第 8 章 自动编程

填入毛坯外形尺寸两个角的坐标,First Corner(第一角)X60,Y40,Z0;Second Corner(第二角)X 60,Y40,Z43。

(7) 粗加工,单击 Create a Procedure(建立加工刀路)按钮,如图 8.18 所示,Main Selection(主要选项):选择 Volume Milling(体积铣)选项;Subselection(次选项):选螺旋开粗(Rough Spiral)选项,然后下面的 4 个图标从左向右依次为:几何内容、刀具夹头、运动参数、机床参数,分别选择填写。

图 8.18 建立粗加工刀路

① 几何内容。
Part Sufaces:选择要加工的面;目前选择工件所有表面。
② 刀具夹头选择 T1-E20R0.8。
③ 切削运动参数。
Tolerance(加工余量):0.2。
Cutting Mode(切削模式):Mixed 混合。
Vertical Step(深度进给):0.4。
Side Step(侧向进给):15。
④ 机床参数。
主轴转速:2000。
进给速度:2400。
冷却情况:Air 空冷。
然后单击 按钮保存并计算刀路,如图 8.19 所示。

(8) 曲面精加工,单击 Create a Procedure(建立加工刀路)按钮,Main Selection(主要选项):选择 Surface Milling(表面积铣)选项;Subselection(次选项):选择 Finish Mill By Limit Angle(依据角度精加工)选项,填写相关参数后也可以得到刀路,如图 8.20 所示。

图8.19 粗加工刀路图

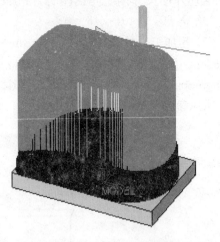
图8.20 精加工刀路图

(9) 清角加工，单击 Create a Procedure(建立加工刀路)按钮 ，Main Selection(主要选项)：选择 2.5 Axes(2.5 轴)选项；Subselection(次选项)：选 Profile Open Contour(开放轮廓加工)选项，填写相关参数后也可以得到刀路，如图 8.21 所示。

(10) 精加工侧面，单击 Create a Procedure(建立加工刀路)按钮 ，Main Selection(主要选项)：选择 2.5 Axes(2.5 轴)选项；Subselection(次选项)：选 Profile Open Contour(开放轮廓加工)选项，填写相关参数后也可以得到刀路，如图 8.22 所示。

(11) 刀路检验，单击 Simulation-Advanced(模拟)按钮 ，模拟加工效果如图 8.23 所示。

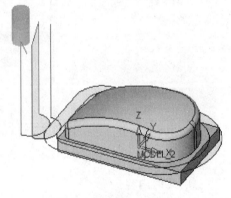
图8.21 清角加工刀路图

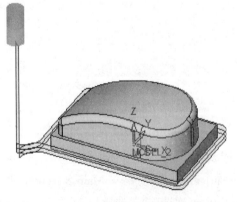
图8.22 侧面加工刀路图

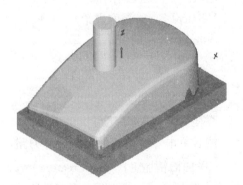
图8.23 模拟加工效果

(12) 后处理，单击 Post Process(后处理)按钮 ，如图 8.24 所示，选择 Available Procedures(要后处理的加工程序)，添加进 Post Sequence 里(处理顺序)，选择 Post Processor(后处理器)选项，填写后处理时需要的 G-Code Parameters(参数)。然后单击 按钮就可以进行后处理了。(注：这里用的是 Cimatron 自带的 GPP 后处理，如果需要也可以用 IMS 后处理软件来后处理。)

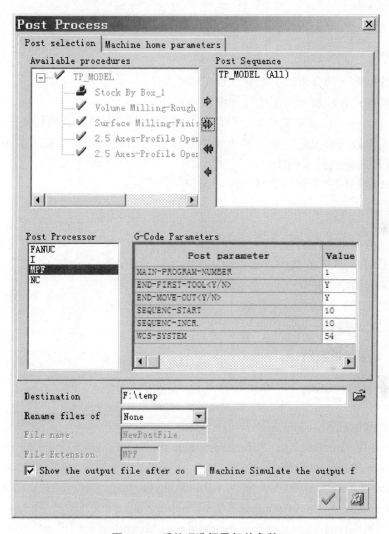

图 8.24 后处理选择及相关参数

8.6 习 题

一、填空题

1. APT _____——自动数控程序，第一个专用语言，用于数控机床加工。

2. 按原始数据输入方式的不同，自动编程的主要类型可分为：_____、_____、_____和_____4种。

3. 零件建模是属于CAD范畴的一个概念。它大致研究3方面的内容：①_____；②_____；③_____。

4. 后置处理系统可分为_____和_____。

5. 计算机辅助编程，这种自动编程系统就是CAD_____与CAM_____高度结合的自动编程系统。

二、判断题

1. 通过数控加工仿真可以完全保证加工的质量。　　　　　　　　　（　）
2. 实物模型式自动编程适用于任何模型或实物。　　　　　　　　　（　）
3. 1952年，美国麻省理工学院（MIT）研制成功了世界上第一台数控铣床。（　）
4. 通用后置处理系统是指能针对不同类型的数控系统的要求，将刀位原文件进行处理生成数控程序的后置处理程序。　　　　　　　　　　　　　　　（　）
5. CAXA是我国上海凯撒软件有限公司的品牌产品。　　　　　　　　（　）

三、简答题

1. 后处理的作用是什么？
2. 基于CAD/CAM的数控自动编程的基本步骤是什么？
3. 自动编程的原理是什么？
4. 图形交互式编程的特点是什么？
5. 刀具轨迹的编辑一般如何进行？

四、数控专业英语翻译

Preparing NC programs for complicated parts with a programming language following established standards can involve considerable effort and expenditure. Thus, the number of program blocks may be very high which makes the program less clear, fault-prone, and difficult to modify. In addition, difficult mathematical calculations may be required which can only be carried out with further aids such as books of tables, calculators, etc.

This is the reason why **higher NC programming languages** where created for computer-assisted programming. These languages only require inputting the workpiece drawing dimensions and certain additional technological data. All the necessary calculations for missing corner points, auxiliary points, cut distribution, speed, etc. are then carried out automatically by the computer.

A special program(postprocessor)then translates the workpiece description input made in the higher programming language into an NC program which can be understood by the CNC machine in use.

Using higher programming languages makes it possible to program the machining of a workpiece independently of a particular CNC system. However, every control type requires its own postprocessor so that a suitable NC program is produced.

第 9 章 数控车床操作

教学目标：熟悉常用的 FANUC 系统和 SIEMENS 系统数控车床的操作面板与结构要点，掌握这两种系统的操作方法，并能熟练地完成典型零件的数控车削加工。

9.1 FANUC 数控车床操作

9.1.1 FANUC 0i - TB 数控车床操作面板介绍

FANUC 数控车床操作由 CRT/MDI 操作面板和机床控制面板两部分组成。

1. CRT/MDI 操作面板

CRT/MDI 操作面板如图 9.1 所示，用操作键盘结合显示屏可以进行数控系统操作。

图 9.1 FANUC 数控车床 CRT/MDI 操作面板

系统操作面板上各功能键的作用见表 9-1。

表 9-1 系统操作面板功能键的主要作用

按　键	名　称	按 键 功 能
ALERT	替代键	用输入的数据替代光标所在的数据
DELETE	删除键	删除光标所在的数据；或者删除一个数控程序或者删除全部数控程序

（续）

按 键	名 称	按 键 功 能
INSERT	插入键	把输入域之中的数据插入到当前光标之后的位置
CAN	取消键	删除输入域内的数据
EOB E	程序段结束	结束一行程序的输入并且换行
SHIFT	上档键	按此键可以输入按键右下角的字符
PROG	程序键	数控程序显示与编辑页面
POS	位置键	位置显示页面。位置显示有 3 种方式，用 PAGE 按钮选择
OFFSET SETTING	偏移设定键	参数输入页面，按第一次进入坐标系设置页面，按第二次进入刀具补偿参数设置页面，进入不同的页面以后，用 PAGE 按钮切换
HELP	帮助键	系统帮助页面
CUSTOM GRAPH	图形显示键	图形参数设置或图形模拟页面
MESSAGE	信息键	信息页面，如"报警"
SYSTEM	系统键	系统参数页面
RESET	复位键	取消报警或者停止自动加工中的程序
↑PAGE PAGE↓	翻页键	向上或向下翻页
← → ↑ ↓	光标移动键	向左/向右/向上/向下移动光标

(续)

按 键	名 称	按 键 功 能
INPUT	输入键	把输入域内的数据输入参数页面或者输入一个外部的数控程序
(数字/字母键盘)	数字/字母键	用于字母或者数字的输入

2. 机床控制面板

机床控制面板如图9.2所示。

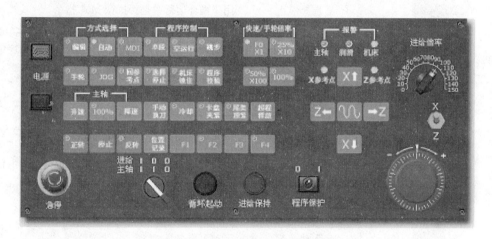

图9.2　FANUC数控机床控制面板

（1）机床控制面板上的各个功能键的作用见表9-2。

表9-2　机床控制面板功能键的主要作用

功能键	名 称	功能键的作用
编辑	编辑方式	进入程序编辑方式
自动	自动方式	进入自动加工模式
MDI	MDI方式	选择手动数据输入方式
手轮	手轮方式	选择手轮方式

(续)

功能键	名 称	功能键的作用
JOG	手动方式	选择手动方式
回参考点	回参考点	手动回参考点
单段	单段运行	在自动加工模式中，程序单段运行
空运行	空运行	在空运行期间，如程序段是快速进给，则机床以快速移动，如果是 F 指令程序段，机床则以手动进给速率移动
跳步	跳过任选程序段	用于自动运行时，不执行带有"/"的程序段
选择停止	选择停止	用于循环运行中是否执行 M01 指令
机床锁住	机床锁住	自动运行期间，机床不动作，CRT 显示程序中坐标值变化
程序校验	程序校验	程序校验功能有效时，机床不执行 M、S、T 功能
正转 停止 反转 升速 100% 降速	主轴控制	用于手动方式主轴正转/停止/反转，以及主轴的变速
手动换刀	手动换刀	手动更换刀具
冷却	冷却液	启动冷却泵
卡盘夹紧	卡盘夹紧	用于机动卡盘夹紧
尾架顶紧	尾架顶紧	用于尾座顶尖的夹紧（适用于机动尾座）
超程释放	超程释放	用于机床到达硬限位时的报警解除
位置记录	位置记录	记录当前位置

(续)

功能键	名　　称	功能键的作用
Z← →Z ～ X↑ X↓	运动方向	控制刀架的运动方向及快速运动
F0/X1 25%/X10 50%/X100 100%	快速/手轮进给的倍率	用于快速进给和手轮进给的倍率调节

（2）机床控制面板上的其他按键和旋钮。

电源开关　　进给倍率　　　　进给主轴　　急停开关　　循环启动　　进给保持

手轮　　　手轮轴选择　程序保护　　主轴/润滑/机床报警　回参考点X/Z指示灯

9.1.2 数控车床操作步骤与要点

1. 开机

操作步骤：

（1）接通机床电源。

（2）接通机床控制面板上的电源，系统进行自检，自检结束后进入待机状态，可进行正常工作。

2. 回参考点

机床在每次开机之后都必须首先执行回参考点操作。

操作步骤：

（1）按 回参考点 键，进入回参考点方式。

（2）选择各轴，按住 X↓ 、→Z 键，至 X参考点 、 Z参考点 指示灯亮即回到参考点。

注意事项：

（1）系统上电后，必须回参考点，发生意外而按下急停按钮，也必须重新回一次参考点。

（2）注意在回参考点前，应将刀架移到减速开关和负限位开关之间，以便机床在返回参考点过程中找到减速开关。

(3) 为保证安全，防止刀架与尾架相撞，在回参考点之时应先让 X 轴回参考点，再让 Z 轴回参考点。

3. 手动移动

手动移动机床有两种方法。

(1) "JOG" 连续移动。这种方法用于较长距离的刀架移动。

操作步骤：

① 按 [JOG] 键，进入手动移动模式。

② 选择各轴，按住 [X↑]、[X↓]、[Z←]、[→Z] 方向键，可以使刀架按照相应的坐标轴移动。

③ 按下 [~] 按钮，同时按住 [X↑]、[X↓]、[Z←]、[→Z] 方向键，可以使刀架按照相应的坐标轴快速移动。

(2) "手轮"控制移动。

操作步骤：

① 旋转"手轮"旋钮 [●]，可以使操作者很方便地将刀架移动到工作位置。

② 拨动"手轮轴选择开关" [X/Z]，可以选择刀架所要移动的 X 方向或 Z 方向。

③ 按 [F0 X1]、[25% X10]、[50% X100] 键来选择刀架步进移动的增量，按 [F0 X1] 键为移动 0.001mm，按 [25% X10] 键为移动 0.01mm，按 [50% X100] 键为移动 0.1mm。

4. MDI 运行方式

在 MDI 方式下可以编制一个程序段加以执行。

操作步骤：

① 按 [MDI] 键，进入 MDI 模式。

② 按 [PROG] 键，进入输入程序窗口，如图 9.3 所示。

③ 在数据输入行输入一个程序段，按 [EOB E] 键，再按 [INSERT] 键确定。

④ 按 [循环启动] 键，立即执行输入的程序段。

5. 选择一个程序

(1) 在 [自动] 模式下选择一个加工程序。

操作步骤：

图 9.3 MDI 方式状态图

① 按 [自动] 键，进入 AUTO 模式。

② 按 [PROG] 键，输入搜索的号码：如"O2"，如图 9.4(a) 所示。

③ 按 [INPUT] 键开始搜索程序，"O0002"显示在屏幕右上角，同时 NC 程序显示在屏幕上，如图 9.4(b) 所示。

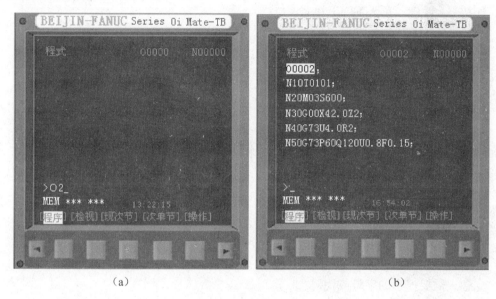

图 9.4 选择加工程序

(2) 在 [编辑] 模式下选择一个程序。

操作步骤：

① 按 [编辑] 键，进入编辑模式。

② 按 [PROG] 键，输入搜索的号码：如"O0001"，按【O 检索】软键，"O0001"显示在屏幕上。

③ 也可以输入程序段号，如"N100"，按【O 检索】软键搜索程序段。

6. 删除一个程序

将系统中无用的程序删除，以释放系统内存空间。

操作步骤：

① 按 [编辑] 键，进入 EDIT 模式。

② 按 [PROG] 键，输入要删除的程序的号码，如"O0003"，如图 9.5 所示。

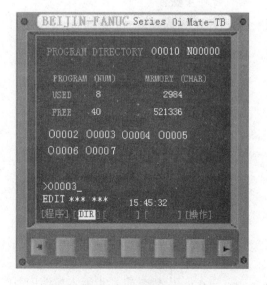

图 9.5 删除程序

③ 按 DELETE 键，"O0003" NC 程序被删除。

7. 删除全部程序

删除系统内存中的所有程序。
操作步骤：

① 按 编辑 键，进入 EDIT 模式。

② 按 PROG 键，然后输入"O-9999"。

③ 按 DELETE 键，全部数控程序都被删除。

8. 搜索一个指定的代码

一个指定的代码可以是一个字母或一个完整的代码。例如："N010"、"M"、"F"、"G03"等。搜索在当前数控程序内进行。
操作步骤：

① 按 自动 或 编辑 键，进入 AUTO 或 EDIT 模式。

② 按 PROG 键，选择一个 NC 程序。

③ 输入需要搜索的字母或代码。

④ 按 ↓ 键开始在当前数控程序中搜索。

9. 编辑 NC 程序（删除、插入、替换键操作）

对系统内存中已有的程序进行编辑和修改。
操作步骤：

① 按 编辑 键，进入 EDIT 模式。

② 按 PROG 键，输入被编辑的 NC 程序名，如"O1"，按 INSERT 键，屏幕显示该程序，即可进行编辑。

③ 移动光标。

方法一：按 PAGE↑ 或 PAGE↓ 翻页，按 ↑ 或 ↓ 键移动光标。

方法二：用搜索一个指定的代码的方法移动光标。

输入数据：在光标显示处按下数字/字母键，数据被输入到输入域。按 CAN 键用于删除输入域内的数据。

删除：按 DELETE 键，删除光标所在的代码。

插入：按 INSERT 键，把输入域的内容插入到光标所在代码后面。

替换：按 [ALERT] 键，用输入域的内容替代光标所在的代码。

10. 输入一个新程序

向系统中输入一个新程序，以加工零件。

操作步骤：

① 按 [编辑] 键，进入 EDIT 模式。

② 按 [PROG] 键，进入程序页面，输入程序名，输入的程序名不能与已有的程序名重复。

③ 按 [EOB] 键，再按 [INSERT] 键，开始程序输入。

④ 每输完一个程序段，按 [EOB] 键，再按 [INSERT] 键，该程序段插入，再继续输入。

11. 自动加工

在自动方式下，零件程序可以执行自动加工，这是零件加工中通常使用的方式。

操作步骤：

① 按 [自动] 键，进入 AUTO 模式。

② 屏幕左下角显示"MEM"，选择要运行的程序，在屏幕右上角显示程序名称，按 [循环起动] 键，程序开始运行。

12. 输入和修改零点偏置值

通过设定零点偏置值，可以修改工件坐标系的原点位置。

操作步骤：

① 按 [编辑] 或 [自动] 键，进入 EDIT 或 AUTO 模式。

② 按 [OFFSET SETTING] 键进入参数设定页面，按【坐标系】软键，显示工件坐标系设定窗口，如图 9.6 所示。

③ 用 [↑] 和 [↓] 键在 NO.1～NO.3 坐标系和 NO.4～NO.6 坐标系页面之间切换，NO.1～NO.6 分别对应 G54～G59。

④ 输入地址字（X/Z）和数值，按 [INSERT] 键，把输入的内容输入到所指定的位置。

9.1.3 数控车床对刀方法

对刀就是在机床上确定刀补值或工件坐标系原点的过程。

操作步骤：

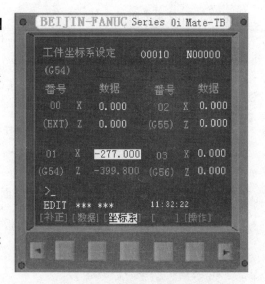

图 9.6 工件坐标系设定窗口

① 按 [JOG] 或 [手轮] 键,在安全位置选择所要对的刀。

② 按 [正转] 键启动主轴,将车刀移到工件附近,然后将进给倍率调到低速挡,配合以增量进给,使刀具轻轻触碰到工件外圆或试切外圆一刀。

③ 按 [→Z] 键,使刀具退出工件到合适的位置。按 [停止] 键停止主轴,注意在 X 轴方向不能移动刀具。

④ 测量刚才对刀处外圆直径后,记录下来。

⑤ 按 [OFFSET SETTING] 键,进入参数设定页面,按【补正】软键,再按【形状】软键,进入刀具补偿窗口,如图 9.7 所示。按 [↑] 和 [↓] 键,找到对应的补偿值番号。

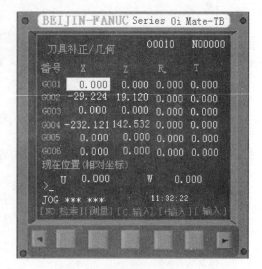

图 9.7 刀具补偿窗口

⑥ 输入"X 外圆直径值",按【测量】软键,刀具 X 轴方向的对刀结束。

⑦ 按 [正转] 键启动主轴,将车刀移到工件附近,然后将进给倍率调到低速挡,配合以增量进给,使刀具轻轻触碰工件右端面或试切端面一刀。

⑧ 按 [X↓] 键,使刀具退出工件到合适的位置。按 [停止] 键停止主轴,注意在 Z 轴方向不能移动刀具。

⑨ 按 [OFFSET SETTING] 键,进入参数设定页面,按【补正】软键,再按【形状】软键进入刀具补偿窗口,如图 9.7 所示。按 [↑] 和 [↓] 键,找到对应的补偿值番号。

⑩ 输入"Z0",按【测量】软键,刀具 Z 轴方向的对刀结束。

到此,一把刀对好,其余刀具依同样的方法进行对刀。

以上方法是把工件坐标系零点建立在试切端面和工件中心线的交点处。

9.2 SIEMENS 数控车床操作

9.2.1 SIEMENS 802S/C 数控车床操作面板介绍

SIEMENS 802S/C 数控车床操作面板如图 9.8 所示,它由数控系统控制面板和机床控制面板两部分组成。

1. 数控系统控制面板

数控系统控制面板如图 9.9 所示。用操作键结合显示屏可以进行数控系统操作。

第 9 章 数控车床操作

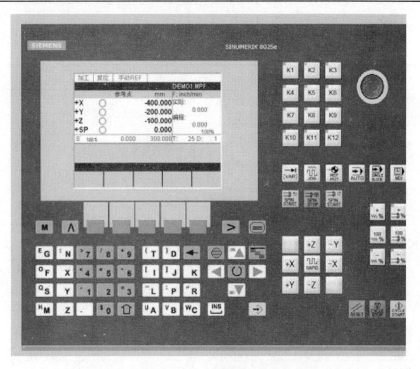

图 9.8 SIEMENS 802S/C 数控车床操作面板

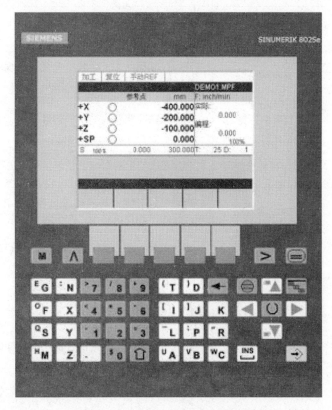

图 9.9 SIEMENS 802S/C 系统控制面板

系统操作面板上各功能键的作用见表 9-3。

表 9-3 系统操作面板功能键的主要功能

按 键	名 称	按 键 功 能
□	软菜单键	用于执行显示屏上相应的菜单功能
M	加工显示	无论屏幕当前在什么区域，按此键可以直接进入加工操作区
∧	返回键	返回上一级菜单
>	菜单扩展键	显示同一级菜单的其他选项
⊜	区域转换键	可从任何区域返回主菜单，再按一次又返回先前的操作区
▲ ▼	光标向上/向下键	光标向上/向下移动一行，与上档键配合则向上/向下翻一页
◀ ▶	光标向左/向右键	光标向左/向右移动一个字符
←	删除键（退格键）	删除光标左边的字符
	垂直菜单键	在程序编辑状态下，按下此键，出现垂直菜单，选择相应的内容可以方便地插入数控指令
⊝	报警应答键	可以取消机床相应的报警信号
○	选择/转换键	当屏幕上有此符号时，按该键可以进行修改
⇨	回车/输入键	此键可以对输入的内容进行确认；在程序输入过程中，按此键表示程序段结束，产生程序段结束符，光标换行
⇧	上档键	按住此键，再按双字符键，则系统输入按键左上角的字符
INS	空格（插入）键	在光标处输入一个空格
$0 ~ +9	数字键	输入数字，与上档键配合输入左上角对应的字符
UA ~ Z	字母键	输入字母，与上档键配合输入左上角对应的字符

2. 机床控制面板

机床控制面板如图 9.10 所示。

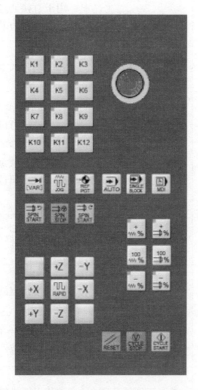

图 9.10　SIEMENS 802S/C 机床控制面板

机床控制面板上的各个功能键的作用见表 9-4。

表 9-4　机床控制面板功能键的主要作用

功 能 键	名　　称	作　　用
[VAR]	增量选择键	增量选择，步进增量有 0.001mm、0.01mm、0.1mm、1mm 共 4 种
Jog	点动键	手动方式（JOG 方式），在此方式下可以手动移动刀架、启动/停止主轴、手动换刀、开启/关闭冷却液
Ref Point	回参考点	手动方式回参考点（手动 REF 方式）
Auto	自动方式键	进入自动加工模式
Single Block	单段键	在自动加工模式中，单步运行（SBL 方式）

（续）

功能键	名称	作用
 MDA	手动数据键	用于直接通过操作面板输入数控程序和编辑程序（MDA方式）
 Spindle Left / Spindle Stop / Spindle Right	主轴正转/停止/反转键	在手动方式下，使主轴正转、停止、反转
 RESET	复位键	在自动方式下，按此键终止当前的加工程序，另外还可以消除报警，使系统复位
 Cycle Stop / Cycle Start	循环停止/循环启动	在自动方式或MDA方式下，启动数控程序或程序段；在自动方式或空运行时，中断程序运行
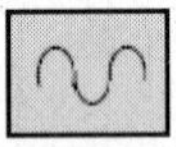 ∿	快速运行叠加键	在手动方式下，与方向键配合使刀架快速移动
+X −X +Z −Z	方向键	刀架按指定的轴方向移动
K1 ~ K12	用户定义键	在手动方式下使主轴实现点动、刀架换刀、冷却液启闭等
 + 100 −	进给速度调节键	调节刀架进给速度
 + 100 −	主轴速度调节键	调节主轴转速
 （急停）	急停旋钮	当出现紧急情况时，按下此钮，机床主轴和各轴进给立即停止运行

9.2.2 数控车床操作步骤与要点

1. 开机

操作步骤：接通CNC和机床电源，系统启动以后进入"加工"操作区参考点运行方式，出现"手动REF"窗口，如图9.11所示。

2. 回参考点

机床在每次开机之后都必须首先执行回参考点操作。
操作步骤：
（1）按  JOG 键，进入手动模式。（"回参考点"只有在"JOG"方式下才可以进行。）

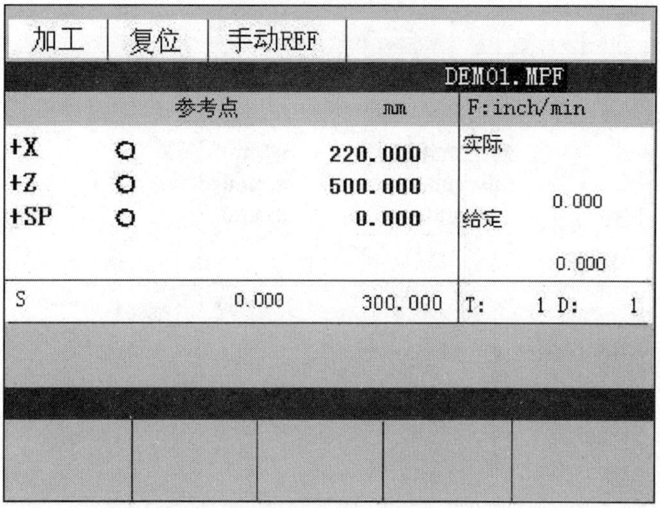

第 9 章 数控车床操作

```
┌─────────────────────────────────────────────┐
│ 加工    复位    手动REF                      │
│                              DEM01.MPF       │
│         参考点          mm    F:inch/min     │
│   +X    ○         220.000    实际           │
│   +Z    ○         500.000              0.000 │
│   +SP   ○           0.000    给定           │
│                                        0.000 │
│   S           0.000   300.000  T:  1 D:   1  │
└─────────────────────────────────────────────┘
```

图 9.11 回参考点前的窗口

(2) 按 [REF POINT] 键，进入回参考点模式。屏幕显示"手动 REF"，如图 9.12 所示。

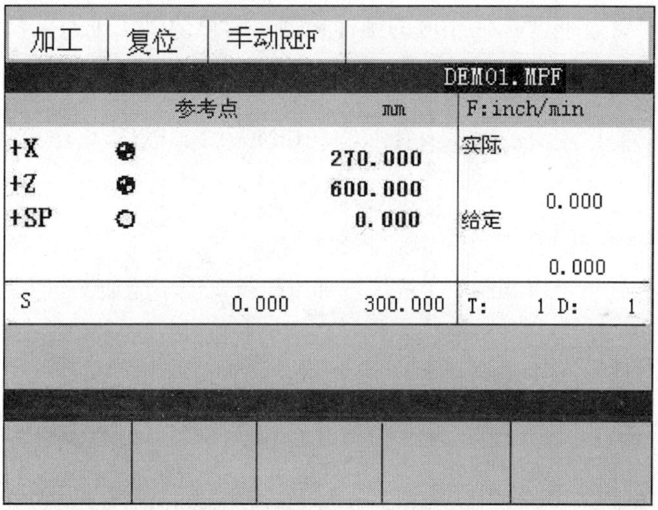

```
┌─────────────────────────────────────────────┐
│ 加工    复位    手动REF                      │
│                              DEM01.MPF       │
│         参考点          mm    F:inch/min     │
│   +X    ●         270.000    实际           │
│   +Z    ●         600.000              0.000 │
│   +SP   ○           0.000    给定           │
│                                        0.000 │
│   S           0.000   300.000  T:  1 D:   1  │
└─────────────────────────────────────────────┘
```

图 9.12 回参考点后的窗口

(3) 按 [+X] 或 [+Z] 键，使每个坐标轴逐个返回参考点。每按下一个键，机床在该轴上就发生相应的运动。当原来"○"的图形变成"●"时，表示该轴已回参考点。

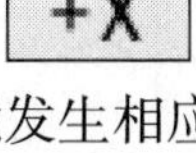

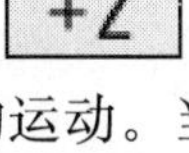

3. 手动运行方式

在手动方式下，可以使坐标轴点动或连续运行。
操作步骤：

(1) 按 [JOG] 键，进入手动模式，如图 9.13 所示。

(2) 按 [+X]、[-X]、[+Z]、[-Z] 键，使刀架按相应的坐标轴运动。刀

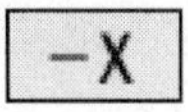

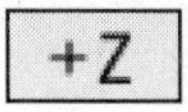

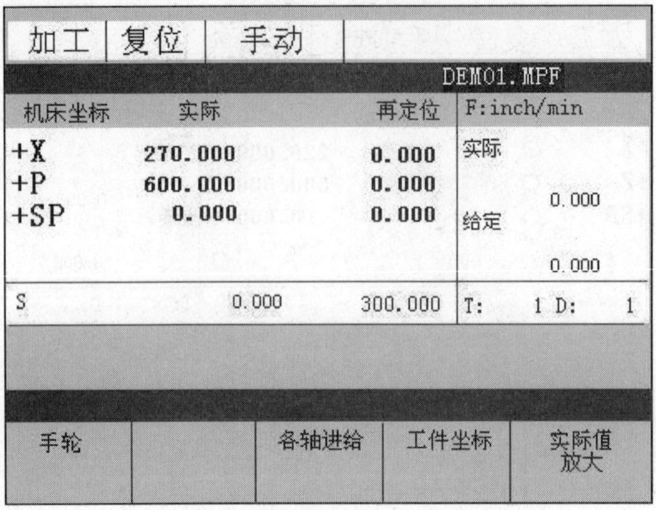

加工	复位	手动	
			DEM01.MPF
机床坐标	实际	再定位	F:inch/min
+X	270.000	0.000	实际
+P	600.000	0.000	
+SP	0.000	0.000	0.000
			给定
			0.000
S	0.000	300.000	T: 1 D: 1
手轮		各轴进给	工件坐标 实际值放大

图 9.13 "手动方式"状态图

架移动速度由 [+], [100], [−] 进给修调键控制。

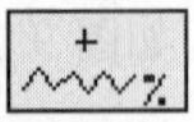

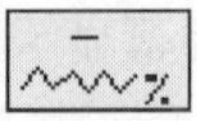

(3) 按 [∿] 键,同时按住相应的坐标轴键,则刀架以快进速度移动。

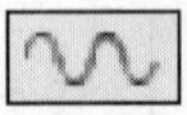

(4) 按 [→|VAR] 键,可以进行增量选择,则刀架以步进增量方式进行增量运行,步进量的大小显示在屏幕上方。步进量有 1INC、10INC、100INC 和 1000INC(即 0.001mm、0.01mm、0.1mm、1mm)4 种。

4. MDA 运行方式

在 MDA 运行方式下可以编制一个程序段加以执行,但不能加工多个程序段描述的轮廓。操作步骤:

(1) 按 [MDA] 键,进入 MDA 运行方式,如图 9.14 所示。

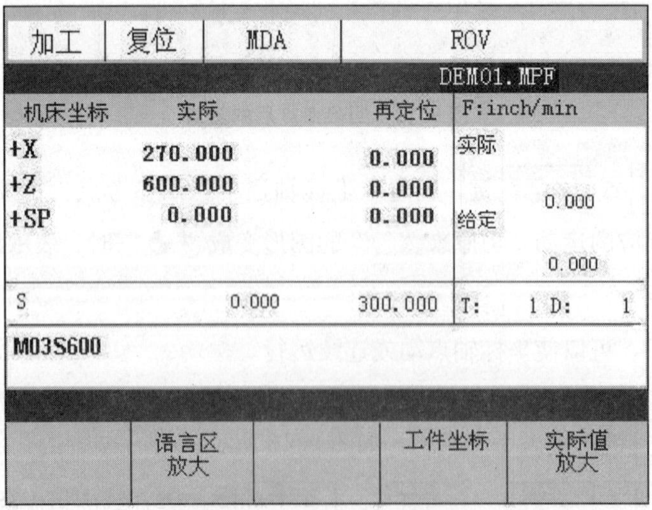

加工	复位	MDA	ROV
			DEM01.MPF
机床坐标	实际	再定位	F:inch/min
+X	270.000	0.000	实际
+Z	600.000	0.000	
+SP	0.000	0.000	0.000
			给定
			0.000
S	0.000	300.000	T: 1 D: 1
M03S600			
	语言区放大		工件坐标 实际值放大

图 9.14 "MDA 方式"状态图

（2）在数据输入行输入一个程序段，完成后按 [INPUT] 键确定。

（3）按 [Cycle Start] 键，立即执行所输入的程序段。

5. 自动方式运行

在自动方式下，零件的程序可以自动加工执行，这是零件加工中通常使用的方式。

操作步骤：按 [AUTO] 键，进入自动运行方式，如图 9.15 所示。在屏幕右上角显示当前要运行的程序。

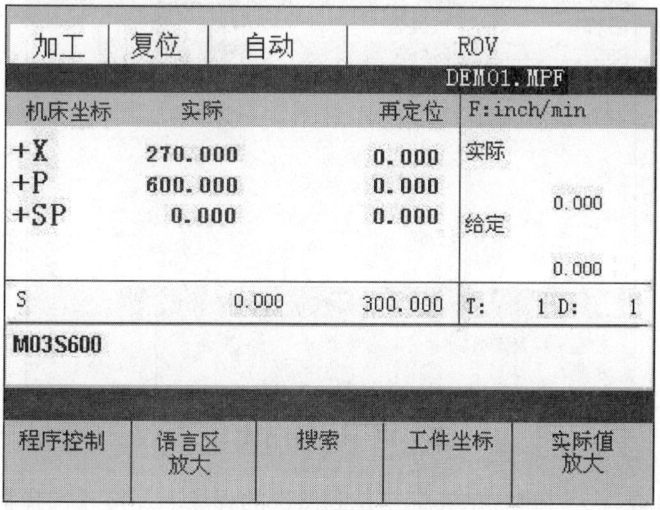

图 9.15 "自动方式"状态图

6. 程序运行的控制

操作步骤：按 [AUTO] 键，进入自动运行方式，按 [程序控制] 键进入程序控制窗口，如图 9.16 所示。根据需要进行程序运行控制的设置。

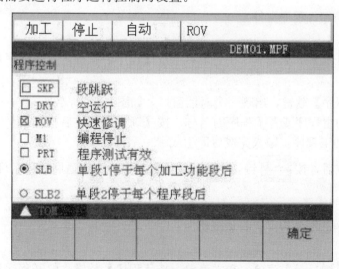

图 9.16 程序控制窗口

7. 选择和启动零件程序

选择要运行的程序，以加工零件。

操作步骤：

(1) 按 ☰ 键显示主菜单，在主菜单上按【程序】软键，打开程序目录窗口，如图9.17 所示。

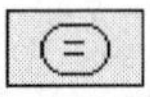

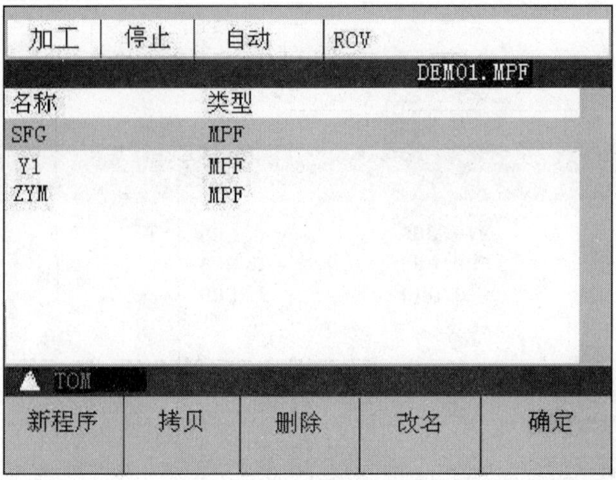

图 9.17　程序目录窗口

(2) 按 ☰▲ 或 ☰▼ 键，把光标定位到所选的程序上。按【选择】软键选择待加工的程序。

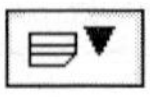

(3) 按 M 键，显示加工操作区，按 ➡AUTO 键进入自动运行方式，按 ◇Cycle Start 键程序启动，开始加工零件。

8. 输入新程序

输入一个新的零件程序文件。

操作步骤：

(1) 按 ☰ 键显示主菜单，在主菜单上按【程序】软键，打开程序目录窗口，如图9.17 所示。

(2) 按【新程序】软键，出现一个对话窗口，如图 9.18 所示。

(3) 输入新的主程序或者子程序的名称，按【确定】软键后打开一个新的窗口，在窗口中输入零件的加工程序，输入完成后即生成了一个新程序。

(4) 输入完成后，按 > 键，再按【关闭】软键，可以返回到程序目录窗口。

9. 零件程序的修改

可以对机床中已有的程序进行编辑修改。

操作步骤：

(1) 按 ☰ 键显示主菜单，在主菜单上按【程序】软键，打开程序目录窗口，如图

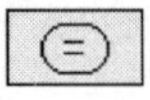

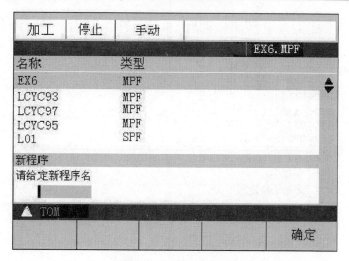

图 9.18 新程序窗口

9.17 所示。

(2) 按 [≡▲] 或 [≡▼] 键,把光标定位到所选的程序上,按【选择】软键,按【打开】软键,屏幕上出现所修改的程序,如图 9.19 所示。

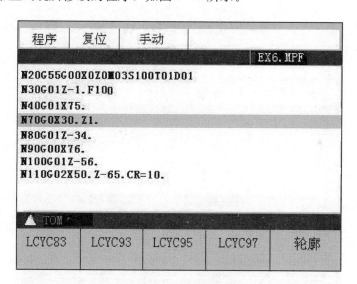

图 9.19 编辑窗口

(3) 在编辑窗口中,按 [≡▲] 或 [≡▼] 键移动光标到要修改的程序段,按 [◄] 或 [►] 键移动光标到需要修改的字符处,进行修改。

也可以使用程序段搜索功能找到需要修改的程序段,方法是打开程序后,按【搜索】软键进入搜索窗口,如图 9.20 所示,输入"搜索关键字"或"行号"找到要找的程序段进行修改。

(4) 修改完成后,按 [>] 键和【关闭】软键结束程序的修改,按 [M] 键回到加工操作区,进行其他工作。

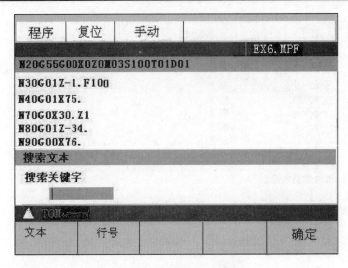

图 9.20　程序段搜索窗口

10. 输入和修改零点偏置值

通过设定零点偏置值，可以修改工件坐标系的原点位置。

操作步骤：

（1）按 [=] 键显示主菜单，按【参数】软键，按【零点偏移】软键，进入零点偏置窗口，屏幕上显示可设定零点偏置的情况，如图 9.21 所示。

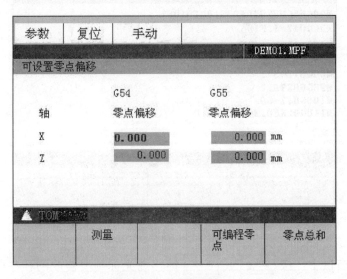

图 9.21　零点偏置窗口

（2）按 [≡▲] 或 [≡▼] 键把光标移动到要修改的栏目，按 ['1] ～ [⁺9] 键输入数值。一直按 [≡▼] 键，屏幕上可以显示下一页 G56 和 G57 的零点偏置窗口。

11. 磨损补偿

由于对刀不准确或刀具在进行了一段时间的加工后，会产生磨损，造成零件的加工精度下降，甚至产生废品，因此在零件加工时，当发现零件尺寸变化时，可以使用系统的磨损补偿功能来消除误差。

操作步骤：按 [≡] 键显示主菜单，按【参数】软键，按【刀具补偿】软键，进入刀具补偿窗口，如图 9.22 所示，选择需要补偿的刀具号和刀沿号，在"磨损"栏中输入需要补偿的数值。

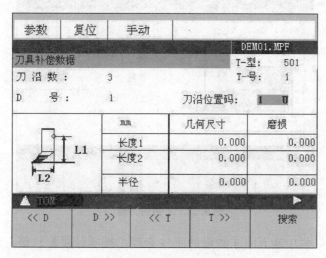

图 9.22 刀具补偿窗口

磨损的补偿方法：

（1）X 方向：用实际测量的直径值减去理论直径值，再除以 2，输入到窗口中的"长度 1"栏中，磨损补偿值的正、负与坐标轴的移动方向一致。

（2）Z 方向：将刀具轴间误差计算后的值输入到窗口中的"长度 2"栏中，其中正、负与坐标轴的移动方向一致。

9.2.3 数控车床对刀方法

对刀就是在机床上确定刀补值或工件坐标系原点的过程。

操作步骤：

（1）按 [JOG] 键，进入手动操作方式，在安全位置用 MDA 方式选择好所要对的刀具，使 CNC 控制刀号和实际刀号一致。

（2）对 X 轴方向：按 [spinde Left] 键启动主轴，按 [+X]、[-X]、[+Z]、[-Z] 键，将车刀移动到工件附近，然后将进给速率调到低速挡，配合增量进给，使刀具轻轻接触到工件外圆或进行试切。

（3）按 [+Z] 键，使刀具退出工件到合适的位置，按 [spinde stop] 键停止主轴。注意不能在 X 轴方向移动刀具。

（4）测量刚才对刀处工件的直径，记录下来。

（5）按 [≡] 键显示主菜单，按【参数】软键，按【刀具补偿】软键，进入刀具补偿窗口，如图 9.22 所示，按【《T》或【T》】软键，选择与刀架上的刀一致的刀号，按【《D》或【D》】软键，选择所需要的刀沿号。

(6) 按 > 键，按【对刀】软键出现 X 轴的对刀窗口，如图 9.23 所示。

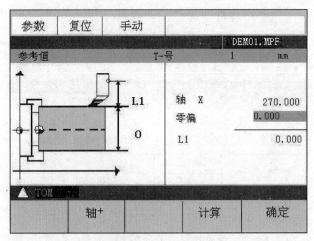

图 9.23　X 轴对刀窗口

(7) 在"零偏"栏中输入刚才测量的工件直径，按【计算】软键，按【确定】软键，X 轴方向刀对好。

(8) 对 Z 轴方向：按 spinde Left 键启动主轴，按 +X 、 -X 、 +Z 、 -Z 键，将车刀移动到工件附近，然后将进给速率调到低速挡，配合以增量进给，使刀具轻轻触碰到工件的右端面或者进行试切。

(9) 按 -X 键，使刀具退出工件到合适的位置，按 spinde stop 键停止主轴。注意不能在 Z 轴方向移动刀具。

(10) 重复步骤(5)和(6)，当出现 X 轴对刀窗口时，按【轴＋】软键，进入 Z 轴对刀窗口，如图 9.24 所示。

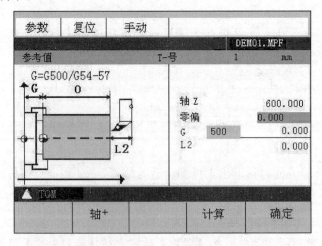

图 9.24　Z 轴对刀窗口

(11) 在"零偏"栏中数值为零,按【计算】软键,按【确定】软键,Z 轴方向刀对好。注意若对刀点不是编程零点,则在"零偏"栏中输入偏移值。

到此,一把刀对好,其他刀可依同样的方法进行对刀。

9.3 习　　题

一、填空题

1. 刀具补偿有刀具_____和_____两大类。
2. G54~G59 指令是通过 CRT/MDI,在设置方式下设定工件加工坐标系的,一经设定,加工原点在_____中的位置是不变的,它与刀具的当前位置_____。
3. 对编程人员来讲,永远假定_____相对于_____运动。
4. 数控机床操作面板通常由_____控制面板和_____控制面板两部分组成。
5. 数控车床开机后必须首先执行_____操作。

二、判断题

1. 加工左旋螺纹,车床主轴必须反转,用 M04 指令。　　　　　　　　　(　　)
2. 工件在相同力的作用下,具有较高刚度的工艺系统使工件产生的变形较大。(　　)
3. G96 S300 表示控制主轴转速为 300r/min。　　　　　　　　　　　　(　　)
4. 螺纹切削指令中的地址 F 是指螺纹的螺距。　　　　　　　　　　　　(　　)
5. 数控车床运行过程中因意外而按下急停按钮,必须重新回一次零。　　　(　　)
6. 对刀是数控车床自动加工前必不可少的一项操作。　　　　　　　　　(　　)

三、选择题

1. 在数控车床中为了提高径向尺寸精度,X 向的脉冲当量取为 Z 向的(　　)。
    A. 1/2   B. 2/3
    C. 1/4   D. 1/3
2. 程序编制中首件试切的作用是(　　)。
    A. 检验零件图设计的正确性
    B. 检验零件工艺方案的正确性
    C. 检验程序单的正确性,综合检验所加工零件是否符合图纸要求
    D. 仅检验程序单的正确性
3. 数控车床的(　　)是保证进给运动准确性的重要部件,它很大程度上影响车床的刚度、精度及低速进给时的平稳性,是影响零件加工质量的重要因素之一。
    A. 导轨   B. 自动刀架
    C. 尾架   D. 卡盘
4. 单段停指示灯亮,表示程序(　　)。
    A. 连续运行   B. 单段运行
    C. 跳段运行   D. 以上都不是

5. 空运行是对各项内容进行综合校验，（　　）检查程序有无错误。
   A. 完全　　　　　　　　　　B. 初步
   C. 部分　　　　　　　　　　D. 准确
6. 影响数控车床加工精度的因素很多，要提高加工工件的质量，有很多措施，但（　　）不能提高加工精度。
   A. 将绝对编程改为增量编程
   B. 正确选择车刀类型
   C. 控制刀尖中心高误差
   D. 减小刀尖圆弧半径对加工的影响

四、简答题

1. 何谓对刀？对刀的目的是什么？
2. 数控车床回参考点的目的及注意事项是什么？
3. 控制数控车床运行的操作方式有哪几种？
4. 数控车床自动加工的操作步骤分为哪几步？

五、数控专业英语与中文解释对应划线

MDI	复位
RESET	急停
EMERGENCY	手动数据输入
INPUT	偏移
INSERT	插入
OFFSET	输入

六、数控专业英语翻译

The control panels of CNC machines vary considerably, but they can be roughly subdivided into the following operating controls(Fig. 9.25)：

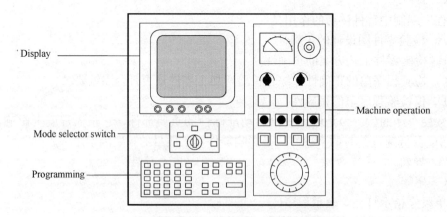

图 9.25　CNC System Control Panel

(1) **Displays,** these include a CRT screen or digital displays as well as various signal lamps.

(2) **Controls for operating machine,** these provide for manual control of those machine functions which on a conventional machine tool are controllable by handwheels, switches, etc.

(3) **Controls for programming,** these are used for inputting, correcting and external storage of programs and data.

So as to ensure that the various operation activities are accepted by the control system, they are subdivided into **operating modes,** such as "Programming", "Tool data input", "Manual operation" and "Automatic operation".

第 10 章 加工中心操作

教学目标：熟悉常用 FANUC 系统和 SIEMENS 系统加工中心的面板与键盘结构，掌握这两种系统加工中心的基本操作方法、使用技巧，并且能熟练地完成典型零件的编程和加工。

10.1 FANUC 加工中心操作

10.1.1 FANUC Series 0i‑MB 加工中心操作面板介绍

现以设备 FADAL 3016L 加工中心为例进行介绍，该设备采用了 BEIJING-FANUC Series 0i‑MB 数控系统。

FANUC 0i‑MB 加工中心操作面板由 CRT/MDI 操作面板和机床控制面板两部分组成。

1. CRT/MDI 操作面板介绍

CRT/MDI 操作面板如图 10.1 所示。用操作键结合显示屏可以进行数控系统操作。

图 10.1 FANUC 加工中心 CRT/MDI 操作面板

屏幕下面有 5 个软键（■），可以选择对应子菜单的功能还有两个菜单扩展键（◂、▸），在菜单长度超过软键数时使用，按菜单扩展键后可以显示更多的菜单项目。

CRT/MDI 操作面板上功能键的主要功能见表 10-1。

表 10-1 CRT/MDI 操作面板功能键的主要功能

按 键	名 称	按 键 功 能
ALERT	替代键	用输入的数据替代光标所在的数据
DELETE	删除键	删除光标所在的数据；或者删除一个数控程序；或者删除全部数控程序
INSERT	插入键	把输入域中的数据插入到当前光标之后的位置
CAN	取消键	删除输入域内的字符
EOB E	程序段结束	结束一行程序的输入并且换行
SHIFT	上挡键	按此键可以输入按键右下角的字符
PROG	程序键	数控程序显示与编辑页面
POS	位置键	坐标位置显示页面
OFFSET SETTING	偏移设定键	偏移参数输入页面，包括设置坐标系偏置，刀具补偿偏置
HELP	帮助键	系统帮助页面
CUSTOM GRAPH	图形显示键	图形参数设置或图形模拟页面
MESSAGE	信息键	信息页面，如"报警"
SYSTEM	系统键	系统参数设置页面

(续)

按 键	名 称	按键功能
RESET	复位键	消除报警或者停止自动加工中的程序
PAGE↑ PAGE↓	翻页键	向上或向下翻页
INPUT	输入键	把输入域内的数据输入参数页面或者输入一个外部的数控程序
← ↑ ↓ →	光标移动键	向上/向下/向左/向右移动光标
O N G 7 8 9 X Y Z 4 5 6 M S T 1 2 3 F H EOB - . /	数字/字母键	用于字母或者数字的输入

2. 机床控制面板

机床控制面板如图 10.2 所示。

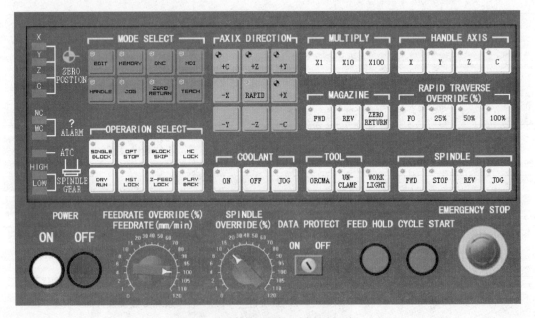

图 10.2　FANUC 数控机床控制面板

在操作面板左侧的指示灯有以下几种。

（1）ZERO POSTION（参考点指示灯）。在 X/Y/Z/C 轴回到参考点后对应指示灯会亮起。

（2）ALARM（机床报警指示灯）。MC 机床报警指示灯和 NC 数控程序错误指示灯亮。

（3）ATC（刀库运行指示灯）。在刀库运行时会亮起。

（4）SPINDLE GEAR（主轴齿轮指示灯）。表明了主轴转速灯齿轮挡位 HIGH（高速），LOW（低速）。

机床控制面板上的各个功能键的作用见表 10-2。

表 10-2　机床控制面板上的各个功能键的作用

功　能　键		名　　称	功能键的作用
MODE SELECT 模式选择	EDIT	编辑方式	进入程序编辑方式
	MEMORY	自动方式	进入自动加工模式
	DNC	直接加工方式	进入直接加工模式
	MDI	MDI 方式	选择手动数据输入方式
	HANDLE	手轮方式	选择手轮方式
	JOG	手动方式	选择手动方式
	ZERO RETURN	回参考点方式	手动回参考点
	TEACH	示教方式	选择示教方式
OPERARION SELECT 操作选择	SINGLE BLOCK	单段运行	在自动加工模式中，程序单段运行
	DRY RUN	空运行	在空运行期间，机床以设定值的速度快速运行程序
	BLOCK SKIP	跳过任选程序段	用于自动运行时，不执行带有"/"的程序段

(续)

功能键		名称	功能键的作用
OPERARION SELECT 操作选择	OPT STOP	选择停止	用于循环运行中是否执行 M01 指令
	MC LOCK	机床锁住	自动运行期间，机床不动作，CRT 显示程序中坐标值的变化
	MST LOCK	程序校验	程序校验功能有效时，机床不执行 M、S、T 功能
	Z-FEED LOCK	Z 向进给锁定	锁定机床 Z 方向的进给
	PLAY BACK	回放	回放示教
SPINDLE 主轴控制	FWD STOP REV JOG		在按 JOG 后，用于手动方式控制主轴以最近设定的转速，正转/停止/反转
RAPID TRAVERSE OVERRIDE(%) 进给倍率	F0 25% 50% 100%		用于快速进给和 JOG 进给的倍率调节
HANDLE AXIS 手轮轴	X Y Z C		选择手轮控制的伺服轴
MULTIPLY 手轮倍率	X1 X10 X100		选择手轮脉冲倍率
TOOL 手动换刀	ORCMA UN-CLAMP		手动从主轴上装卸刀具
COOLANT 冷却液	ON OFF JOG		在按 JOG 后，可以手动控制冷却泵
MAGAZINE 刀库操作	FWD REV ZERO RETURN		控制刀库正反转动
工作灯	WORK LIGHT		按一次打开，再按一次关闭

（续）

功能键	名称	功能键的作用
AXIX DIRECTION 运动方向	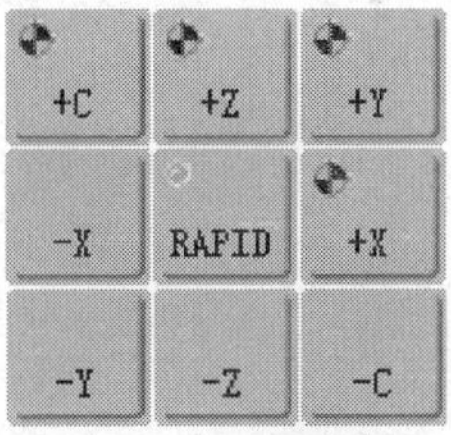	控制机床的运动方向及快速运动
POWER 电源开关		控制数控系统的电源
FEEDRATE、SPINDLE OVERRIDE 倍率开关		(左)进给倍率，控制范围 0%～150%
		(右)主轴倍率，控制范围 50%～200%
DATA PROTECT 数据保护		可以用钥匙保护机床内部的数据
FEEDHOLD CYCLESTART 进给保持 循环启动		(红)进给保持，(绿)循环启动，继续进给
EMERGENCY STOP 紧急停止	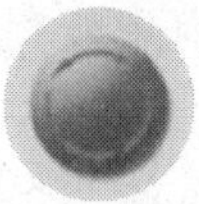	在发生突发情况的时候按下，机床停止一切运动并报紧急停止错误

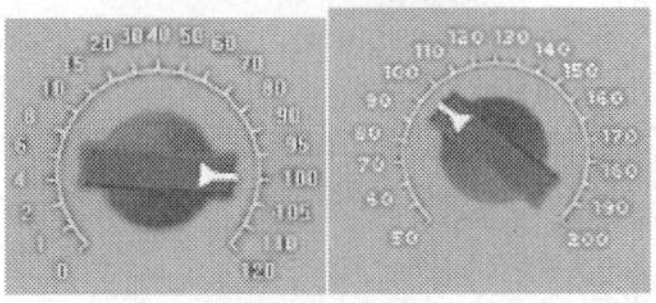

10.1.2 FANUC 加工中心手动操作

1. 开机

操作步骤：

(1) 接通机床电源。电源开关在机床右后侧，按住开关上的按钮后旋转即可。

(2) 检查机床气压是否正常，润滑油、冷却液是否足够。

(3) 接通机床控制面板上的电源，系统进行自检，自检结束后进入待机状态，可进行正常工作。

2. 回参考点

机床在每次开机之后都必须首先执行回参考点操作。

操作步骤：

(1) 按  键，进入回参考点方式。

(2) 选择各轴，按下 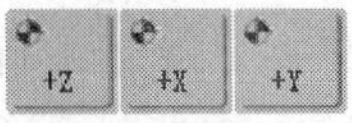 键，至  、 、  指示灯亮，表示回到了

参考点。

注意：数控系统通电后、按下急停按钮后、模拟加工后，均必须回参考点。机床 C 轴方向不需要回参考点。一般 Z 方向先回参考点，然后 X 方向和 Y 方向再回参考点。

3. 连续移动方式

这种方法用于较长距离的粗略移动。

操作步骤：

(1) 按 [JOG] 键，进入手动连续移动模式。

(2) 选择各轴，按 [+Z]、[+Y]、[+X]、[-Z]、[-Y]、[-X] 键，刀具相对工件向相应的坐标轴移动。

注意：此时进给倍率对移动速度有效。

(3) 按下 [RAPID] 键，按住 [+Z]、[+Y]、[+X]、[-Z]、[-Y]、[-X] 方向键，可以使工作台或主轴按照相应的坐标轴快速移动。

注意：此时进给倍率对移动速度无效，而快速移动倍率对移动速度有效。

4. 手轮移动方式

这种方法用于较短距离的精确移动。

操作步骤：

(1) 按 [HANDLE] 键，进入手轮（Hand-wheel）移动模式。

(2) 旋转手持单元轴选择旋钮，选择所要控制的数控轴 X 轴、Y 轴或 Z 轴，如图 10.3 所示。

(3) 选择手持单元的倍率旋钮，选择脉冲的倍率。

注意：X1 代表 0.001；X10 代表 0.01；X100 代表 0.1。

(4) 旋转手轮，观察坐标直至移动到所需要的位置即可。

5. MDI 方式运行程序

在 MDI 方式下可以编制一个程序段或一些短小程序进行运行，其执行效果和自动方式一样。

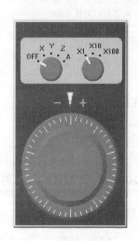

图 10.3　手轮方式

操作步骤：

(1) 按 [MDI] 键，进入 MDI 模式，如图 10.4 所示。

(2) 按 [PROG] 键，进入输入程序窗口，按【MDI】软键切换到 MDI 界面。

(3) 在数据输入行输入一个程序段，按 [EOB/E] 键，再按 [INSERT] 键确定。

(4) 按循环启动键 ○，立即执行输入的程序段。

(5) 手动直接控制主轴转动。

在对刀和一些辅助操作时往往需要主轴旋转起来，除了上面说的用 [MDI] 方式编写程

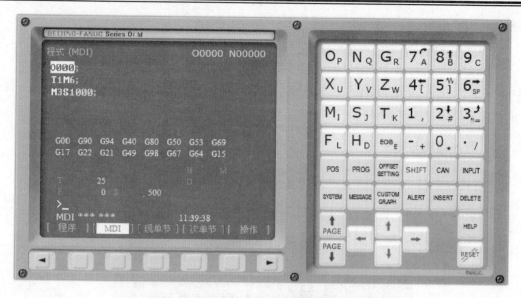

图 10.4　MDI 方式状态图

序运行以外，也可以通过手动的方式直接控制主轴旋转。

操作步骤：

在 [HANDLE] 或 [JOG] 手动模式下，按 SPINDLE（主轴）栏中的 [JOG] 键，键上的指示灯会亮起，此时可以按 [FWD] 键控制主轴正转，按 [REV] 键控制主轴反转，按 [STOP] 键控制主轴停转。

注意：主轴的转速由最近一次的编程速度决定

6．冷却液的控制

在加工的过程中往往需要使用冷却液，除了程序中可以用 M8、M9 指令控制冷却液启动和停止以外，也可以直接手动控制。

操作步骤：

先按 COOLANT（冷却液）栏中的 [JOG] 键，键上的指示灯会亮起，此时可以开始手动控制冷却液体，按 [ON] 键开启冷却泵工作，按 [OFF] 键关闭冷却泵工作，键上的指示灯也会相应亮起。

注意：换刀过程中应该停止冷却泵（Pump）工作，避免冷却液冲刷刀具的刀柄部分。机床冷却液冲嘴可以调节冷却液的冲刷方向和冲刷流量。

7．主轴装刀与卸刀

刀具发生碰撞或者严重磨损后需要更换。

卸刀操作步骤：先调用需要更换的刀具到主轴上，然后按 [HANDLE] 或 [JOG] 键切换到手动模式下，左手握住刀具，同时右手再按 [UN-CLAMP] 键，此时机床会松开主轴上的刀具，并用压缩空气将刀具推出。

装刀操作步骤：先更换当前主轴为需要的刀具号，然后按 HANDLE 或 JOG 键切换到手动模式下，左手握住刀具，注意缺口方向将刀具轻轻地推入主轴孔，同时右手再按 UN-CLAMP 键，此时机床会拉紧刀具到主轴上。

10.1.3 程序编辑与管理

1. 新建一个程序

操作步骤：

(1) 按 EDIT 键，如图 10.5 所示，进入编辑模式。

图 10.5 程序列表

(2) 按 PROG 键，输入需要新建的程序号：如"O0008"，再按 INSERT 键，插入一个新程序，数控系统会自动打开新建的程序。

(3) 插入新的程序内容。按 EOB 键，再按 INSERT 键，插入一个换行符，然后开始程序输入。每输完一个程序段，按 EOB 键，输入程序块结束符号换行，再输入下一段程序，再按 EOB 键，再按 INSERT 键，继续输入。

注意：如果插入的程序号已经存在，则机床会产成一个报警信息提醒。

2. 删除程序

操作步骤：

（1）按 [EDIT] 键，进入编辑模式。

（2）按 [PROG] 键，输入需要删除的程序号：如"O0008"，再按 [DELETE] 键，删除一个程序。

注意：如果设定删除的程序号不存在，则机床会产成一个报警信息提醒。

3. 删除全部程序

删除系统内存中的所有程序。

操作步骤：

（1）按 [EDIT] 键，进入 EDIT 模式。

（2）按 [PROG] 键，输入"0-9999"。

（3）按 [DELETE] 键，全部数控程序都被删除。

4. 编辑一个程序

操作步骤：

（1）按 [EDIT] 键，进入 EDIT 模式。

（2）按 [PROG] 键，输入需要编辑的程序号：如"O0008"，再按 [↓] 键搜索并打开，屏幕将显示该程序，即可进行编辑。

（3）移动光标。

方法一：按 [PAGE↑] 或 [PAGE↓] 键翻页，按 [↑] 或 [↓] 键移动光标。

方法二：用搜索一个指定的代码的方法移动光标。输入需要搜索的程序内容，按【搜索】软键搜索并定位光标。

输入数据：在光标显示处按下数字/字母键，数据被输入到输入域。按 [CAN] 键用于删除输入域内的字符，每按一次删除一个字符。

（4）按 [DELETE] 键，删除光标所在位置的数控代码。

（5）按 [INSERT] 键，把输入域的内容插入到光标所在代码的后面。

（6）按 [ALERT] 键，用输入域的内容替代光标所在的数控代码。

10.1.4 对刀及偏置数据设定

对刀就是在机床上确定刀补值或工件坐标系原点的过程。

通过设定零点偏置值，可以修改工件坐标系的原点位置。

数据记录在工件坐标系设定中，分为 EXT 基本偏移和 G54～G59 编程零点偏移，每个偏移中又分 X、Y、Z 这 3 个方向的偏移值。

1. 直接设置工作坐标系偏移量

操作步骤：

（1）按 [HANDLE]、[JOG] 键，切换到手动模式。

（2）按 [OFFSET SETTING] 键进入参数设定页面，按【坐标系】软键，显示工件坐标系设定窗口，如图 10.6 所示。

图 10.6 工件坐标系设定窗口

（3）用 [↑] 或 [↓] 键在坐标系及各项数值之间切换。

（4）输入数值，按 [INPUT] 键，把输入的内容输入到光标所指定的位置。

2. 自动计算坐标系位置偏移

操作步骤：

（1）按 [HANDLE]、[JOG] 键，切换到手动模式。

（2）通过刀具或者寻边器找到工件的边界。

（3）把刀具移动到坐标系零点或者坐标系已知坐标点位置。

（4）按 [OFFSET SETTING] 键，进入参数设定页面，按【坐标系】软键，显示工件坐标系设定窗口。

（5）用 [↑] 或 [↓] 键在坐标系及各项数值之间切换。

（6）输入相应的数值，如 X0，再按【测量】软键，就可以把当前位置设置为工件坐标系 X0 位置，再设定到光标所在的偏移数据组内。

3. 刀具补偿数据设置

操作步骤：

(1) 按 FWD 键，启动主轴，先快速将刀具移到工件附近，然后将进给倍率调到低速挡，配合以增量进给，使刀具轻轻触碰到工件上表面。

注意：在此操作前应确保工件上表面是一个平面，这里以工件坐标系 Z0 点建立在工件上表面为例。

(2) 按 POS 键，切换到坐标显示页面，按【综合】软键，把机床坐标系中的 Z 坐标记录为 Z_{T1}。再使刀具离开工件后按 STOP 键，停止主轴。

(3) 按 OFFSET SETTING 键，进入参数设定页面，按【补正】软键，再按【形状】软键，进入刀具补偿窗口，如图 10.7 所示。按 ↑ 或 ↓ 键移动光标，找到对应刀具补偿号(形状)的 H 列。

图 10.7 刀具补偿窗口

(4) 输入刚刚记录下的数值 Z_{T1}，再按 INPUT 键，刀具长度方向的对刀结束。

(5) 按 ↑ 或 ↓ 键移动光标到对应刀具的补偿号(形状)的 D 列，输入刀具的直径值，再按 INPUT 键，输入。

(6) 调用下一个刀具，直至所有加工时所需要的刀具的长度和直径数值都设置完成。

10.1.5 自动运行

按 MEMORY 键，进入自动运行模式，屏幕左下角显示"MEM"。

操作步骤：

(1) 选择一个加工程序，按 EDIT 键，进入编辑模式。

(2) 按 PROG 键，然后按【DIR】软键，列出机床中的程序，如图 10.8(a)所示。

（3）输入需要打开的程序号：如"O1"，再按 ↓ 键搜索并打开。

（4）按 MEMORY 键，进入运行模式，通常可以再按一次【检视】软键，打开信息界面，方便查看坐标状态指令状态等信息，如图10.8(b)所示。

 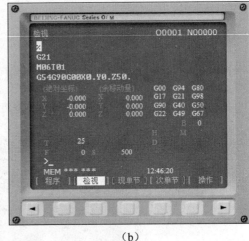

(a)　　　　　　　　　　　　　　(b)

图 10.8　选择加工程序

然后按 ⬤ 键，立即执行所选定的程序段。在自动方式下零件程序可以执行自动加工，这是零件加工中正常使用的方式。

10.2　SIEMENS 加工中心操作

10.2.1　SIEMENS 802D 加工中心操作面板介绍

以 FADAL 3016L 加工中心为例，该设备采用了 SIEMENS 802D 数控系统。

该机床采用了标准西门子系统面板，分成显示及软键面板（PCU）、机床控制面板（MCU）、键盘输入面板（KB）3 部分，外加一个标准的西门子小型手持单元，通过操作可以和机床进行对话，输入修改各项参数，输入执行程序以及控制机床各项动作。

1. 显示及软键面板

如图 10.9 所示为机床的显示部分，各项数据、参数、程序都可以从这个界面读出，通过显示数据也可以检查判断机床加工情况是否正常。

显示界面分为状态区、应用区、说明栏、软键栏几个区域，如图 10.10 所示。

（1）状态区，如图 10.11 所示。

第 10 章 加工中心操作

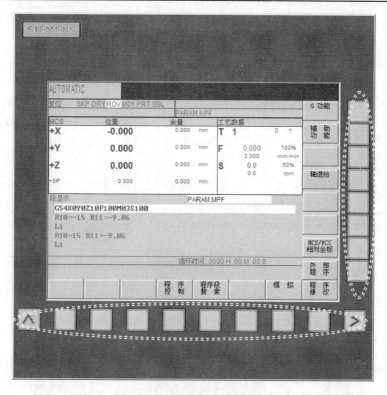

图 10.9 显示及软键面板

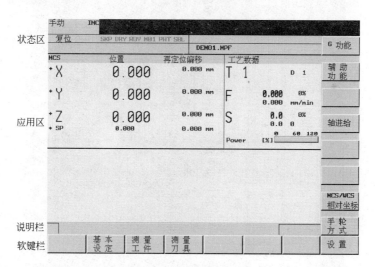

图 10.10 显示信息界面

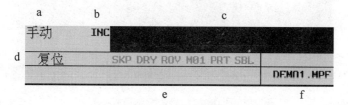

图 10.11 显示信息中状态区

a(当前操作区域)。JOG、MDA、AUTOMATIC、参数、程序、程序管理器。

b(当前有效方式)。增量设定信息。

c(报警提醒信息)。显示机床软硬件报警信息、报警号和报警信息、MSG 信息内容。

d(程序状态信息)。运行状态、停止状态、复位状态。

e(运行控制信息)。SKP——跳跃有效；DRY——空运行；ROV——G00 进给倍率有效；M01——该指令暂停有效；PRT——机床锁定；SBL——单步运行。

f(当前打开程序)。如图 10.11 所示，当前打开的程序为"DEMO1. MPF"。

(2) 应用区。占用面积最大，显示坐标位置信息、工艺数据信息。

(3) 说明区。在加工过程中可以显示 MSG。

(4) 软键栏。在各种模式下，有一些功能是通过软键来指定的，只要按软键栏对应功能的下边或者右边软键即可。

2. 机床控制面板

如图 10.12 所示，机床控制面板用来对机床的工作方式进行选择，对机床一些辅助开关进行控制，另外在机床加工过程中，对一些加工参数进行实时调整和控制。

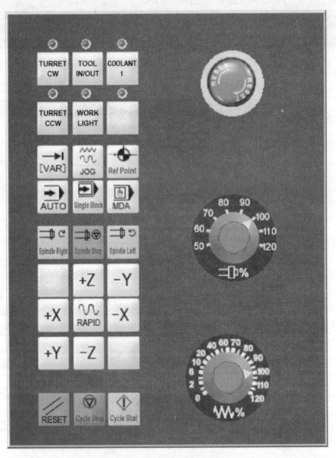

图 10.12 机床控制面板

机床控制面板各键的主要功能见表10-3。

表10-3 机床控制面板各键主要功能

按 键	名 称	按 键 功 能
TURRET CW / TURRET CCW	刀库正转，刀库反转	在手动状态下，控制刀库转动
COOLANT 1	冷却液	手动控制冷却液开关
WORK LIGHT	工作灯	控制机床照明工作灯的开关
TOOL IN/OUT	装刀，取刀	手动状态下，手动控制主轴抓刀动作（按住松，放开抓紧）
	自定义功能	机床厂商自定义功能键
[VAR]	增量选择	手动状态下选择点动或手轮增量选择 1/10/100 切换
Jog	手动方式	手动方式（手轮、点动、回参考点，都在此方式下执行）
Ref Point	参考点	手动状态下，寻找参考点，配合轴正方向键使用（FADAL 802D）
Auto	自动方式	切换到自动运行方式
Single Block	单段	切换到单段运行方式 SBL
MDA	手动数据输入	手工输入运行程序
Spindle Left / Spindle Stop / Spindle Right	主轴正转/停止/反转	手动状态下直接控制主轴以最后编程值正反转和停止
+X +Y +Z -X -Y -Z	X，Y，Z 方向手动进给 快速运动	手动状态下点动或连续轴向运动，按住中间键时为各轴快速移动

(续)

按 键	名 称	按 键 功 能
	复位	复位当前运行中的程序和报警,加工程序复位后会从头开始
	进给停止	进给过程中,进给暂时停止
	循环启动	运行程序(在进给保持的状态下继续进给)
	紧急停止旋钮	在机床发生异常或者有异常等特别情况下,紧急停机。按下后,机床会立刻切断所有轴马达、主轴和刀库的电源
	主轴速度修调旋钮	调整主轴实际转速,为编程值乘以所选倍率
	进给速度修调旋钮	调整实际进给速度,为编程值乘以所选倍率

3. 键盘输入面板

如图 10.13 所示,键盘输入面板主要分字母数字键、光标移动翻页输入键,用于程序

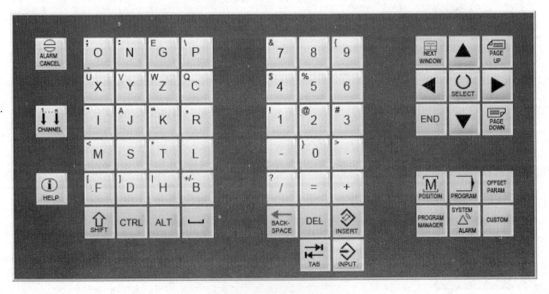

图 10.13 键盘输入面板

的输入，右下角几个键可以改变机床操作区域，用操作键结合显示屏可以进行数控系统操作，面板上各键功能见表10-4。

表10-4 键盘输入面板各键的功能

按 键	名 称	按键功能
BACKSPACE	删除键（退格键）	删除光标前一格的字符
DEL	删除键	删除光标当前格的字符
INSERT	插入键	用于编辑已有数据
TAB	制表键	
INPUT	回车/输入键	编程中换行回车/输入数据
POSITION	加工操作区域键	显示主界面（包含坐标、工艺数据）
PROGRAM	程序操作区域键	显示编程界面（如有打开程序则编辑，如无则显示程序管理）
OFFSET PARAM	参数操作区域键	显示和输入参数界面（包括坐标系、刀具参数、R参数等）
PROGRAM MANAGER	程序管理操作区域键	显示程序管理界面（包括用户程序、固定循环、用户循环等）
SYSTEM ALARM	报警/系统操作区域键	查看机床报警信息和信息表/系统设置诊断和调试
CUSTOM	自定义键	根据用户功能自己定义，这里为空
NEXT WINDOW	下一窗口键	转到下个活动的窗口
PAGE UP / PAGE DOWN	翻页键	编辑程序时向上、向下翻页
↑ ← ↓ →	光标移动键	控制光标上下左右移动
SELECT	中间的选择键	选择光标所在位置

（续）

按　键	名　称	按　键　功　能
END	行末	移动光标到光标所在行的末尾
J A ~ Z W	字母键 上挡键转换对应字符	输入字母，与上挡键配合输入左上角对应的字符
0) ~ 9 '	数字键 上挡键转换对应字符	输入数字，与上挡键配合输入左上角对应的字符
∧	返回键	返回上级菜单
>	菜单扩展键	菜单长度超过软键数扩展菜单
ALARM CANCEL	报警应答键	消除数控系统错误报警
CHANNEL	通道转换键	
HELP	信息键	显示帮助信息，包括：简要显示 NC 指令、循环编程、驱动报警说明
SHIFT	上挡键	切换字母数字的输入
CTRL	CTRL 控制键	和一些键组合成快捷键
ALT	ALT 键	和一些键组合成功能键
⎵	空格键	在光标处输入一个空格

4. 特殊功能简介

(1) 计算器。按 SHIFT + = 键可以直接输入数值进行四则运算和三角函数计算；选择右侧软键的圆弧和直线的相交情况，填入相关满足条件的数值可以计算节点坐标；结束后按 接受 键可以直接把计算结果放入光标所在位置。

(2) 编辑中文。按 ALT + S 键可以调出编辑中文页面，再按一次 ALT + S 键可关闭。在中文版的数控系统中可以用程序编辑器和 PLC 报警文本中的文字符，激活后，输入所需字符的汉语拼音，然后输入数字 1~9 等对应字符。

(3) 快捷键。 CTRL + C ：复制； CTRL + V ：粘贴； CTRL + X ：剪切； ALT + L ：大小写转换； ALT + H ：显示帮助文本。

10.2.2 SIEMENS 加工中心基本操作

1. 开机与关机操作

(1) 开机前的检查。

操作步骤：

① 检查油杯中润滑油液面高度是否在允许的范围之内，刻度在油杯正面偏右，如图 10.14 所示。

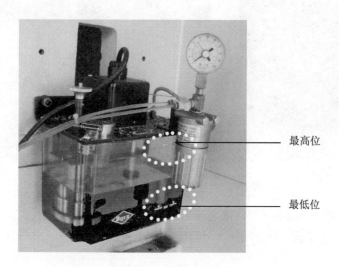

图 10.14 润滑油油杯

注意：一般一周左右需要加一次机床润滑油。

② 通过机床气压表检查压缩空气压力是否在允许的范围内。目测气压表，正常的使用范围是：80PSI~100PSI，如图 10.15 所示。

图 10.15 气压表

(2) 开关机与查找参考点。

操作步骤：

① 旋转机床后面的电源开关至"1"的位置，接通 CNC 和机床电源。经过一个自检过程，机床显示启动画面，然后进入数控系统界面，如图 10.16 所示。

图 10.16　电源开关及系统启动画面

② 顺时针旋转急停旋钮 ⬤ ，使之弹出解除急停状态，然后按 [RESET] 键取消急停报警。

(3) 检查参考点位置。机床在每次开机之后都必须首先检查或者设定机床参考点，如图 10.17 所示。

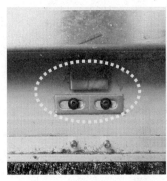

　　　　X 轴方向　　　　　　　　　Y 轴方向　　　　　　　　　Z 轴方向

图 10.17　检查参考点

操作步骤：

① 按 [MDA] 键，进入手动输入执行模式。

② 输入指令"H0"，执行回参考点的操作。如报警提示"无参考轴"，则按 [RESET] 键消除报警后直接执行第④步。

③ 检查机床参考点的位置是否正确。

④ 查找机床参考点，按 [JOG] 键，切换到手动方式，再通过按 [+X]、[-X]、[+Y]、[-Y]、[+Z]、[-Z] 键移动工作台和主轴，直到 X、Y、Z 方向刻度都对齐，

然后按 [REF POINT] 键切换到查找机床参考点模式，再按 [+X]、[+Y]、[+Z] 键执行 3 个轴的操作。在"回参考点"窗口中显示该坐标轴是否已完成查找参考点，如图 10.18 所示。"○"表示坐标轴未完成查找；"●"表示该坐标轴已经完成查找。

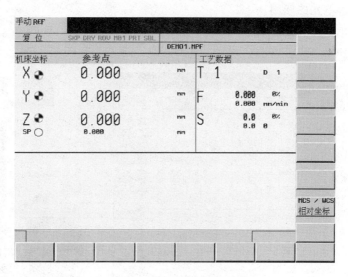

图 10.18 回机床参考点状态图

注意：操作④完成后，应该再检查各个轴的刻度是否对齐，如果某个轴未对齐，则应该对该轴再进行参考点查找操作，直到 3 个轴的刻度都完全对齐为止。

（4）如果长时间不用机床应执行关机操作。

① 按 [MDA] 键，进入手动输入执行模式。

② 输入指令"HO"，执行机床回参考点的操作。

③ 按急停旋钮 ⬤ ，关闭伺服系统电源。

④ 顺时针旋转机床后面的电源开关至"0"的位置关闭机床。

注意：如果长时间停机，则需要做好清洁与保养工作，机床内部切屑应该清理干净，保护盖接口处不应该用气枪吹，防止切屑进入保护盖里。擦干净工作台面，并上好防锈油。

2. JOG 方式操作

在按 [JOG] 键后，机床就可以开始 JOG 方式操作了，包括机床查找参考点位置，手动连续进给，手动快速移动，点动方式、手轮方式手动操作。

（1）移动和快速移动。

① 在按 [JOG] 键后，如果按住 [+X] …… [-Z] 键，工作台或主轴就会以设定的速度不断移动。

② 如果按住快进键 [∿]，同时按住 [+X] …… [-Z] 键，工作台或主轴会以设定的速度快速移动。

注意：需要时可用进给倍率开关进行调节，如图 10.19 所示。如果倍率在 0% 位置，则工作台和主轴不会移动。

③ JOG 状态图说明，如图 10.20 所示。

图 10.19 进给倍率旋钮

X、Y、Z。显示机床坐标系(MCS/WCS)中当前的坐标轴地址。

工艺数据。T——当前的刀具编号；D——当前刀具使用的刀补编号；S——主轴转速实际值和给定值(r/min)；F——进给率的实际值和给定值(mm/min)。

(2) 小型手持单元的使用。

如图 10.21 所示为小型手持单元。

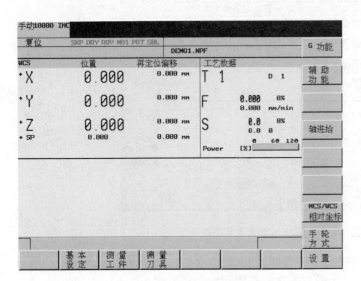

图 10.20　JOG 状态图

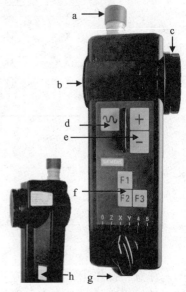

图 10.21　小型手持单元

a(急停按钮)。与 MCP 面板上急停按钮的功用相同。

b(磁铁)。可以把手持单元吸附在机床外壳上。

c(手轮)。向上为"＋方向"，向下为"－方向"。

d(快速移动叠加键)。同 e 移动键一起使用。

e(JOG 移动键)。选定轴 ＋ 、 － 方向。

f(自定义键)。FADAL 定义手轮倍率选择。 F1 为 0.001， F2 为 0.01， F3 为 0.1。

g(伺服轴的选择)。当前只有 X、Y、Z 轴有效。

h(使能按钮)。在手持单元反面，按住该键后才能使得手持单元有效控制机床移动(急停旋钮除外)。

(3) 增量方式。在按 JOG 键后，如果按 [VAR] 键设定好点动增量值，则对应显示是 1 代表 0.001；10 代表 0.01；100 代表 0.1，然后按 ＋X …… －Z 键，刀具就会相对工作台做给定方向的点动。

(4) 从主轴上装载拆卸刀具。刀具可以通过按 TOOL IN/OUT 键，手工从主轴上装载或者拆卸。

操作步骤：

① 装刀。按住 TOOL IN/OUT 键后可以听到压缩空气吹出的声音，这时候左手把刀具轻轻推入主轴孔再松开 TOOL IN/OUT 键即可。(注意卡口方向)

② 卸刀。在按 JOG 键后，左手先准备好接住主轴上松下的刀具，然后右手按住 TOOL IN/OUT 键，主轴就松刀，在压缩空气的推动下，刀具就离开主轴，刀具离开后松开

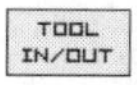

第 10 章 加工中心操作

[TOOL IN/OUT] 键。

注意：

① 操作时，左手握住刀的 V 形槽以下的部分(如图 10.22 所示)，推入主轴孔的时候注意定位缺口应该和主轴头上定位块对应，然后右手操作面板控制 [TOOL IN/OUT] 键。

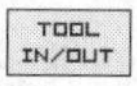

② 装刀时，要注意保持刀柄锥体部的清洁，如果粘有铁屑或杂物会影响刀具的回转精度从而影响加工精度。主轴孔也应该根据加工情况定期清洁和保养。

3. MDA 方式操作

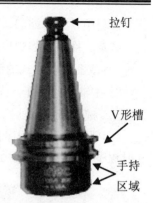

图 10.22　刀柄

MDA 就是 Manual Data Automatic Mode 的缩写，在 MDA 运行方式下可以编制一个零件程序段加以执行。

通过机床控制面板上的 [MDA] 键可以选择 MDA 运行方式。在 MDA 运行方式下可以编制一个零件程序段加以执行，如图 10.23 所示。

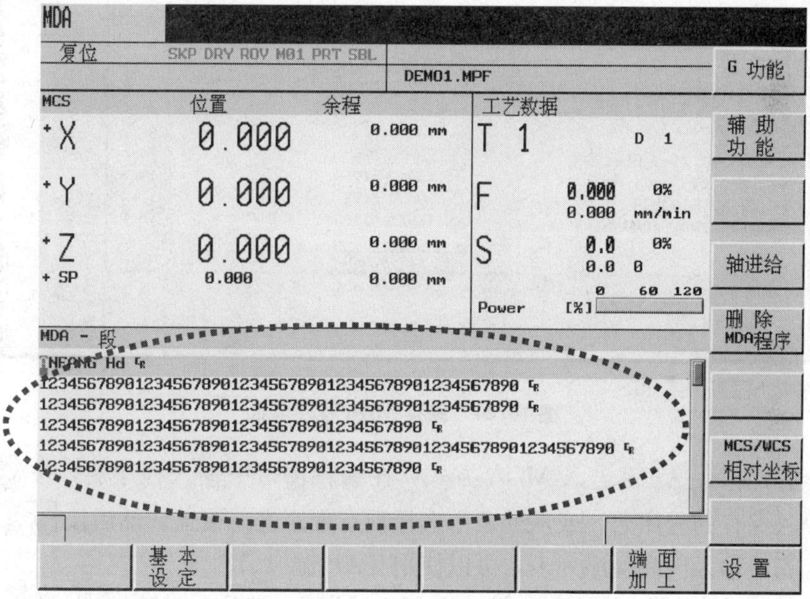

图 10.23　MDA 状态图

注意：此运行方式中所有的安全锁定功能与自动方式中一样，其他相应的前提条件也与自动方式中一样。

通过操作面板，在编辑窗口中输入程序段，按数控启动键 [Cycle Start] 执行输入的程序段，在程序执行时不可以再对程序段进行编辑。执行完毕后，输入区的内容仍保留，这样该程序段可以通过按数控启动键再次重新运行。

(1) MDA 方式运行程序。

① 刀库换刀操作。先按 [MDA] 键进入 MDA 方式，然后在编辑窗口中输入"M6 T _"，按 [Cycle Start] 键执行换刀，换刀是机床按照主轴上刀具的情况和设定好的动作自动执行的，在

这个过程中，刀库缩回、系统刀号改变后才能进行下一步操作。

注意：换刀过程中单步键 [SINGLE BLOCK]、⊙ 仍然有效。一般情况下不可以按复位键 [RESET] 和 [JOG] 等改变机床方式的键，那样会中断换刀过程。

② 主轴转速操作。先按 [MDA] 键进入 MDA 方式，然后在编辑窗口中输入"M3 S_"，按 [Cycle Start] 键执行。主轴按给定的指令 M3 或 M4，以给定的转速实现正转或反转。

(2) 保存 MDA 程序。在编辑输入 MDA 程序后，如果需要，可以保存在机床中作为一般程序，方便下次使用，保存 MDA 程序界面如图 10.24 所示。

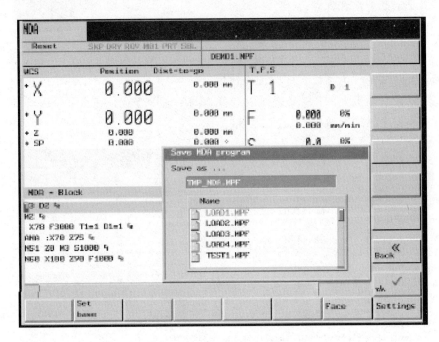

图 10.24 保存 MDA 程序界面

操作步骤：按 [MDA] 键进入 MDA 方式，在编辑窗口中输入程序后，按 [保存MDA程序] 键，在输入区中输入保存的程序名，或从列表中选择现有程序进行覆盖。然后按 [确认] 键。

注意：切换输入区和程序列表，可以使用 TAB 键。

(3) 固定循环的使用。按 [MDA] 键进入 MDA 方式，然后通过按 [端面加工] 键，在右边出现的软键中选择需要的加工方向进行定义，会弹出一个菜单，把需要的加工参数填入后按 [确认] 键，对应的程序就会出现在 MDA 的编辑窗口中，这个时候按 [Cycle Start] 键，就可以执行所需要的端面加工了。

注意：在这个加工过程中需要先定义好工件坐标系和刀具补偿数据。

10.2.3 刀具的设置和管理

1. 刀具管理

数控系统提供了强大的刀具管理功能，包括刀具的建立与删除、刀具刀沿的直径设置、长度设置、刀具的磨损、刀具的寿命等。刀具补偿参数窗口如图 10.25 所示。

第10章 加工中心操作

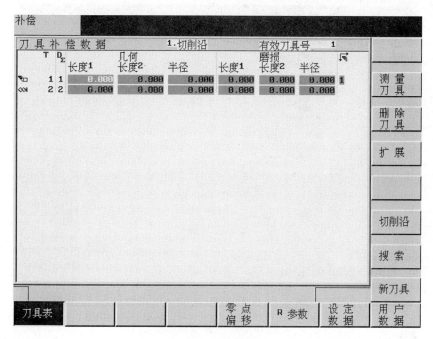

图 10.25 刀具补偿参数窗口

[测量刀具]：在 [JOG] 方式下使用，定义刀具的补偿数据。

[删除刀具]：删除光标当前所在的刀具的所有补偿数据。

[扩展]：显示刀具的所有参数。

[切削沿]：打开一个子菜单，用于建立、显示和管理其他的刀沿。

[搜索]：可以直接输入刀具号查找，光标移动到对应行。

[新刀具]：可以建立一个新刀具的补偿数据，可以定义刀具号和刀具类型。

2．刀具参数说明

T 号说明：系统显示的 T 号就是主轴当前的刀具号，而刀具列表中可以对各个刀具号编程，T 指令可以选择刀具。

D 号说明：一个刀具可以匹配从 1～9 几个不同补偿的数据组（用于多个切削刃）。用 D 及其相应的序号可以编程一个专门的切削刃。如果没有编写 D 指令，则 D1 自动生效。如果编程 D0，则刀具补偿值无效。

10.2.4 程序的管理

1．界面介绍

按 [PROGRAM MANAGER] 键进入程序管理操作区，如图 10.26 所示的软键在权限允许的情况下可以选择编辑程序循环、用户循环。

[执行]：把光标所在位置的程序调入系统内存，作为自动加工的程序。

[新程序]：建立一个新的数控程序，输入后系统自动转入程序编辑界面。

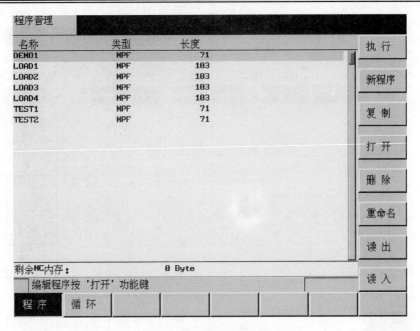

图 10.26　程序管理界面

[复制]：复制光标所在位置的程序，在提示框内可以输入复制产生的程序名。

[打开]：打开光标所在位置的程序进行编辑，系统自动转入程序编辑界面。

[删除]：删除光标所在位置的程序。

[重命名]：更改光标所在位置的程序的程序名。

[读出]：在连线电脑的状态下可以把程序从数控系统传输到电脑中。

[读入]：在连线电脑的状态下可以把程序从电脑中传输到数控系统中。

2. 程序的建立

建立新程序的步骤：按 [PROGRAM MANAGER] 键，再按 [新程序] 键，在提示框输入新建的程序名，再按 [确认] 键。

注意：主程序扩展名 ".MPF" 可以自动生成，而子程序扩展名 ".SPF" 需与程序名一起输入，或以 L*** 命名程序。

10.2.5　程序编辑

1. 界面介绍

按 [PROGRAM] 键进入程序编辑操作区，如图 10.27 所示，编辑的程序为当前打开的程序，如当前无程序打开，系统则自动转为程序管理操作区，在此可以打开或新建一个程序进行编辑。

[执行]：调用当前程序到运行状态作为自动加工时的程序。

[标记程序段]：选择一个文本程序段，光标当前位置为开始。

[复制程序段]：复制标记号的程序段到剪切板。

第 10 章　加工中心操作

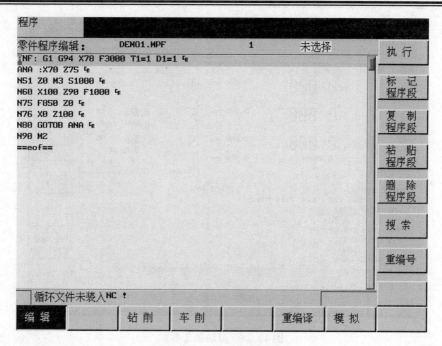

图 10.27　程序编辑操作区

粘贴程序段：把剪切板上的文本粘贴到当前光标的位置。

删除程序段：删除所选择的文本程序段。

搜索：在所显示的程序中查找一字符串，光标可以快速定位到所在位置。

重编号：重新排列和替换当前光标位置到程序结束处之间的程序段号。

钻削，车削：在右边软键中列出各种孔、面、槽的固定加工循环供选择使用，在填入相关参数后，可以自动生成相关的固定循环调用程序。

轮廓：提供了不同轮廓元素的相交相切的节点自动计算，在提供相应的参数后自动计算和生成程序，可以半自动完成轮廓编程。

模拟：用于模拟运行所编辑的程序，检查刀路是否正确。

注意：只能检查程序在 XY 平面上的运行图像，模拟正确不代表程序完全没有错误。

2. 程序内容编辑

利用键盘输入面板 KB，可以把加工程序输入机床内。

每输入一行程序按一次 INPUT 键，相当于回车换行。如果需要每行程序生成行号，则可以在程序头按 重编号 键，方便之后的编辑和查找。

注意：不需要特别指定保存，输入即为保存，所以也没有 UNDO 操作，在程序块操作的时候注意避免误删除。

10.2.6　自动运行方式

自动加工界面如图 10.28 所示，除了之前和其他界面相同的部分外，还有显示当前运行的程序名，显示当前所执行零件程序的 7 个程序段。

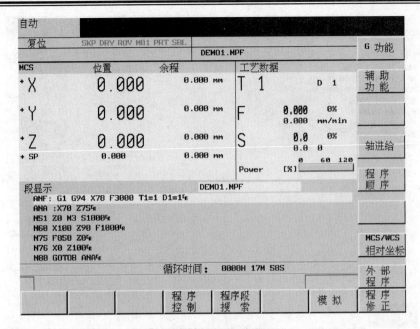

图 10.28 自动加工界面

注意：每行长度由窗口宽度限制。如果程序处理速度很快，则语句区显示 3 个程序段。

1. 程序选择

在按 [PROGRAM MANAGER] 键后，选择需要的程序按 [执行] 键，或者按 [PROGRAM] 键，编辑完程序后按 [执行] 键就可以选定自动运行的程序了。转到自动运行方式 [AUTO] 下，按 [Cycle Start] 键，就可以开始自动加工了。

2. 程序控制

按 [程序控制] 键，右边会出现程序控制的软键，选择相应的功能后，屏幕运动控制信息中对应项目的指示灯就会打开。

[程序测试] PRT：在此按钮有效后，机床将锁定不进行任何动作。

[空运行] DRY：在此按钮有效后，机床将以设定的速度快速运行程序，配合锁定机床来模拟运行程序。

[有条件停止] M01：在此按钮有效后，程序中的 M01 指令将解释为暂停。

[跳过] SKP：在此按钮有效后，一行程序中/后的部分将不进行解释和执行。

[单一程序段] SBL：在此按钮有效后，程序运行处于单步状态，每运行一行暂停一次。

[ROV有效] ROV：在此按钮有效后，倍率开关 对程序中的 G00 有效。

3. 程序段搜索

用于在中断加工后从程序中间开始加工，按 [程序段搜索] 键，然后把光标定位到希望开始的程序段，再按 [启动搜索] 键，最后按 [Cycle Start] 键。

10.3 习　　题

一、填空题

1. 加工中心接通机床控制面板上的电源开机后，系统进行_____，然后进入_____状态，可进行正常工作。
2. 加工中心装刀操作步骤为：先更换当前主轴为需要的刀具号，然后按下_____键或_____键切换到手动模式下，然后_____手握住刀具，注意缺口方向将刀具轻轻地推入主轴孔，同时_____手再按_____键，此时机床会拉紧刀具到主轴上。
3. 一般数控机床维修应包含两方面的含义：一是日常的维护，二是_____。
4. 程序校验和首件试切的目的是_____是否满足要求。
5. 加工中心数控系统提供了强大的刀具管理功能，包括刀具的_____、刀具刀沿的直径设置、_____设置、刀具的_____等。

二、判断题

1. NC 数控程序出错时，MC 机床报警指示灯亮。　　　　　　　　　　(　　)
2. 刀具磨钝标准，通常都是以刀具前刀面磨损量作为磨钝标准的。　　(　　)
3. 机床的二级保养是以操作工人为主，维修人员配合进行的。　　　　(　　)
4. 同一数控铣刀刀柄上可更换不同种的拉钉，同一数控铣床只能装一种拉钉。(　　)
5. 数控机床中 MDA 是机床诊断智能化的英文缩写。　　　　　　　　　(　　)
6. 游标卡尺的主刻尺刻线间距和游标刻尺刻线间距相同。　　　　　　(　　)
7. 小型手持单元急停按钮与 MCP 面板上急停按钮的功用相同。　　　 (　　)

三、选择题

1. 加工中心选用油温控制装置是为了控制(　　)温度。
   A. 导轨　　　　　　　　　　　　　B. 主轴
   C. 伺服电机　　　　　　　　　　　D. 工作台
2. 以下(　　)不属于 CRT/MDI 操作面板功能键。
   A. 程序键　　　　　　　　　　　　B. 删除键
   C. 插入键　　　　　　　　　　　　D. 循环启动键
3. 在机床发生异常或者有异常等特别情况下，按下(　　)键后，机床会立刻切断所有轴马达、主轴和刀库的电源。
   A. FEED HOLD　　　　　　　　　　B. SPINDLE STOP
   C. EMERGENCY STOP　　　　　　　 D. POWER OFF
4. 数控机床刀具路径图形模拟页面功能键的英文缩写是(　　)。
   A. ALARM　　　　　　　　　　　　B. OFSET
   C. RESET　　　　　　　　　　　　D. GRAPH

5. 光标指定位置删除字符或数字的功能键的英文缩写是(　　)。
A. INSERT　　　　　　　　B. DELET
C. ALTER　　　　　　　　D. CAN

四、简答题

1. FANUC Series 0i‐MB 加工中心的机床控制面板上共有哪几种模式选择(MODE SELECT)?
2. 加工中心在开机前要做的检查有哪些?
3. 在哪些情况下,加工中心必须执行回参考点操作?
4. 换刀过程中是否应该停止冷却泵工作。
5. 为什么换刀过程中应该停止冷却泵工作?

五、计算题

用立铣刀和薄片(塞尺或纸片厚 0.1mm),相对于如图 10.29 所示的工件对刀,在 a、b、d 位置记录的机床坐标为:

POINT	X	Y	Z
a	−220.520	−180.325	
b	−198.314	−195.786	
d			−200.345

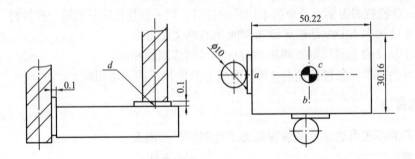

图 10.29　计算题图

试计算铣刀刀位点在对刀点长方形的中点 c 位置上的机床坐标 X、Y、Z。

六、数控专业英语翻译

As far as the **programming controls** are concerned, we fundamentally distinguish between keys with which **data**(program texts and setting data are **input**)and keys which initiate any **computer functions**. For the purposes of **data input** there is usually a simple letter and numeral keyboard(such as in Fig. 10.30(a))with which the NC program texts can be input, character by character.

In addition, some control systems have a series of function keys which allow abbreviated input of the more important instructions required for an NC program(See Fig. 10.30(b)).

The keys for **initiating computer functions**(Fig. 10.30(c)) relate to input activities, storage, correction, listing and processing of programs as well as to output to external equipment.

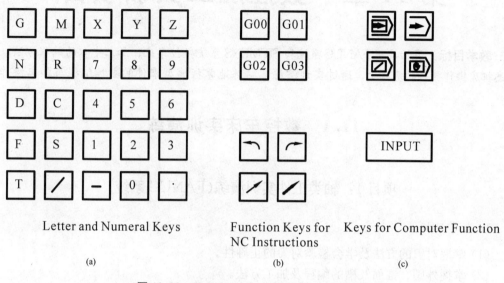

图 10.30 Operating Controls for Programming

第 11 章 数控加工实训项目

教学目标：灵活应用 FANUC 系统和 SIEMENS 系统数控车床、加工中心的编程方法，在熟悉机床操作要领的基础上，通过实训演练，熟练地掌握典型零件的数控编程与加工操作。

11.1 数控车床实训演练

项目 1：轴类工件实训演练（FANUC 系统）

1. 教学目标

(1) 掌握对刀的方法及学会检验对刀的正确性。
(2) 掌握外圆、锥面及槽的编程及加工方法。
(3) 掌握用刀具磨损补偿的方法来严格控制零件的尺寸精度。
(4) 正确遵守安全操作规程。

2. 注意事项

(1) 正确安装各种类型的车刀。
(2) 注意对刀步骤的正确性。
(3) 正确、规范地操作机床。
(4) 起刀点必须设在远离工件、比较安全的地方。

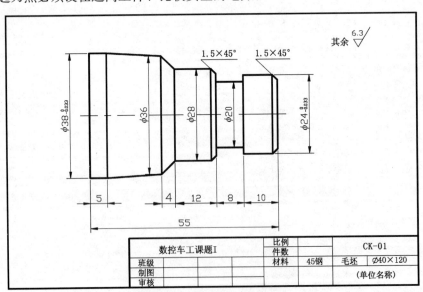

图 11.1 项目 1 零件图

3. 编程与操作时间

(1) 编程时间：15分钟。

(2) 实际操作：60分钟。

4. 零件图（如图11.1所示）

5. 加工工艺卡（见表11-1）

表11-1 加工工艺卡1

单位：　　　　　　　　　　编制：　　　　　　　　　　审核：

零件图号	CK-01	数控车床加工工艺卡		机床型号	CK6136
零件名称	工件1			机床编号	01
刀具表		量具表		夹具表	
T01	外圆粗车刀	1	游标卡尺(0～150mm)	1	自定心三爪卡盘
T02	外圆精车刀	2	千分尺(0～25mm)	2	
T03	4mm宽外割刀	3	千分尺(25～50mm)	3	
T04		4		4	
T05		5		5	

序号	工艺内容	切削用量			备注
		S(r/min)	F(mm/r)	a_p(mm)	
1	夹工件左端伸出长度约75mm，粗车各外圆、倒角、台阶、锥面，留加工余量0.5mm	600	0.15	1.5	
2	精车外圆、倒角、台阶、锥面至图纸要求	1000	0.05	0.5	
3	外割刀切槽(8×ϕ20)	400	0.05	4	
4	外割刀割断工件，并保证总长	400	0.05		

6. 零件加工程序单（见表11-2）

表11-2 零件加工程序单1

加工程序	程序注释
O0001；	程序号
N10 T0101；	选1号外圆粗车刀
N20 M03 S600；	主轴正转，转速600r/min
N30 G00 X42 Z2；	刀具快速定位至循环起点(42，2)
N40 G71 U1.5 R1；	粗加工切削深度1.5mm，退刀量1mm
N50 G71 P60 Q150 U0.5 F0.15；	精加工余量：0.5mm
N60 G00 X21；	精加工轮廓起始X坐标

(续)

加工程序	程序注释
N70 G01 Z0;	精加工轮廓起始 Z 坐标
N80 X24 Z-1.5;	精加工 1.5×45°倒角
N90 Z-18;	精加工 ϕ24 外圆
N100 X25;	至左侧倒角起点
N110 X28 Z-19.5;	精加工 1.5×45°倒角
N120 Z-30;	精加工 ϕ28 外圆
N130 X36 Z-34;	精加工短圆锥面
N140 X38 Z-50;	精加工长圆锥面
N150 Z-60;	精加工 ϕ38 外圆(车长 5mm)
N160 G28 U0 W0;	回参考点
N170 M00;	暂停(粗加工完毕，进行检测)
N180 T0202;	选 2 号外圆精车刀
N190 M03 S1000;	主轴正转，转速 1000r/min
N200 G00 X42 Z2;	刀具快速定位至循环起点(42，2)
N210 G70 P60 Q150 F0.05;	精加工循环
N220 G28 U0 W0;	回参考点
N230 M00;	暂停(精加工完毕，进行检测)
N240 T0303;	选 3 号割刀
N250 M03 S400;	主轴正转，转速 400r/min
N260 G00 X26 Z-14;	刀具快速定位至切槽起点(26，-14)
N270 G01 X20.5 F0.05;	X 向切入槽底(留 0.5mm 余量)
N280 X26;	X 向退出
N290 Z-17;	Z 向向左进给 3mm
N300 X20.5;	X 向切入槽底(留 0.5mm 余量)
N310 X26;	X 向退出
N320 Z-18;	Z 向向左进给 1mm
N330 X20;	X 向切入槽底
N340 Z-14;	槽底 Z 向走刀(修光槽底接痕)
N350 X26;	X 向退出
N360 G00 X39;	X 向快速退刀
N370 Z-59;	Z 向快速进给至割断处(割刀宽 4mm)
N380 G01 X0;	割断
N390 G00 X40;	X 向快速退刀

(续)

加工程序	程序注释
N400 G28 U0 W0；	回参考点
N410 M05；	主轴停止
N420 M30；	程序结束

项目2：套类工件实训演练(FANUC系统)

1. 教学目标

(1) 掌握对刀的方法及学会检验对刀的正确性。
(2) 掌握外圆、外槽及内孔的编程及加工方法。
(3) 掌握内径百分表的使用方法。
(4) 掌握用刀具磨损补偿的方法来严格控制零件的外圆及内孔的尺寸精度。

2. 注意事项

(1) 正确安装各种类型的车刀。
(2) 注意镗孔刀的正确对刀方法。
(3) 正确、规范地操作机床。
(4) 镗刀从内孔中退出时应注意保证退刀安全，防止"撞刀"的严重后果。

3. 编程、操作时间

(1) 编程时间：15分钟。
(2) 实际操作：85分钟。

4. 零件图(如图11.2所示)

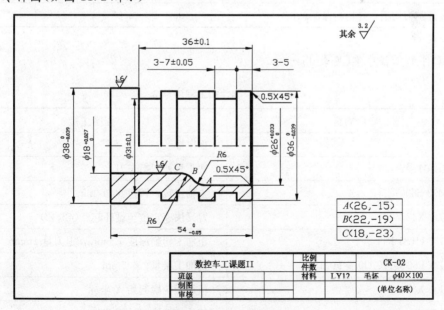

图11.2 项目2零件图

5. 加工工艺卡（见表 11-3）

表 11-3 加工工艺卡 2

单位： 　　　　　　　　编制： 　　　　　　　　审核：

零件图号	CK-02	数控车床加工工艺卡			机床型号	CK6136		
零件名称	工件2				机床编号	01		
刀具表		量具表			夹具表			
T01	外圆粗车刀	1	游标卡尺(0～150mm)	1	自定心三爪卡盘			
T02	外圆精车刀	2	千分尺(25～50mm)	2				
T03	内圆粗车刀	3	内径表(18～35mm)	3				
T04	内圆精车刀	4		4				
T05	4mm宽外割刀	5		5				
T06	ϕ16.5mm 钻头							
序号	工艺内容			切削用量				备注
				S(r/min)	F(mm/r)	a_p(mm)		
1	ϕ16.5 钻头钻孔，钻孔深 50mm（约比工件长 5mm）			300				
2	夹工件左端伸出长度约 70mm，粗车外圆、倒角，留加工余量 0.5mm			600	0.15	1.5		
3	精车外圆、倒角至图纸要求			1000	0.05	0.5		
4	镗刀粗车内孔及圆弧，留加工余量 0.3mm			400	0.15	1		
5	精车内孔及圆弧至图纸要求			500	0.05	0.3		
6	外割刀切槽，并切断保证总长			400	0.05			

6. 零件加工程序单（见表 11-4）

表 11-4 零件加工程序单 2

加工程序	程序注释
O0002;	程序号
N10 T0101;	选1号外圆粗车刀
N20 M03 S600;	主轴正转，转速 600r/min
N30 G00 X42 Z2;	刀具快速定位至循环起点(42, 2)
N40 G71 U1.5 R1;	粗加工切削深度 1.5mm，退刀量 1mm
N50 G71 P60 Q110 U0.5 F0.15;	精加工余量：0.5mm
N60 G00 X35;	精加工轮廓起始 X 坐标
N70 G01 Z0;	精加工轮廓起始 Z 坐标

(续)

加工程序	程序注释
N80 X36 Z-0.5;	精加工 0.5×45°倒角
N90 Z-36;	精加工 ϕ36 外圆
N100 X38;	精加工外台阶
N110 Z-59;	精加工 ϕ38 外圆(车长 5mm)
N120 G28 U0 W0;	回参考点
N130 M00;	暂停(粗加工完毕进行检测)
N140 T0202;	选 2 号外圆精车刀
N150 M03 S1000;	主轴正转,转速 1000r/min
N160 G00 X42 Z2;	刀具快速定位至循环起点(42,2)
N170 G70 P60 Q110 F0.05;	精加工循环
N180 G28 U0 W0;	回参考点
N190 M00;	暂停(精加工完毕进行检测)
N200 T0303;	选 3 号内圆粗车刀
N210 M03 S400;	主轴正转,转速 400r/min
N220 G00 X14 Z2;	刀具快速定位至镗孔起点(14,2)
N230 G71 U1 R1;	粗加工切削深度 1mm,退刀量 1mm
N240 G71 P250 Q310 U-0.3 F0.15;	精加工余量:0.3mm
N250 G00 X27;	精加工轮廓起始 X 坐标
N260 G01 Z0;	精加工轮廓起始 Z 坐标
N270 X26 Z-0.5;	精加工 0.5×45°倒角
N280 Z-15;	精加工 ϕ26 内孔
N290 G03 X22 Z-19 R5;	精加工 R5 内圆弧
N300 G02 X18 Z-23 R5;	精加工 R5 内圆弧
N310 Z-56;	内孔车长 2mm(防止割断飞边)
N320 G28 U0 W0;	回参考点
N330 M00;	程序暂停(粗加工完毕进行内孔检测)
N340 T0404;	选 4 号内圆精车刀
N350 M03 S500;	主轴正转,转速 500r/min
N360 G00 X14 Z2;	刀具快速定位至循环起点(14,2)

(续)

加工程序	程序注释
N370 G70 P250 Q310 F0.05；	精加工内孔循环
N380 G28 U0 W0；	回参考点
N390 M00；	暂停（精加工完毕进行内孔检测）
N400 T0505；	选5号割刀
N410 M03 S400；	主轴正转，转速400r/min
N420 G00 X37 Z-9；	快速进刀至割槽处（右侧第一个槽）
N430 G01 X31.5；	X 向进给至槽底（留0.5mm）
N440 X37；	退出
N450 Z-12；	Z 向进给保证槽宽
N460 X31；	X 向进给至槽底
N470 Z-9；	槽底修光
N480 X37；	退出
N490 G00 Z-21	Z 向快速进刀至割槽处（中间槽）
N500 G01 X31.5；	X 向进给至槽底（留0.5mm）
N510 X37；	退出
N520 Z-24；	Z 向进给保证槽宽
N530 X31；	X 向进给至槽底
N540 Z-21；	槽底修光
N550 X37；	退出
N560 G00 Z-33	快速进刀至割槽处（左侧第一个槽）
N570 G01 X31.5；	X 向进给至槽底（留0.5mm）
N580 X37；	退出
N590 Z-36；	Z 向进给保证槽宽
N600 X31；	X 向进给至槽底
N610 Z-33；	槽底修光
N620 X39；	退出
N630 G00 Z-58；	Z 向快速进刀至割断处（割刀宽4mm）
N640 X39；	X 向快速进给至39
N650 G01 X16 F0.05；	割断
N660 G00 X40；	X 向快速退刀
N670 G28 U0 W0；	回参考点

(续)

加工程序	程序注释
N680 M05;	主轴停止
N690 M30;	程序结束

项目3：螺纹类工件实训演练（FANUC 系统）

1. 教学目标

(1) 掌握外螺纹车刀的正确安装方法。
(2) 掌握外螺纹车削的进刀方法和如何分配进刀深度。
(3) 掌握普通三角形外螺纹测量方法和质量误差分析。
(4) 掌握出现尺寸误差时螺纹车刀正确的补偿方法。

2. 注意事项

(1) 安装车刀时要用对刀样板，防止"倒牙"。
(2) 注意外螺纹刀的正确对刀方法。
(3) 螺纹车削循环的起刀点应设导入量，终点要设导出量。
(4) 根据经验，外螺纹的大径应车小约 0.2mm。

3. 编程与操作时间

(1) 编程时间：15 分钟。
(2) 实际操作：105 分钟。

4. 零件图（如图 11.3 所示）

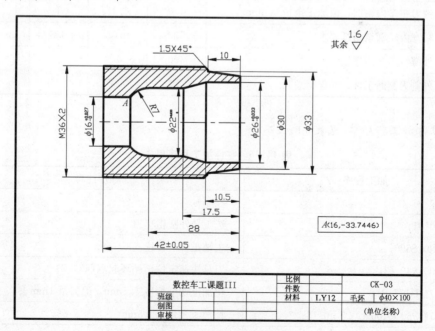

图 11.3　项目 3 零件图

5. 加工工艺卡（见表11-5）

表11-5 加工工艺卡3

单位：　　　　　　　　　　　编制：　　　　　　　　　　　审核：

零件图号	CK-03	数控车床加工工艺卡		机床型号	CK6136
零件名称	工件3			机床编号	01
刀具表		量具表		夹具表	
T01	外圆粗车刀	1	游标卡尺(0～150mm)	1	自定心三爪卡盘
T02	外圆精车刀	2	千分尺(25～50mm)	2	
T03	内圆粗车刀	3	内径表(10～18mm)	3	
T04	内圆精车刀	4	内径表(18～35mm)	4	
T05	外螺纹刀	5	M36×2 螺纹环规	5	
T06	4mm宽外割刀	6	对刀角度样板		
T07	ϕ14mm 钻头				

序号	工艺内容	切削用量			备注
		$S(r/min)$	$F(mm/r)$	$a_p(mm)$	
1	ϕ14钻头钻孔，钻孔深47mm(约比工件长5mm)	300			
2	夹工件左端伸出长度约65mm，粗车外圆锥、倒角、及螺纹外圆面，留加工余量0.5mm	600	0.15	1.5	
3	精车螺纹外圆、倒角至图纸要求	1000	0.05	0.5	
4	镗刀粗车内轮廓，留加工余量0.3mm	400	0.15	1	
5	精车内轮廓至图纸要求	500	0.05	0.3	
6	外螺纹刀车削螺纹	400	2		
7	外割刀割断工件，并保证总长	400	0.05		

6. 零件加工程序单（见表11-6）

表11-6 零件加工程序单3

加工程序	程序注释
O0003；	程序号
N10 T0101；	选1号外圆粗车刀
N20 M03 S600；	主轴正转，转速600r/min
N30 G00 X42 Z2；	刀具快速定位至循环起点(42, 2)
N40 G71 U1.5 R1；	粗加工切削深度1.5mm，退刀量1mm
N50 G71 P60 Q100 U0.5 F0.15；	精加工余量：0.5mm
N60 G00 X30；	精加工轮廓起始X坐标

(续)

加工程序	程序注释
N70 G01 Z0;	精加工轮廓起始 Z 坐标
N80 G01 X33 Z-10;	精加工外锥
N90 X35.8 Z-11.5;	精加工倒角
N100 Z-47;	精加工 M36 外圆(直径车小 0.2mm、车长 5mm)
N110 G28 U0 W0;	回参考点
N120 M00;	暂停(粗加工完毕进行检测)
N130 T0202;	选 2 号外圆粗车刀
N140 M03 S1000;	主轴正转,转速 1000r/min
N150 G00 X42 Z2;	刀具快速定位至循环起点(42,2)
N160 G70 P60 Q100 F0.05;	精加工循环
N170 G28 U0 W0;	回参考点
N180 M00;	暂停(精加工完毕进行检测)
N190 T0303;	选 3 号内圆粗车刀
N200 M03 S400;	主轴正转,转速 400r/min
N210 G00 X12 Z2;	刀具快速定位至镗孔起点(12,2)
N220 G71 U1 R1;	粗加工切削深度 1mm,退刀量 1mm
N230 G71 P240 Q300 U-0.3 F0.15;	精加工余量:0.3mm
N240 G00 X26;	精加工轮廓起始 X 坐标
N250 G01 Z0;	精加工轮廓起始 Z 坐标(可省略)
N260 G01 Z-10.5;	精加工 $\phi26$ 内孔
N270 X22 Z-17.5;	精加工内锥
N280 Z-28;	精加工 $\phi22$ 内孔
N290 G03 X16 Z-33.7446 R7;	精加工 R7 内圆弧
N300 G01 Z-44;	精加工 $\phi16$ 内孔(内孔车长 2mm、防止割断飞边)
N310 G28 U0 W0;	回参考点
N320 M00;	程序暂停(粗加工完毕进行内孔检测)
N330 T0404;	选 4 号内圆精车刀
N340 M03 S500;	主轴正转,转速 500r/min
N350 G00 X12 Z2;	刀具快速定位至循环起点(12,2)
N360 G70 P240 Q300 F0.05;	精加工内孔循环
N370 G28 U0 W0;	回参考点
N380 M00;	暂停(精加工完毕进行内孔检测)
N390 T0505;	选 5 号螺纹刀
N400 M03 S400;	主轴正转,转速 400r/min

(续)

加工程序	程序注释
N410 G00 X39 Z-5;	刀具快速定位至循环起点(39，-5)
N420 G92 X35 Z-44 F2;	车削螺纹第一刀(切削深度0.8mm)
N430 X34.2;	车削螺纹第二刀(切削深度0.8mm)
N440 X33.6;	车削螺纹第三刀(切削深度0.6mm)
N450 X33.4;	车削螺纹第四刀(切削深度0.2mm)
N460 G28 U0 W0;	回参考点
N470 M00;	暂停(螺纹加工完毕进行检测)
N480 T0606;	选6号割刀
N490 M03 S400	主轴正转，转速400r/min
N500 G00 Z-46;	Z向快速进刀至割断处(46+刀宽)
N510 X39;	X向快速进给至39
N520 G01 X14 F0.05;	割断
N530 G00 X40;	X向快速退刀
N540 G28 U0 W0;	回参考点
N550 M05;	主轴停止
N560 M30;	程序结束

项目4：复合型面实训演练(SIEMENS系统)

1. 教学目标

(1) 掌握内螺纹车刀的正确安装方法。
(2) 掌握内螺纹车削的进刀方法和如何分配进刀深度。
(3) 掌握普通三角形内螺纹的测量方法和质量误差分析。
(4) 掌握当有尺寸误差时螺纹车刀正确的补偿方法。

2. 注意事项

(1) 安装车刀时要用对刀样板，防止"倒牙"。
(2) 注意内螺纹刀的正确对刀方法。
(3) 螺纹车削循环的起刀点应设导入量，终点要设导出量。
(4) 根据经验，内螺纹的小径应车小约一个螺距。

3. 编程和操作时间

(1) 编程时间：20分钟。
(2) 实际操作：100分钟。

4. 零件图(如图11.4所示)

5. 加工工艺卡(见表11-7)

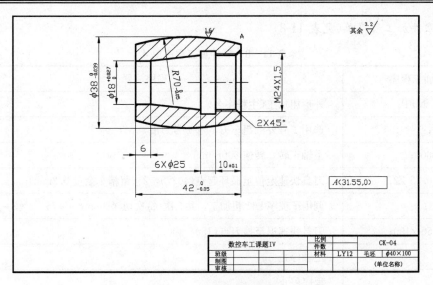

图 11.4 项目 4 零件图

表 11-7 加工工艺卡 4

单位：　　　　　　　　　编制：　　　　　　　　　审核：

零件图号	CK-04	数控车床加工工艺卡		机床型号	CK6136
零件名称	工件 4			机床编号	01
刀具表		量具表		夹具表	
T01	外圆粗车刀	1	游标卡尺(0～150mm)	1	自定心三爪卡盘
T02	外圆精车刀	2	千分尺(25～50mm)	2	
T03	内圆粗车刀	3	内径表(18～35mm)	3	
T04	内圆精车刀	4	M24×1.5 螺纹塞规	4	
T05	内螺纹刀	5	对刀角度样板	5	
T06	4mm 宽内割刀				
T07	4mm 宽外割刀				
T08	φ16.5mm 钻头				

序号	工艺内容	切削用量			备注
		S(r/min)	F(mm/r)	a_p(mm)	
1	φ16.5 钻孔，钻孔深 47mm(约比工件长 5mm)	300			
2	夹工件左端伸出长度约 70mm，粗车外轮廓，留加工余量 0.2mm	600	0.15	1.5	
3	精车外圆轮廓至图纸要求	1000	0.05	0.2	
4	粗车内孔，留加工余量 0.2mm	500	0.15	1	
5	精车内孔至图纸要求	400	0.05	0.2	
6	内割刀切内槽(6×φ25)	400	0.05	2.5	
7	内螺纹刀车削内螺纹	400	1.5		
8	外割刀割断工件，并保证总长	400	0.05		

6. 零件加工程序单(见表11-8)

表 11-8 零件加工程序单 4

加工程序	程序注释
SK41. MFP；	外形粗加工(主程序名)
T1 D1；	选用1号外圆粗车刀，选1号刀沿
M03 S600；	主轴正转，转速600r/min
G0 X40.75 Z2；	刀具快速定位至循环起点(40.75，2)(留精车余量0.2mm)
L41 P3；	调用子程序L41粗加工，共3次(每次切深3mm，40.75－3×3＝31.75)
G0 X150 Z100；	刀具快速退至换刀点(150，100)
M05；	主轴停止
M02；	程序停止
L41. SPF；	外形粗加工(子程序名)
G91 G0 X－3；	相对尺寸输入，刀具快速沿X负向进3mm
G1 Z－2 F0.15；	Z负向移动2mm至Z0，进给率为0.15mm/r
G3 X0 Z－42 CR＝70；	粗加工R70的圆弧
G1 Z－5；	车长5mm
G0 X10；	X向快速退出10mm
Z49；	Z正向快速退回
X－10；	X向快速进给－10mm
G90；	绝对尺寸输入
RET；	子程序结束，返回主程序
SK42.MFP；	外形精加工(主程序名)
T2 D1；	选用2号外圆粗车刀，选1号刀沿
M03 S800；	主轴正转，转速800r/min
G0 X31.75 Z2；	刀具快速定位至循环起点(31.75，2)
L42 P1；	调用子程序L42粗加工，共1次(切深0.2mm)
G0 X150 Z100；	刀具快速退至换刀点(150，100)
M05；	主轴停止
M02；	程序停止
L42. SPF；	外形精加工(子程序名)
G91 G0 X－0.2；	相对尺寸输入，刀具快速沿X负向进0.2mm

(续)

加工程序	程序注释
G1 Z-2 F0.05;	Z负向移动2mm至Z0,进给率为0.05mm/r
G3 X0 Z-42 CR=70;	精加工R70的圆弧
G1 Z-5;	车长5mm
G0 X10;	X向快速退出10mm
Z49;	Z正向快速退回
X-10	X向快速进给-10mm(41.55-31.55=10)
G90;	绝对尺寸输入
RET;	子程序结束,返回主程序
SK43.MFP;	内孔粗加工(主程序名)
T3 D1;	选用3号镗刀,选1号刀沿
M03 S500;	主轴正转,转速500r/min
G0 X16.3 Z2;	刀具快速定位至循环起点(16.3,2)(留精车余量0.2mm)
L43 P5;	调用子程序L43粗加工,共5次(每次切深2mm,16.3+2×5=26.3)
G0 X150 Z100;	刀具快速退至换刀点(150,100)
M05;	主轴停止
M02;	程序停止
L43.SPF;	内孔粗加工(子程序名)
G91 G0 X2;	相对尺寸输入,刀具快速沿X正向进2mm
G1 Z-2 F0.15;	Z负向移动2mm至Z0,进给率为0.15mm/r
X-4 Z-2;	2×45°倒角
Z-14;	粗加工M24内孔(车小一个螺距ϕ22.5)
X-4.5 Z-20;	粗加工内锥
Z-8;	粗加工ϕ18内孔,内孔车长2mm(防止切断产生飞边)
G0 X-0.5;	X向快速退出-0.5mm
Z46;	Z正向快速退回
X9	X向快速进给9mm(26.5-17.5=9)
G90;	绝对尺寸输入
RET;	子程序结束,返回主程序
SK44.MFP;	内孔精加工(主程序名)
T4 D1;	选用4号镗刀,选1号刀沿

(续)

加工程序	程序注释
M03 S600;	主轴正转,转速 600r/min
G0 X26.3 Z2;	刀具快速定位至循环起点(26.3,2)
L44 P1;	调用子程序 L44 粗加工,共 1 次(每次切深 0.2mm)
G0 X150 Z100;	刀具快速退至换刀点(150,100)
M05;	主轴停止
M02;	程序停止
L44.SPF;	内孔精加工(子程序名)
G91 G0 X0.2;	相对尺寸输入,刀具快速沿 X 正向进 0.2mm
G1 Z-2 F0.05;	Z 负向移动 2mm 至 Z0,进给率为 0.05mm/r
X-4 Z-2;	2×45°倒角
Z-14;	精加工 M24 内孔(车小一个螺距 ϕ22.5)
X-4.5 Z-20;	精加工内锥
Z-8;	精加工 ϕ18 内孔,内孔车长 2mm(防止切断产生飞边)
G0 X-0.5;	X 向快速退出-0.5mm
Z46;	Z 正向快速退回
X9	X 向快速进给 9mm(26.5-17.5=9)
G90;	绝对尺寸输入
RET;	子程序结束,返回主程序
SK45.MFP;	内槽加工(程序名)
T6 D1;	选 6 号内割刀
M03 S400;	主轴正转,转速 400r/min
G0 X20 Z2;	刀具快速定位至循环起点(20,2)
Z-14;	Z 向快速定位(保证内槽右台阶与割刀右刀尖齐平)
G01 X24.5;	X 向切入槽底(留 0.5mm 余量)
X20;	X 向退出
Z-16;	Z 向向左进给 2mm(保证内槽左台阶与割刀左刀尖齐平)
X25;	X 向切入槽底
Z-14;	槽底 Z 向走刀(修光槽底接痕)
X20;	X 向退出
G0 Z2;	快速退出内孔
G0 X150 Z100;	循环结束后返回起始点
M05;	主轴停止

(续)

加工程序	程序注释
M02；	程序停止
SK46.MFP；	螺纹加工(程序名)
T5 D1；	选用5号内螺纹刀，选1号刀沿
M3 S200；	主轴正转，转速200r/min
R100=24；	螺纹起点直径24mm
R101=0；	螺纹轴向起点坐标0
R102=24；	螺纹终点直径24mm
R103=−10；	螺纹轴向终点 Z 坐标
R104=1.5；	螺纹导程1.5mm
R105=2；	螺纹加工类型，内螺纹
R106=0.1；	螺纹精加工余量0.1mm(半径值)
R109=4；	空刀导入量4mm
R110=3；	空刀导出量3mm
R111=0.975	螺纹牙深度0.975mm(半径值)
R112=0；	螺纹起始点偏移
R113=4；	粗切削次数4次
R114=1；	螺纹线数
LCYC97；	调用螺纹切削循环
G0 X150 Z100；	循环结束后返回起始点
M05；	主轴停止
M02；	程序停止
SK47.SPF；	切断(程序名)
T7 D1；	选用7号外割刀，选1号刀沿
M03 S400；	主轴正转，转速400r/min
G0 Z−46；	Z 向快速进给至割断处(42+刀宽)
X33；	X 向快速退刀至33
G1 X16 F0.05；	割断
G0 X40；	X 向快速退刀
X150 Z100；	刀具快速退至换刀点(150，100)
M05；	主轴停止
M30；	程序结束

注：上述编程方法仅适用于机床未安装 SGUD.DEF 文件的情况，若条件允许，尽量采用循环指令编程。

11.2 加工中心实训演练

项目5：加工中心实训演练(FANUC系统)

1. 教学目标

(1) 掌握工件坐标系的设定方法并检验其正确性。
(2) 掌握刀具长度设定的方法及检验其正确性。
(3) 掌握铣削轮廓的正确编程方法。
(4) 掌握孔加工循环的正确编程方法。
(5) 掌握利用修改刀具半径和刀具半径补偿来控制零件的尺寸精度。
(6) 正确遵守安全操作规程。

2. 注意事项

(1) 正确选择加工的铣刀和钻头。
(2) 注意坐标系和刀长设定的正确性。
(3) 正确、规范地操作机床。
(4) 编程前应选择合适的切削用量，填写工艺卡片。
(5) 起刀点必须处在离开工件的安全地方。

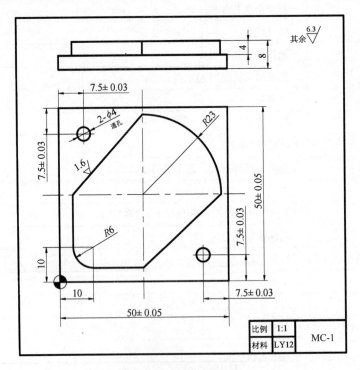

图 11.5 项目 5 零件图

3. 编程和操作时间

(1) 编程时间:20 分钟。

(2) 实际操作:100 分钟。

4. 零件图(如图 11.5 所示)

5. 加工工艺卡(见表 11-9)

表 11-9 加工工艺卡 5

单位:　　　　　　　　　　编制:　　　　　　　　　　审核:

零件图号	MC-1	加工中心加工工艺卡		机床型号	VMC3016L	
零件名称	工件 5			机床编号	01	
刀具表			量具表		夹具表	
T01	ϕ50 镶片铣刀	1	游标卡尺(0~150mm)	1	平口钳	
T02	ϕ20 立铣刀	2	千分尺(25~50mm)	备注	平口钳夹持工件上端露出长度超过 9.5mm(除下表面加工)	
T03	ϕ4 钻头	3	等高块			
序号	工艺内容			切削用量		备注
				S(r/min)	F(mm/r)	a_p(mm)	
1	T01 加工工件上表面			800	60	0.3	G54 设在表面下 0.3mm 处
2	T02 粗加工工件各轮廓			1500	200	4	粗加工留 0.2mm 的余量
3	T02 精加工工件各轮廓			2000	200	4	
4	T03 钻孔 ϕ4 通孔			1200	100	10	
5	T01 加工工件下表面			800	60	1.2	

6. 零件加工程序单(见表 11-10)

表 11-10 零件加工程序单 5

加工程序	程序注释
O0001;	程序号,主程序
G90 G80 G17 G40;	取消原先的状态
G54;	调用工件坐标系
T1 M6;	装载 1 号刀具 ϕ50 镶片铣刀到主轴
M3 S800;	主轴正转,转速 800r/min
G0 X-30 Y15;	快速移动到(X-30,Y15)
G43 G0 Z50 H1;	调用 1 号刀具,长度补偿值快速移动到 Z50 处
Z2;	快速接近工件上表面

(续)

加工程序	程序注释
G1 Z0 F60 M8;	直线进给到 Z0 处,速度 60mm/min,同时打开切削液
X60;	直线进给到 X60 处
Y30;	直线进给到 Y30 处
X-30;	直线进给到 X-30 处
Z2 M9;	离开工件上表面到 Z2 处,同时关闭切削液
G0 Z200;	快速远离工件到 Z200 处
M5;	主轴停转
M98 P1001;	调用子程序 O1001,粗加工,D2 为 20.2mm,预留 0.2mm 的余量
M0;	暂停测量尺寸,修改 D2=20-(实际尺寸-名义尺寸-0.2)注意安全,测量过程中切勿触碰"循环启动键"
M98 P1001;	调用子程序 O1001,精加工,D2 为刀具实际直径值
T3 M6;	装载 3 号刀具,$\phi 4$ 钻头
M3 S1500;	主轴正转,转速 1500r/min
G43 G0 Z50 H3 M8;	调用 3 号刀具长度补偿值,快速移动到 Z50 处
G99 G83 X7.5 Y42.5 Z-10 R1 Q4 F100;	G99 方式调用钻孔循环 G83,钻孔 $\phi 4$,进给速度 100mm/min
X42.5 Y7.5;	继续调用 G83,换位,钻第 2 个孔 $\phi 4$
G80 Z50;	取消钻孔循环,并退到 Z50 处
G0 Z200;	快速远离工件表面,至 Z200 处
M5;	主轴停转
M30;	程序结束
O1001;	程序号,子程序
G90;	绝对坐标编程方式
T2 M6;	装载 2 号刀具 $\phi 20$ 铣刀到主轴
M3 S1500;	主轴正转,转速 1500r/min
G0 X55 Y-15;	快速移动到(X55,Y-15)处,加工开始处上方
G43 G0 Z50 H2;	调用 2 号刀具长度补偿值,快速移动到 Z50 处
Z2;	快速接近工件上表面
G1 Z-4 F200 M8;	直线进给到 Z-4 处,速度 200mm/min,同时打开切削液
G41 Y4 D2;	直线进给到(X55,Y4)处,同时建立刀具半径左补偿
X10;	直线进给到(X10,Y4)处
G2 X4 Y10 R6;	圆弧进给到(X4,Y10)处,圆弧半径为 6mm

(续)

加工程序	程序注释
Y25;	直线进给到(X4,Y25)处
X25 Y48;	直线进给到(X25,Y48)处
G2 X48 Y25 R23;	顺弧进给到(X48,Y25)处,圆弧半径为23mm
G1 X25 Y4;	直线进给到(X25,Y4)处
G40 G01 X35 Y-12;	直线进给到(X35,Y-12)处,同时取消刀具半径补偿
G1 Z2 M09;	直线进给到Z2处,同时关闭切削液
G0 Z200;	快速远离工件表面至Z200处
X-15 Y-15;	快速移动到(X-15,Y-15)处,加工开始处上方
Z50;	快速移动到Z50处
Z2;	快速接近工件上表面
G1 Z-8 F200 M8;	直线进给到Z-8处,速度200mm/min,同时打开切削液
G41 X0 D2;	直线进给到(X0,Y-15)处,同时完成刀具半径左补偿
Y50;	直线进给到(X0,Y50)处
X50;	直线进给到(X50,Y50)处
Y0;	直线进给到(X50,Y0)处
X-15;	直线进给到(X-15,Y0)处
G40 Y-15;	直线进给到(X-15,Y-15)处,同时取消刀具补偿
Z2 M9;	直线进给到Z2处同时关闭切削液
G0 Z200;	快速远离工件表面到Z200处
M5;	主轴停止
M99;	子程序结束

项目6:加工中心实训演练(SIEMENS系统)

1. 教学目标

(1) 掌握工件坐标系的设定方法及检验其正确性。
(2) 掌握刀具长度设定的方法及检验其正确性。
(3) 掌握铣削轮廓的正确编程方法。
(4) 掌握孔加工循环的正确编程方法。
(5) 利用刀具半径修改和刀具半径补偿,控制零件的尺寸精度。
(6) 正确遵守安全操作规程。

2. 注意事项

(1) 正确选择加工的铣刀和钻头。
(2) 注意坐标系和刀长设定的正确性。
(3) 正确、规范地操作机床。
(4) 编程前应选择合适的切削用量,填写工艺卡片。
(5) 起刀点必须处在离开工件的安全的地方。

3. 编程和操作时间

(1) 编程时间：20 分钟。
(2) 实际操作：100 分钟。

4. 零件图(如图 11.6 所示)

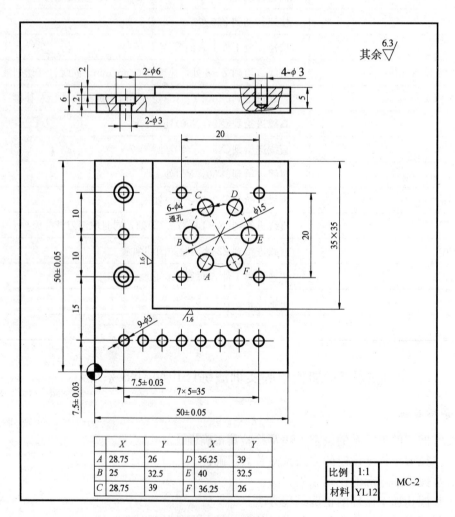

图 11.6　项目 6 零件图

5. 加工工艺卡(见表11-11)

表11-11 加工工艺卡6

单位：　　　　　　　　　　编制：　　　　　　　　　　审核：

零件图号	MC-2	加工中心加工工艺卡	机床型号	VMC3016L
零件名称	工件6		机床编号	01

刀具表		量具表		夹具表	
T01	φ50镶片铣刀	1	游标卡尺(0~150mm)	1	平口钳
T02	φ20立铣刀	2	千分尺(25~50mm)	2	
T03	φ6键槽铣刀	3	等高块	备注	平口钳夹持工件上端露出长度超过7.5mm(除下表面加工)
T04	φ4钻头	4			
T05	φ3钻头	5			

序号	工艺内容	切削用量			备注
		S(r/min)	F(mm/r)	a_p(mm)	
1	T01加工工件上表面	800	60	0.3	G54设在表面下0.3mm处
2	T02粗加工工件各轮廓	1500	200	4	粗加工留0.2mm的余量
3	T02精加工工件各轮廓	2000	200	4	
4	T05钻孔，φ3通孔	1200	100	8	
5	T04钻孔，φ4通孔	1200	100	5	
6	T03加工沉孔，φ6沉孔	1200	100	4	
7	T01加工工件下表面	800	60	1.2	

6. 零件加工程序单(见表11-12)

表11-12 零件加工程序单6

加工程序	程序注释
2.MPF；	主程序名
G90 G17 G40；	取消原先的状态
G54；	调用工件坐标系
T1 D1 M6；	装载1号刀具φ50镶片铣刀到主轴，调用T1的D1补偿数据
M3 S800；	主轴正转，转速800r/min
G0 X-30 Y15；	快速移动到(X-30，Y15)
Z2；	快速接近工件上表面
G1 Z0 F60 M8；	直线进给到Z0处，速度60mm/min，同时打开切削液
X60；	直线进给到X60处
Y30；	直线进给到Y30处

(续)

加工程序	程序注释
X-30;	直线进给到 X-30 处
Z2 M9;	离开工件上表面到 Z2 处，同时关闭切削液
G0 Z200;	快速远离工件到 Z200 处
M5;	主轴停转
L1;	调用子程序 L1.SPF，粗加工 D1 为 10.1mm，预留 0.2mm 的余量
M0;	暂停测量尺寸，修改 D2＝［20－(实际尺寸－名义尺寸－0.2)］/2 注意安全，测量过程中切勿触碰"循环启动键"
L1;	调用子程序 L1.SPF 精加工，D1 为刀具实际半径值
T5 D1 M6;	装载 5 号刀具，$\phi 3$ 钻头
M3 S1500;	主轴正转，转速 1500r/min
Z50;	快速到 Z50 处
F100;	进给速度 100mm/min
M8;	打开切削液
MCALL CYCLE83(50, 1, 2, -8, 0,, 4.,,,, 1, 1);	重复调用 CYCLE83 固定循环加工孔系
X7.5 Y42.5;	孔心位置 X7.5 Y42.5
Y32.5;	孔心位置 X7.5 Y32.5
Y22.5;	孔心位置 X7.5 Y22.5
X22.5;	孔心位置 X22.5 Y22.5
X42.5;	孔心位置 X42.5 Y22.5
Y42.5;	孔心位置 X4.5 Y42.5
X22.5;	孔心位置 X22.5 Y42.5
MCALL;	结束固定循环的调用，退回 Z50
M5;	主轴停转
M9;	关闭冷却液
T4 M6;	装载 4 号刀具，$\phi 4$ 钻头
M3 S1500;	主轴正转，转速 1500r/min
Z50;	快速到 Z50 处
F100;	进给速度 100mm/min
M8;	打开切削液
MCALL CYCLE83(50, 1, 2, -5, 0,, 4.,,,, 1, 1);	重复调用 CYCLE83 固定循环加工孔
HOLES1(7.5, 7.5, 0, 0, 5, 8);	直线排孔：起点(7.5, 7.5)，角度 0，首孔距 0，孔间距 5，孔数 8 个
HOLES2(32.5, 32.5, 7.5, 0, 60, 6);	圆周排孔：中心(32.5, 32.5)，圆周半径 7.5，首孔角 0 度，孔间角 60°，孔数 6 个

(续)

加工程序	程序注释
MCALL;	结束固定循环的调用，退回 Z50
M5 M9;	主轴停转，关闭冷却液
T3 D1 M6;	装载 3 号刀具，φ6 键槽铣刀
M3 S1500;	主轴正转，转速 1500r/min
Z50;	快速到 Z50 处
F100;	进给速度 100mm/min
M8;	打开切削液
MCALL CYCLE83(50, 1, 2, −4, 0,, 4,,,, 1, 1);	重复调用 CYCLE83 固定循环加工孔
X7.5 Y42.5;	孔心位置(X7.5，Y42.5)
Y22.5;	孔心位置(X7.5，Y22.5)
MCALL;	结束固定循环的调用，退回 Z50
M5;	主轴停转
M9;	关闭冷却液
M30;	程序结束
L1.SPF;	子程序名 L1.SPF
G90;	绝对坐标编程方式
T2 D1 M6;	装载 2 号刀具，φ20 铣刀
M3 S1500;	主轴正转，转速 1500r/min
G0 X−15 Y−5;	快速移动到(X−15，Y−5)处，加工开始处上方
Z2;	快速接近工件上表面
G1 Z−2 F200 M8;	直线进给到 Z−2 处，速度 200mm/min，同时打开切削液
G41 X15;	直线进给到(X15，Y−5)处同时完成左刀补
Y55;	直线进给到(X15，Y55)处
G40 X−15.;	直线进给到(X−15，Y55)处同时取消刀具补偿
Z2;	直线进给到 Z2 处
G0 Z50;	快速移动到 Z50 处，远离工件表面
X55 Y−15;	快速移动到(X55，Y−15)处，加工开始处上方
Z2;	快速接近工件上表面
G1 Z−2F 200;	直线进给到 Z−2 处，速度 200mm/min
G41 Y15;	直线进给到(X55，Y15)处同时完成左刀补
X−15;	直线进给到(X−15，Y15)处
G40 Y−15;	直线进给到(X−15，Y−15)处同时取消刀具补偿
Z−6;	直线进给到 Z−6 处

(续)

加工程序	程序注释
G41 X0;	直线进给到(X0,Y-15)处同时完成左刀补
Y50;	直线进给到(X0,Y50)处
X50;	直线进给到(X50,Y50)处
Y0;	直线进给到(X50,Y0)处
X-15;	直线进给到(X-15,Y0)处
G40 Y-15;	直线进给到(X-15,Y-15)处
Z2 M9;	直线进给到Z2处同时关闭切削液
G0 Z200;	快速远离工件表面到Z200处
M5;	主轴停止
RET;	子程序结束

11.3 习　　题

一、编程题

1. 试编制如图 11.7 所示的车削零件的数控加工程序，完成数控车削加工。

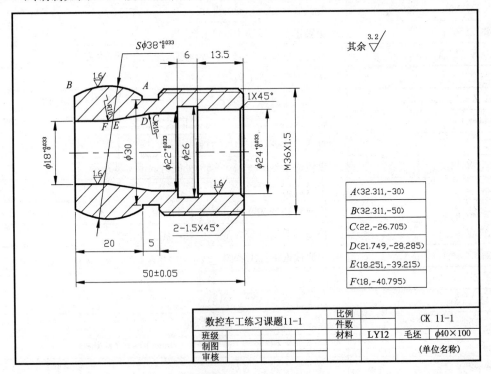

图 11.7　零件图 1

2. 试编制如图 11.8 所示的车削零件的数控加工程序，完成数控车削加工。

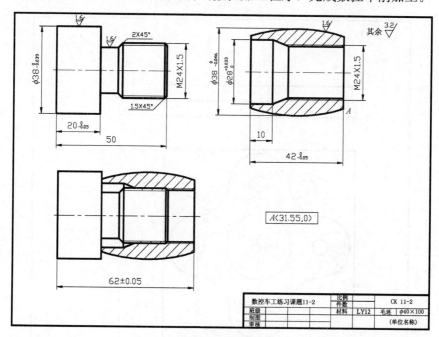

图 11.8 零件图 2

3. 采用加工中心加工如图 11.9 所示的零件，试完成数控编程及加工。

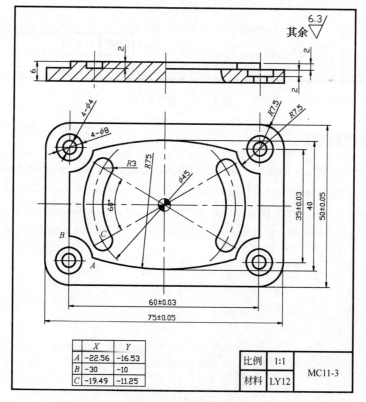

图 11.9 零件图 3

4. 采用加工中心加工如图 11.10 所示的零件，试完成数控编程及加工。

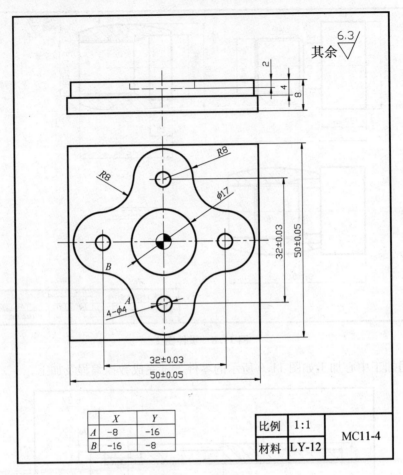

图 11.10　零件图 4

二、数控专业英语翻译

The FADAL machine tool has software limits and does not contain positionlimit switches. Therefore, the machine tool must be physically located at set alignment marks. The Siemens control automatically powers on in the machine reference mode. It is recommended that the machine be shut down at its axis alignment position to simplify the Power Off.

第 12 章 数控加工企业生产实例

教学目标：选取企业生产典型实例，研究数控加工零件图样，分析其加工工艺及编程方法，促进理论教学与实际生产紧密联系。

12.1 数控车床企业生产实例

如图 12.1 所示为导向套零件，该零件材料为易切钢（Y15Pb），试完成该零件的数控车削加工（批量生产）。

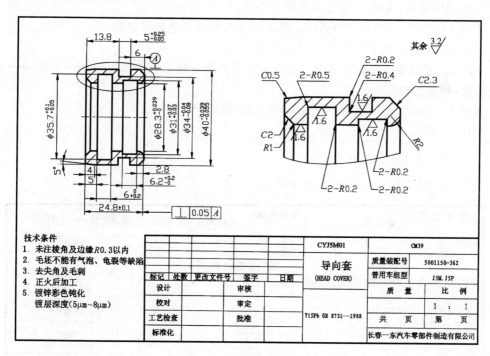

图 12.1 导向套零件图

1. 零件图工艺分析

该零件表面由内圆柱面、外圆柱面、外圆锥面及内外沟槽等组成，其中多个直径尺寸与轴向尺寸有较高的尺寸精度和表面粗糙度要求。零件图轮廓描述清楚，尺寸标注完整，符合数控加工尺寸标注要求；零件材料为易切钢（Y15Pb），加工切削性能好，表面需进行镀锌钝化处理。

2. 选择生产设备

根据被加工零件的外形、材料及批量生产等条件，选用 MJ—460 数控车床。

3. 确定零件的定位基准和装夹方式

定位基准：以坯料外圆面为工艺基准。

装夹方法：采用三爪自定心卡盘自定心夹紧。

4. 刀具选择

(1) 加工外轮廓时，选用 25×25 机夹式硬质合金外圆刀（$R0.4$）。

(2) 钻孔加工时，选用 $\phi25$ 高速钢麻花钻。

(3) 内孔加工时，选用 S20 硬质合金镗孔刀。

(4) 加工外槽时，选用宽 3mm 硬质合金外切槽刀。

(5) 加工内槽时，选用宽 3mm 硬质合金内切槽刀。

(6) 切断时，选用宽 4mm 硬质合金切断刀。

5. 制定加工方案

根据图样要求，确定工艺方案及加工路线。

工序1：备料，$\phi42$ 易切钢铸件，要求不能有气泡、龟裂等缺陷。

工序2：下料，锯床加工 $\phi42×340$ 短料。

工序3：正面加工，粗车端面→钻孔→精车内孔→精车外轮廓及端面→车外槽→车内槽→槽断（控制总长）。

工序4：反面加工，倒角 $C0.5$；倒角 $C2$；倒圆 $R1$。

工序5：镀彩锌。

6. 正面加工工序图及程序

加工工序图如图 12.2 所示，程序见表 12-1。

工件号(版本):	导向套			工序名称:	正面加工	工艺流程卡——工序单	
原材料:	易切钢	页码:	3/5	工序号:	003	版本号: 0	
夹具:	三爪卡盘	工位:	数控车床	数控程序号:	00001		
				定位点: ▽		夹紧点: ▼	
				切削液:		其他介质:	
刀具及参数设置				其他参数设置		量具清单	
序号	规 格	主轴转速	进给速度 切削深度			尺寸(号)	量具规格
01	25×25外圆车刀	2000	0.12			$40^{\ 0}_{-0.039}$	25~50外径千分尺
02	25钻头	800	0.08			$28.3^{+0.039}_{\ 0}$	18~36内径量表
03	S20镗刀	1800	0.1			$35.7^{+0.1}_{+0.05}$	数显内槽卡尺
04	25×25外槽刀	1500	0.1			$31^{+0.07}_{-0.05}$	数显内槽卡尺
05	内槽刀	500	0.06			$24.8±0.1$	0~150游标卡尺
06	切断刀	1500	0.1			$34^{-0.04}_{-0.08}$	0~150游标卡尺
						$6.2^{+0.2}_{\ 0}$	量块
						$5^{+0.25}_{+0.05}$	0~150游标卡尺
拟制:	日期:	审核:	日期:	批准:	日期:	苏州精技机电有限公司	

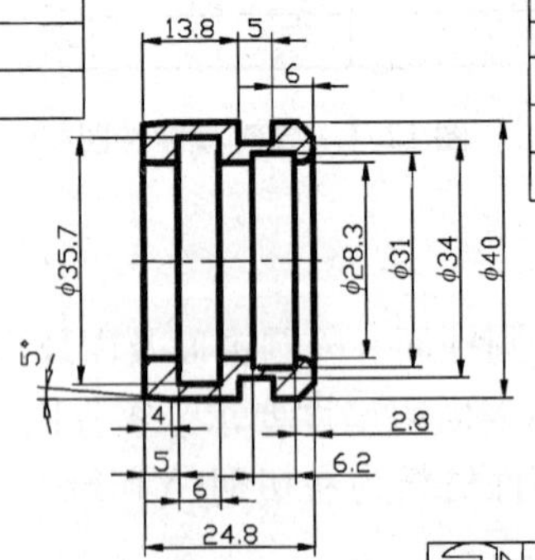

图 12.2 导向套正面加工工序图

表 12-1 正面加工程序

O0001;	Z-20.8;	Z-7.7;
T0101;（车端面）	X39.3 Z-24.8;（倒锥）	X28.25 F1;
S2000 M03;	Z-30;	Z-4.8;
G0 X43 Z5;	X42;	G2 X30.3 Z-5.8 R1 F0.06;（倒圆）
G1 Z-0.1 F2 M8;	G0 X100 Z165;	X31.07;
X25 F0.12;	M1;	Z-7.7;
X42 Z5 F3;	T0404;（切外槽）	X27 F2;
G0 X100 Z165;	G97 S1500 M3;	Z-16.9;
M1;	G0 X42 Z2 M8;	X35.7 F0.06;
T0202;（钻孔）	G1 Z-9.1 F2;	X27 F2;
S800 M3;	X34 F0.1;	Z-19.7;
G0 X0 Z2 M8;	X41 F1;	X35.7 F0.06;
G1 Z-12 F0.08;	Z-10.9 F2;	X28.25 F1;
Z2 F2;	X34 F0.1;	Z-20.8;
G1 Z-21 F0.08;	X40.3 F1;	G3 X30.3 Z-19.8 R1 F0.06;（倒圆）
Z2 F2;	Z-12;	X35.78;
Z-29 F0.08;	G2 X38.3 Z-11 R1 F0.08;（倒圆）	Z-18 F0.1;
Z2 F2;	X33.92;	X28.25 F1;
G0 X100 Z165;	Z-10 F0.1;	Z-15.8;
M1;	X40.3;	G2 X30.3 Z-16.8 R1 F0.06;（倒圆）
T0303;（车内孔）	Z-8;	X35.78;
G97 S1800 M3;	G3 X38.3 Z-9 R1 F0.08;（倒圆）	Z-17 F0.1;
G0 X25 Z2 M8;	X33.92;	X26 F2;
G1 G41 X32.5 F2;	Z-10.9 F0.1;	Z2;
Z0 F0.1;	X42 F1;	G00 X100 Z165;
X32.3;	G0 X100 Z165;	M1;
G02 X28.3 Z-2 R2 F0.06;	M1;	T0606;（割断）
G1 Z-29.1;	T0505;（切内槽）	S1500 M3;
X25;	S500 M3;	G0 X42 Z5 M8;
Z2 F5;	G0 X26 Z5 M08;	G1 Z-28.8 F2;
G40;	G1 Z-5.7 F2;	X24 F0.1;
G0 X100 Z165;	X30.95 F0.06;	X42 F2;
M1;	X27 F2;	G0 X100 Z165;
T0101;（车外轮廓）	Z-8.9;	M30;
G97 S2000 M3;	X30.95 F0.06;	
G0 X42 Z5 M8;	X28.25 F1;	
G1 X25 F0.12;（车端面）	Z-10 F0.12;	
	G3 X30.3 Z-9 R1 F0.06;（倒圆）	
X39.96 Z-2.3;（倒角）	X31.07;	

注：因刀尖圆弧影响，故实际倒圆值放大。

7. 反面加工工序图及程序

加工工序图如图 12.3 所示，程序见表 12-2。

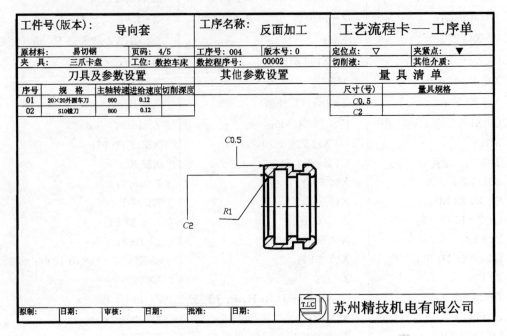

图 12.3 导向套反面加工工序图

表 12-2 反面加工程序

O0002；	G0 Z40；	G0 X32.3；
T0101；（倒角 C0.5)	T0202；（倒角 C2)	G01 Z0 F0.2；
S800 M3；	S800 M3；	X28.3 Z-2.1 F0.12；
G0 X38.34；	G0 X31；	G03 X28.3 Z-3 R1；（倒圆 R1）
Z2；	Z5；	G01 X25 F0.2；
G01 Z0.5 F0.2；	G01 Z0 F0.2；	G0 Z100；
X39.38 Z-0.52 F0.12；	X28 Z-1.5 F0.12；	M30；
X41 F0.2；	G0 Z2；	

12.2 加工中心企业生产实例

加工如图 12.4 所示的反射镜关节零件，其工艺分析、程序编制如下。

1. 零件图分析

该零件为盒类零件，材料为硬铝（LY12），切削性能比较好。整个零件上 6 个面全部要加工，装夹次数比较多，所以在选择加工基准和编程原点时要注意统一。从图纸看，零

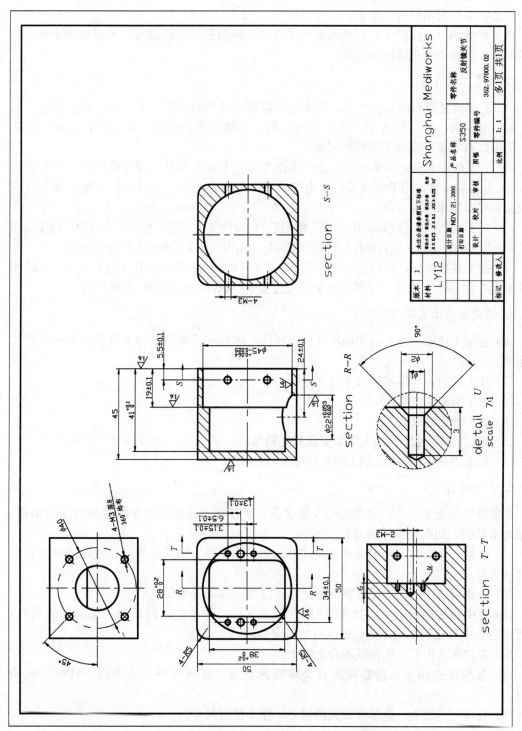

图 12.4 反射镜关节零件图

件上精度要求比较高的是两个孔(ϕ22、ϕ45)和一些孔的中心距要求。

在零件图纸上特别要注意没有标注公差的尺寸,这些尺寸的要求并不是参考我国的标准,而是要参照明细栏内的要求。

该零件的切削量比较大,容易引起切削变形,特别是加工顶面时,不容易保证ϕ45的孔的尺寸,可能会出现椭圆等现象。

2. 制定工艺方案

(1) 对于容易变形的顶面加工,采用粗、精加工分开的工艺方案,并尽可能把粗、精加工的间隔时间拉长,以实现一个时效的作用,这样虽然会增加一道工序,增加一次装夹,但可以有效地克服加工变形的问题。

(2) 为了便于装夹,在备料过程中,可以考虑一个装夹部分,即在备料时在高度方向放 5mm 左右的余量,用于装夹零件。由于该零件外形是一个六方体,所以整个加工过程可以选择平口钳来装夹零件。

(3) 对于两个要求比较高的孔,可采用粗铣、精镗的工艺方案。对于孔中心距,由于是用加工中心加工的,基本上是由机床的定位精度决定,所以在加工过程中不用过多考虑。

(4) 加工基准选择,针对此零件,把 X、Y 向的加工基准设在零件的中心,Z 向的加工基准设在零件的上表面。注意在整个加工过程中(所有的加工工序)都要一致。

3. 确定加工工艺路线

(1) 粗加工顶面,加工时外形尺寸加工到位,内形尺寸要留精加工余量。具体尺寸见工序图。

(2) 加工底面,具体加工尺寸见工序图。

(3) 加工侧面螺纹孔。

(4) 加工侧面螺纹孔。

(5) 加工前面,ϕ22 孔加工时要保证尺寸精度。

(6) 精加工顶面,ϕ45 孔加工时要保证尺寸精度。

4. 刀具选择

此零件为大批量生产,表面粗糙度要求高,所以在刀具选择时尽量选择切削效率高,使用寿命长的,切削效果好的刀具。

(1) 在加工平面时,选用镶片式面铣刀,加工效率高,加工效果好,使用寿命长,刀片更换方便。

(2) 在铣刀选用上,选择硬质合金铣刀,以提高加工效率和效果。

(3) 在中心钻选用上,选择 45°硬质合金点孔钻,除了可以提高加工效率和效果外,还可以在点中心孔的同时把孔口的倒角加工成型。

(4) 在钻头选用上,选择硬质合金钻头。

(5) 在丝锥选用上,选择硬质合金螺旋槽丝锥,排屑容易,效率高,且螺纹孔质量好。

(6) 在镗刀选用上,选择可调式精镗刀,便于控制尺寸。

5. 按工序填写工艺卡,编制加工程序

(1) 粗加工零件顶面,工序简图如图 12.5 所示。

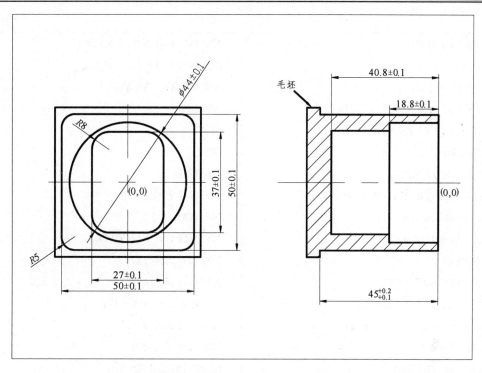

图 12.5 粗加工零件顶面工序简图

加工工艺卡见表 12-3。

表 12-3 粗加工零件顶面工艺卡

工序号	01	零件名称	反射镜关节	材料	LY12	制表	
程序号	O001	产品名称	S350	夹具	平口钳	日期	
工序内容	序号	刀具号	刀具型号		主轴转速	进给速度	
铣上表面	1	T01	φ80 镶片式盘铣刀		S2500	F400	
打预孔	2	T02	φ20 麻花钻		S600	F60	
粗铣内腔	3	T03	φ16 硬质合金立铣刀		S3000	F800	
粗铣外形	4	T03	φ16 硬质合金立铣刀		S3000	F1000	
精铣外形	5	T04	φ16 硬质合金铝专用刀		S4500	F1000	

加工程序见表 12-4。

表 12-4 粗加工零件顶面程序

O001；	N70 G01 X72；
N10 G40 G80 G90；	N80 G01 Z3 M09；
N20 M06 T01；	N90 M05；
N30 G54 G00 X-72 Y0 M03 S2500；	N100 M06 T02；
N40 G43 G00 Z50 H01 M08；	N110 G54 G00 X0 Y0 M03 S600；
N50 G00 Z5；	N120 G43 G00 Z50 H02 M08；
N60 G01 Z0 F400；	N130 G83 X0 Y0 Z-40.7 R3 Q5 F60；

（续）

N140 G80 M09；	N40 G41 G01 X22.5 Y0 D03；
N150 M05；	N50 G03 I-22.5；
N160 M06 T03；	N60 G40 G01 X0 Y0；
N170 G54 G00 X0 Y0 M03 S3000；	N70 M99；
N180 G43 G00 Z50 H03 M08；	%
N190 G00 Z3；	O202；
N200 G01 Z0 F800；	N10 G91；
N205 #13003=17；（设 D03=17）	N20 G01 Z-2；
N210 M98 P201 L10；	N30 G90；
N220 M98 P202 L11；	N40 G41 G01 X14 Y0 D03；
N230 G00 Z5；	N50 G01 X14 Y17；
N240 G00 X0 Y-38；	N60 G01 X-14 Y17；
N250 G01 Z-0.15 F1000；	N70 G01 X-14 Y-17；
N260 #13003=16.2；（设 D03=16.2）	N80 G01 X14 Y-17；
N270 M98 P203 L15；	N90 G01 X14 Y0；
N280 G00 Z50 M09；	N100 G40 G01 X0 Y0；
N290 M05；	N110 M99；
N300 M06 T04；	%
N310 G54 G00 X0 Y-38 M03 S4500；	O203；
N320 G43 G00 Z50 H04 M08；	N10 G91；
N330 G00 Z3；	N20 G01 Z-3；
N340 G01 Z-12 F1000；	N30 G90；
N350 #13003=16；（设 D03=16）	N40 G41 G01 X0 Y-25 D03；
N360 M98 P203；	N50 G01 X-20 Y-25；
N370 G01 Z-27 F1000；	N60 G02 X-25 Y-20 R5；
N380 M98 P203；	N70 G01 X-25 Y20；
N390 G01 Z-42.15 F1000；	N80 G02 X-20 Y25 R5；
N400 M98 P203；	N90 G01 X20 Y25；
N410 G00 Z50 M09；	N100 G02 X25 Y20 R5；
N420 M05；	N110 G01 X25 Y-20；
N430 M02；	N120 G02 X20 Y-25 R5；
%	N130 G01 X0 Y-25；
O201；	N140 G40 G01 X0 Y-38；
N10 G91	N150 M99；
N20 G01 Z-1.88；	%
N30 G90；	

(2) 加工零件反面,工序简图如图 12.6 所示。

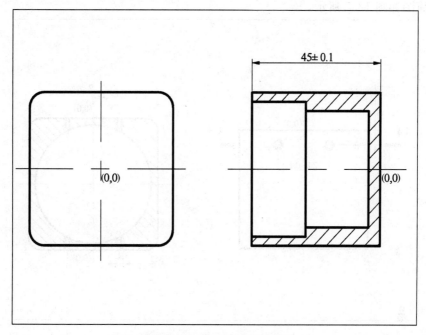

图 12.6 加工零件反面工序简图

加工工艺卡片见表 12-5。

表 12-5 加工零件反面工艺卡

工序号	02	零件名称	反射镜关节	材料	LY12	制表	
程序号	O002	产品名称	S350	夹具	平口钳	日期	
工序内容	序号	刀具号	刀具型号		主轴转速	进给速度	
粗铣反面	1	T01	φ80 镶片式盘铣刀		S2500	F400	
精铣反面	2	T01	φ80 镶片式盘铣刀		S3000	F300	

加工程序见表 12-6。

表 12-6 加工零件反面程序

O002;	N70 S3000;
N10 M06 T01;	N80 G01 X-72 Y0 F300;
N20 G54 G00 X-72 Y0 M03 S2500;	N90 G28 Z0 M09;
N30 G43 G00 Z50 H01 M08;	N100 M05;
N40 G00 Z8;	N120 M02;
N50 G01 Z0.3 F400;	%
N60 G01 X72 Y0;	

(3) 加工零件左右两侧面螺纹孔。此两侧面加工工艺、加工程序、零件装夹完全一样，工序简图如图12.7所示。

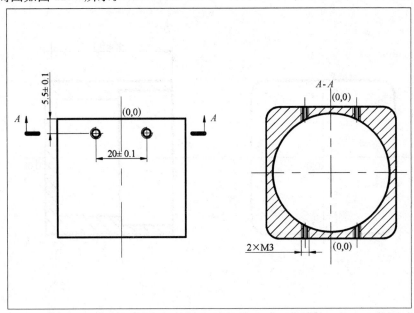

图 12.7 加工零件左右侧面工序简图

加工工艺卡片见表12-7，加工程序见表12-8。

表12-7 加工零件左右侧面工艺卡

工序号	03	零件名称	反射镜关节	材料	LY12	制表	
程序号	O003	产品名称	S350	夹具	平口钳	日期	
工序内容	序号	刀具号	刀具型号		主轴转速	进给速度	
打中心孔带倒角	1	T01	90°硬质合金点孔钻		S2500	F400	
打螺纹底孔	2	T02	φ2.4硬质合金麻花钻		S3000	F300	
攻螺纹	3	T03	M3×0.5螺旋丝锥		S2000	F1000	

表12-8 加工零件左右侧面程序

O003;	N80 M05;
N10 G40 G80 G90;	N90 M06 T02;
N20 M06 T01;	N100 G54 G00 X10 Y-5.5 M03 S3000;
N30 G54 G00 X-10 Y-5.5 M03 S2500;	N110 G43 G00 Z50 H02 M08;
N40 G43 G00 Z50 H01 M08;	N120 G83 G99 X10 Y-5.5 Z-8 R3 Q3 F300;
N50 G81 G99 X-10 Y-5.5 Z-1.6 R3 F400;	N130 G98 X-10;
N60 G98 X10;	N140 G80 M09;
N70 G80 M09;	N150 M05;

	(续)
N160 M06 T03;	N210 G80 M09;
N170 G54 G00 X-10 Y-5.5 M03 S2000;	N220 G28 Z0 M05;
N180 G43 G00 Z50 H03 M08;	N230 M02;
N190 G84 G99 X-10 Y-5.5 Z-7 R5 F1000;	%
N200 G98 X10;	

(4) 加工零件前侧面，工序简图如图 12.8 所示。

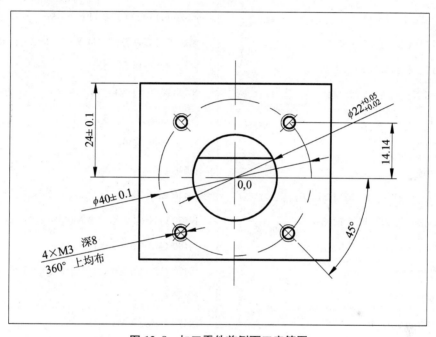

图 12.8　加工零件前侧面工序简图

加工工艺卡片见表 12-9。

表 12-9　加工零件前侧面工艺卡

工序号	04	零件名称	反射镜关节	材料	LY12	制表	
程序号	O004	产品名称	S350	夹具	平口钳	日期	
工序内容	序号	刀具号	刀具型号		主轴转速	进给速度	
打中心孔带倒角	1	T01	90°硬质合金点孔钻		S2500	F400	
打预孔	2	T02	φ14 麻花钻		S1000	F100	
粗铣 φ22 孔	3	T03	φ12 硬质合金立铣刀		S3000	F800	
打螺纹底孔	4	T04	φ2.4 硬质合金麻花钻		S3000	F300	
攻螺纹	5	T05	M3×0.5 螺旋丝锥		S2000	F1000	
精镗 φ22 孔	6	T06	可调式精镗刀		S1200	F100	

加工程序见表 12-10。

表 12-10 加工零件前侧面程序

O004；

N10 G40 G80 G90；

N20 M06 T01；

N30 G54 G00 X0 Y0 M03 S2500；

N40 G43 G00 Z50 H01 M08；

N50 G81 G99 X0 Y0 Z-1.6 R4 F400；

N60 X-14.14 Y-14.14；

N70 X14.14 Y-14.14；

N80 X14.14 Y14.14；

N90 G98 X-14.14 Y14.14；

N100 G80 M09；

N110 M05；

N120 M06 T02；

N130 G54 G00 X0 Y0 M03 S1000；

N140 G43 G00 Z50 H02 M08；

N150 G81 X0 Y0 Z-10 R3 F100；

N160 G80 M09；

N170 M05；

N180 M06 T03；

N190 G54 G00 X0 Y0 M03 S3000；

N200 G43 G00 Z50 H03 M08；

N210 G00 Z3；

N220 G01 Z0 F800；

N230 M98 P401 L4；

N240 G00 Z50 M09；

N250 M05；

N260 M06 T04；

N270 G54 G00 X-14.14 Y-14.14 M03 S3000；

N280 G43 G00 Z50 H04 M08；

N290 G83 G99 X-14.14 Y-14.14 Z-12 R3 Q3 F300；

N300 X14.14 Y-14.14；

N310 X14.14 Y14.14；

N320 G98 X-14.14 Y14.14；

N330 G80 M09；

N340 M05；

N350 M06 T05；

N360 G54 G00 X-14.14 Y-14.14 M03 S2000；

N370 G43 G00 Z50 H05 M08；

N380 G84 G99 X-14.14 Y-14.14 Z-10 R5 F1000；

N390 X14.14 Y-14.14；

N400 X14.14 Y14.14；

N410 G98 X-14.14 Y14.14；

N420 G80 M09；

N430 M05；

N440 M06 T06；

N450 G54 G00 X0 Y0 M03 S1200；

N460 G43 G00 Z50 H06 M08；

N470 G76 X0 Y0 Z-10 R3 Q0.3 F100；

N480 G80 M09；

N490 G28 Z0 M05；

N500 M02；

%

粗铣 $\phi 22$ 孔子程序

O401；

N10 G91；

N20 G01 Z-2；

N30 G90；

N40 G41 G01 X11 Y0 D03；（D03＝12.6）

N50 G03 I-11；

N60 G40 G01 X0 Y0；

N70 M99；

(5) 精加工零件顶面,工序简图如图 12.9 所示。

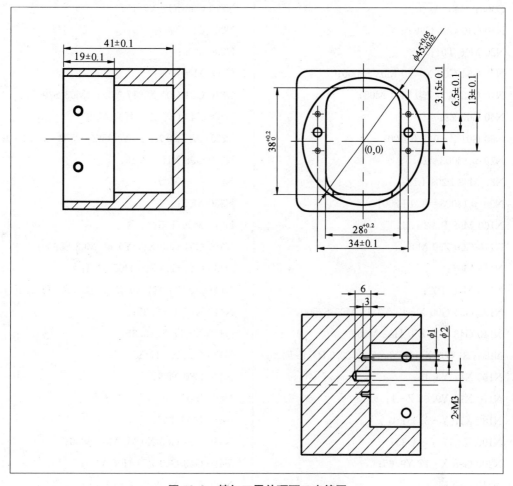

图 12.9 精加工零件顶面工序简图

加工工艺卡片见表 12-11。
加工程序见表 12-12。

表 12-11 精加工零件顶面工艺卡

工序号	05	零件名称	反射镜关节	材料	LY12	制表	
程序号	O005	产品名称	S350	夹具	平口钳	日期	
工序内容	序号	刀具号	刀具型号		主轴转速	进给速度	
粗铣 $\phi22$ 孔	1	T01	$\phi10$ 硬质合金立铣刀		S3000	F1200	
精铣腔	2	T01	$\phi10$ 硬质合金立铣刀		S3000	F800	
打中心孔带倒角	3	T02	90°硬质合金点孔钻		S2500	F400	
打螺纹底孔	4	T03	$\phi2.4$ 硬质合金麻花钻		S3000	F300	
攻螺纹	5	T04	M3×0.5 螺旋丝锥		S2000	F1000	
钻 $\phi1$ 孔	6	T05	$\phi1$ 硬质合金麻花钻		S6000	F300	
精镗 $\phi45$ 孔	7	T06	可调式精镗刀		S800	F80	

表 12-12 精加工零件顶面程序

O005；	N270 G98 X17 Y3.15；
N10 G40 G80 G90；	N280 G80 M09；
N20 M06 T01；	N290 M05；
N30 G54 G00 X0 Y0 M03 S3000；	N300 M06 T04；
N40 G43 G00 Z50 H01 M08；	N310 G54 G00 X-17 Y3.15 M03 S2000；
N50 G00 Z3；	N320 G43 G00 Z50 H04 M08；
N60 G01 Z-0.2 F1200；	N330 G84 G99 X-17 Y3.15 Z-25 R-14 F1000；
N70 #13003=10.5；	N340 G98 X17 Y3.15；
N80 M98 P201 L10；	N350 G80 M09；
N90 #13003=9.9 F800；	N360 M05；
N100 M98 P202 L11；	N370 M06 T05；
N110 G00 Z50 M09；	N380 G54 G00 X17 Y9.65 M03 S6000；
N115 M05；	N390 G43 G00 Z50 H05 M08；
N120 M06 T02；	N400 G83 G99 X17 Y9.65 Z-22.5 R-16 Q1 F300；
N130 G54 G00 X-17 Y3.15 M03 S2500；	N410 X17 Y-3.35；
N140 G43 G00 Z50 H02 M08；	N420 X-17 Y-3.35；
N150 G81 G99 X-17 Y3.15 Z-20.6 R-16 F400；	N430 G98 X-17 Y9.65；
N160 X17 Y3.15；	N440 G80 M09；
N170 X17 Y9.65 Z-1；	N450 M05；
N180 X17 Y-3.35；	N460 M06 T06；
N190 X-17 Y-3.35；	N470 G54 G00 X0 Y0 M03 S800；
N200 G98 X-17 Y9.65；	N480 G43 G00 Z50 H06 M08；
N210 G80 M09；	N490 G76 X0 Y0 Z-19 R3 Q0.3 F80；
N220 M05；	N500 G80 M09；
N230 M06 T03；	N510 G28 Z0 M05；
N240 G54 G00 X-17 Y3.15 M03 S3000；	N520 M02；
N250 G43 G00 Z50 H03 M08；	%
N260 G83 G99 X-17 Y3.15 Z-28 R-16 Q3 F300；	

12.3 习　　题

一、分析如图 12.10 所示的零件，试回答下列问题

1. 加工此零件应选用何种夹具？
2. 针对此零件，宜选用哪几个面作为定位基准？
3. 请查表，写出 $\phi 12H7$ 和 $\phi 39H7$ 两个尺寸的公差。

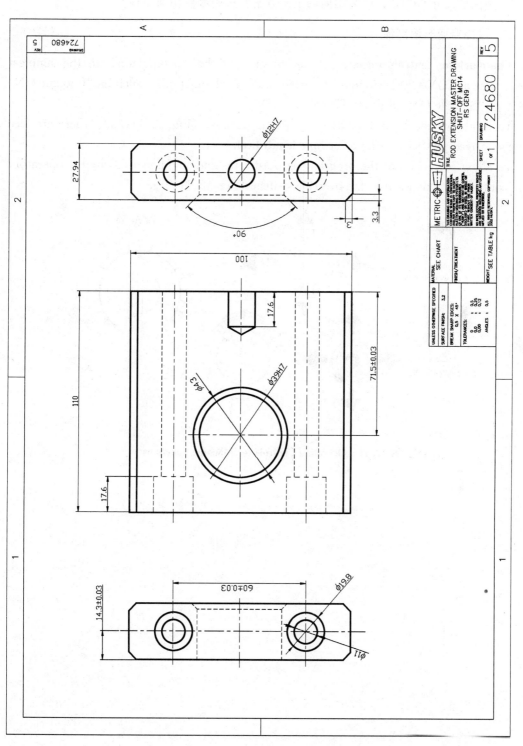

图 12.10 生产实例零件图

4. 为保证尺寸 ϕ12H7，应采用何种工艺方案？选用哪些切削刀具？

5. 为保证尺寸 ϕ39H7，应采用何种工艺方案？选用哪些切削刀具？

二、数控专业英语翻译

The **machine controls** initiate actions directly on the machine tool. In the simplest case, these are **ON/OFF switches** for certain individual functions, such as "Coolant ON/OFF" or "Spindle ON/OFF(see Fig. 12.11(a))".

To be able to move machine axes for set-up purposes(Fig. 12.11(b)), there are **feed buttons**, a **feed joystick**, or an electronic **handwheel.**

To allow correction of the programmed feed rates and spindle speeds by the operator, most control systems incorporate **override switches**(Fig. 12.11(c)).

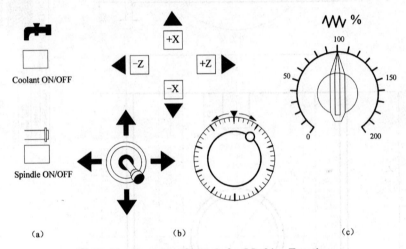

图 12.11　Operating Controls for Machine Functions

附　　录

附录 A　ISO 和 EIA 标准代码

ISO 代码孔 8 7 6 5 4　3 2 1	EIA 代码孔 8 7 6 5 4　3 2 1	代码符号	含　义
●● · ·	● · ·	0	数字 0
●●● · · ●	· ● · ●	1	数字 1
●●● · ● ·	· ● ● ·	2	数字 2
●● · ●●	● · ●●	3	数字 3
●●● · ● ·	· ● ·	4	数字 4
●● · ● · ●	● · ● · ●	5	数字 5
●● · ●● ·	● · ●●	6	数字 6
●●● · ●●●	· ●●●	7	数字 7
● ●●● ·	● · ·	8	数字 8
●●●● · ●	●● · ●	9	数字 9
● · · ●	●● · ●	A	绕着 X 坐标的角度
● · ● ·	●● ● ·	B	绕着 Y 坐标的角度
●● · ●●	· ●●	C	绕着 Z 坐标的角度
● · ●	●● · ●	D	第三进给速度功能
●● ●● ·	●● · ●●	E	第二进给速度功能
●● · ●● ·	●●● · ●●	F	进给速度功能
● · ●●●	●● · ●●●	G	准备功能
● ●● ·	●● ●● ·	H	ISO 永不指定（可作特殊用途）；EIA 输入（或引入）
●● · ● · · ●	●●●● · ●	I	ISO 沿 X 坐标圆弧起点对圆心值；EIA 不用
●● · · ● ●	●● · · ●	J	ISO 沿 Y 坐标圆弧起点对圆心值；EIA 未指定
● · ●● ● ·	●● · ● ·	K	ISO 沿 Z 坐标圆弧起点对圆心值；EIA 未指定
●● ● · ● ·	● · ●●	L	ISO 永不指定；EIA 不用
● ●● · ·	●● ● · ●	M	辅助功能

(续)

ISO 代码孔 87654 321	EIA 代码孔 87654 321	代码符号	含 义
		N	序号
		O	不用
		P	平行于 X 坐标的第三坐标
		Q	平行于 Y 坐标的第三坐标
		R	平行于 Z 坐标的第三坐标
		S	主轴转速功能
		T	刀具功能
		U	平行于 X 坐标的第二坐标
		V	平行于 Y 坐标的第二坐标
		W	平行于 Z 坐标的第二坐标
		X	X 坐标方向的主运动
		Y	Y 坐标方向的主运动
		Z	Z 坐标方向的主运动
		.	小数点
		+	加、正
		−	减、负
		∗	乘/星号
		/	省略/除
		,	逗号
		=	等号
		(	左圆括号/控制暂停
		)	右圆括号/控制恢复
		$	单元符号
		:	选择(或计划)倒带停止/对准功能
		LF 或 CR	程序段结束(EOB)
		Tab 或 HT	制表(或分隔符号)
		%/stop	ISO 程序开始/EIA 纸带倒带停止
		Delete	注销
		Space	空格
		NUL	空白报带
		BS	反绕(退格)
		EM	载体终了

附录 B　G 功能字含义

代码	中国部颁标准 JB 3208—1983 规定	日本 FANUC3MC 系统	德国 SIEMENS810 系统	美国 A-B 公司 8400MP 系统
G00	点定位	点定位	点定位	点定位
G01	直线插补	直线插补	直线插补	直线插补
G02	顺时针圆弧插补	顺时针圆弧插补	顺时针圆弧插补	顺时针圆弧插补
G03	逆时针圆弧插补	逆时针圆弧插补	逆时针圆弧插补	逆时针圆弧插补
G04	暂停	暂停	暂停	暂停
G05	不指定	—	—	圆弧相切
G06	抛物线插补	主轴插补	—	—
G07	不指定	—	—	—
G08	加速	—	—	—
G09	减速	准停，减速停	—	—
G10	不指定	设定偏置值	同步	刀具寿命内
G11~G16	不指定	—	—	刀具寿命外等
G17	XY 平面选择	XY 平面选择	—	XY 平面选择
G18	ZX 平面选择	ZX 平面选择	—	ZX 平面选择
G19	YZ 平面选择	YZ 平面选择	—	YZ 平面选择
G20	不指定	英制输入	—	直径指定
G21	不指定	米制输入	—	半径指定
G22~G26	不指定	—	—	螺旋线插补等
G27	不指定	参考点返回检验	—	外腔铣削
G28	不指定	自动返回参考点	—	—
G29	不指定	从参考点移出	—	执行最后自动循环
G30~G31	不指定	—	—	镜象设置/注销
G32	不指定	—	—	—
G33	等螺距螺纹切削	—	铣等螺距螺纹	单边螺纹切削
G34	增螺距螺纹切削	—	铣增螺距螺纹	增螺距螺纹切削
G35	减螺距螺纹切削	—	铣减螺距螺纹	减螺距螺纹切削
G36~G39	永不指定	—	—	自动螺纹加工等
G40	刀具补偿偏置注销	刀具半径补偿注销	刀具半径补偿注销	刀具补偿注销
G41	刀具补偿—左	刀具半径补偿—左	刀具半径补偿—左	刀具左补偿

(续)

代码	中国部颁标准 JB 3208—1983 规定	日本 FANUC3MC 系统	德国 SIEMENS810 系统	美国 A-B 公司 8400MP 系统
G42	刀具补偿—右	刀具半径补偿—右	刀具半径补偿—右	刀具右补偿
G43	刀具偏量—正	正向长度补偿	—	—
G44	刀具偏量—负	反向长度补偿	—	—
G45	刀具偏置+/+	—	—	夹具偏移
G46	刀具偏置+/−	—	—	双正轴暂停
G47	刀具偏置−/−	—	—	动态 Z 轴 DRO 方式
G48	刀具偏置−/+	—	—	—
G49	刀具偏置 0/+	取消长度补偿	—	—
G50	刀具偏置 0/−	—	—	M 码定义输入
G51	刀具偏置+/0	—	—	—
G52	刀具偏置−/0	—	—	—
G53	直线偏移注销	—	附加零点偏置	—
G54	直线偏移 X	—	零点偏置 1	—
G55	直线偏移 Y	—	零点偏置 2	探测限制
G56	直线偏移 Z	—	零点偏置 3	零件探测
G57	直线偏移 XY	—	零点偏置 4	圆孔探测
G58	直线偏移 XZ	—	—	刀具探测
G59	直线偏移 YZ	—	—	PAL 变量赋值
G60	准确定位 1(精)	—	准停	软件限位区域
G61	准确定位 2(精)	—	—	软件限位无效
G62	快速定位(粗)	—	—	进给速率修调禁止
G63	攻丝	—	—	—
G64	不指定	—	—	—
G65	不指定	用户宏指令命令	—	—
G66~G67	不指定	—	—	—
G68	刀具偏置,内角	—	—	—
G69	刀具偏置,外角	—	—	—
G70	不指定	—	—	英制
G71	不指定	—	—	米制
G72	不指定	—	—	零件程序放大/缩小
G73	不指定	分级进给钻削循环	—	点到点插补

(续)

代码	中国部颁标准 JB 3208—1983 规定	日本 FANUC3MC 系统	德国 SIEMENS810 系统	美国 A-B 公司 8400MP 系统
G74	不指定	反攻螺纹循环	—	工件旋转
G75~G79	不指定	—	—	型腔循环等
G80	固定循环注销	固定循环注销	固定循环注销	自动循环中止
G81~G89	固定循环	钻、攻螺纹、镗固定循环	钻、攻螺纹、镗固定循环	自动循环
G90	绝对尺寸	绝对值编程	绝对尺寸	绝对值编程
G91	增量尺寸	增量值编程	增量尺寸	增量值编程
G92	预置寄存	工件坐标系设定	主轴转速极限	设置编程零点
G93	时间倒数，进给率	—	—	—
G94	每分钟进给	每分钟进给	每分钟进给	设置旋转轴速率
G95	主轴每转进给	—	每转进给	IPR/MMPN 进给
G96	恒线速度	—	恒线速度	CCS
G97	主轴每分钟转速	—	注销 G96	RPM 编程
G98	不指定	固定循环中退到起始点	—	ACC/DEC 禁止
G99	不指定	固定循环中退到参考点	—	取消预量寄存

附录 C M 功能字含义

代码	中国部颁标准 JB 3208—1983 规定	美国辛辛那提 850 系统	日本 FANUC3MC 系统	美国 A-B 公司 8400MP 系统
M00	程序停止	程序停止	程序停止	程序停止
M01	计划停止	计划停止	选择停止	选择停止
M02	程序结束	程序结束	程序结束	程序结束
M03	主轴顺时针方向	主轴顺时针方向	主轴顺时针方向	主轴顺时针方向
M04	主轴逆时针方向	主轴逆时针方向	主轴逆时针方向	主轴逆时针方向
M05	主轴停止	主轴停止	主轴停止	主轴停止
M06	换刀	换刀	—	换刀
M07	2 号冷切削液开	2 号切削液开	—	雾冷
M08	1 号冷切削液开	1 号切削液开	冷却液开	液冷
M09	切削液关	切削液关	冷却液关	冷却液停
M10	夹紧	—	—	夹紧
M11	松开	—	—	松开
M12	不指定	—	—	用户选通脉冲输出
M13	主轴正转,切削液开	主轴正转,切削液开	—	主轴正转,切削液开
M14	主轴逆转,切削液开	主轴逆转,切削液开	—	主轴逆转,切削液开
M15	正(方向)运动	—	—	主轴制动开
M16	负(方向)运动	—	—	主轴制动关
M17	不指定	主轴正转,2 号切削液开	排屑器起动	标准主轴
M18	不指定	主轴逆转,2 号切削液开	排屑器停止	主轴作为 C 轴
M19	主轴定向停止	—	—	主轴定向停止
M20	不指定	—	—	夹紧松
M21	不指定	—	误差检测通,尖角	夹紧紧
M22	不指定	—	误差检测关,圆角	刀套缩起
M23	永不指定	—	倒角	刀套出
M24	永不指定	主轴正转,主轴孔冷却	倒角解除	刀具交换指令
M25	永不指定	主轴逆转,主轴孔冷却	—	刀具交换指令
M26~M27	永不指定	—	—	—
M28	永不指定	—	—	低速齿轮
M29	永不指定	第三切削液开	主轴速度一致检出	高速齿轮

(续)

代码	中国部颁标准 JB 3208—1983 规定	美国辛辛那提 850 系统	日本 FANUC3MC 系统	美国 A-B 公司 8400MP 系统
M30	纸带结束	子程序结束	穿孔带结束	程序结束
M31	互锁解除	—	进给修调取消	长响应输出
M32	不指定	当前子程序结束	进给修调恢复	长响应输出
M33~M34	不指定	—	—	长响应输出
M35	不指定	—	—	用户选通脉冲输出
M36	进给范围 1	—	—	用户选通脉冲输出
M37	进给范围 2	—	主轴低速范围	用户选通脉冲输出
M38	主轴速度范围 1	—	主轴中速范围	用户选通脉冲输出
M39	主轴速度范围 2	—	主轴高速范围	用户选存信号输出
M40	可作齿轮换挡	—	—	用户选存信号输出
M41	可作齿轮换挡	—	—	齿轮 1 驱动
M42	可作齿轮换挡	—	—	齿轮 2 驱动
M43	可作齿轮换挡	—	—	齿轮 3 驱动
M44	可作齿轮换挡	—	—	齿轮 4 驱动
M45	可作齿轮换挡	—	—	用户选存信号输出
M46	不指定	—	—	用户选存信号输出
M47	不指定	—	—	计数复位
M48	注销 M49	—	—	向上定时
M49	进给率修正旁路	—	—	向下计量
M50	3 号切削液开	—	—	条件分开
M51	4 号切削液开	—	—	—
M52~M54	不指定	—	—	—
M55	刀具直线位移,位置 1	—	—	—
M56	刀具直线位移,位置 2	—	—	—
M57	不指定	—	卡盘闭	—
M58	不指定	—	卡盘开	终止 M59
M59	不指定	—	—	经由 CSS 修改
M60	不指定	—	—	普通响应标志
M61	工件直线位移,位置 1	—	—	普通响应标志
M62	工件直线位移,位置 2	—	—	普通响应标志
M63	不指定	—	—	普通响应标志

(续)

代码	中国部颁标准 JB 3208—1983 规定	美国辛辛那提 850 系统	日本 FANUC3MC 系统	美国 A-B 公司 8400MP 系统
M64	不指定	—	—	普通长响应标志
M65	不指定	—	刀头确认	普通长响应标志
M66	不指定	—	刀台回转禁止	普通长响应标志
M67	不指定	—	刀台回转允许	普通长响应标志
M68~M69	不指定	—	—	普通选通标志
M70	不指定	选择 M 功能	刀检空气吹扫	普通选通标志
M71	工件角度位移,位置 1	选择 M 功能	—	普通选通标志
M72	工件角度位移,位置 2	选择 M 功能	—	普通锁存标志
M73~M79	不指定	选择 M 功能	—	普通锁存标志
M80	不指定	选择 M 功能	第一刀具组跳读	—
M81	不指定	选择 M 功能	第二刀具组跳读	—
M82	不指定	选择 M 功能	第三刀具组跳读	—
M83	不指定	选择 M 功能	第四刀具组跳读	—
M84	不指定	选择 M 功能	第五刀具组跳读	—
M85	不指定	选择 M 功能	—	—
M86	不指定	选择 M 功能	机外计测:内径	—
M87	不指定	选择 M 功能	机外计测:外径	—
M88~M89	不指定	选择 M 功能	—	—
M90~M91	永不指定	—	—	—
M92	永不指定	—	外部输入刀具补偿	—
M93	永不指定	—	外部输入刀具补偿	—
M94~M97	永不指定	—	—	—
M98	永不指定	—	子程序调出	—
M99	永不指定	—	返回主程序	—

附录 D　数控车床安全操作规程

序号	操作步骤与内容	注　意　事　项
1	开机前	对数控车床进行全面细致的检查，包括操作面板、导轨面、卡爪、尾座、刀架、刀具、润滑油、空气压力等，确认无误后方可操作
2	启动机床、回零操作	各坐标轴回机械原点，低速运转5分钟，确认机械、刀具、夹具、工件、数控参数等正确无误后，方能开始正常工作
3	程序输入	仔细核对代码、地址、数值、正负号、小数点及语法。装工件前，空运行一次程序，看程序能否顺利运行，刀具和夹具安装是否合理，有无超程现象
4	试切对刀	严格按操作流程进行，正确测量和计算工件坐标系
5	自动循环加工	关好防护拉门，在主轴旋转或进行手动操作时，一定要使自己的身体和衣物远离旋转及运动部件，以免将衣物卷入造成事故
6	手动换刀	注意刀塔转动及刀具安装位置，身体和头部要远离刀具回转部位，以免碰伤
7	工件装夹	夹紧可靠，以免工件飞出造成事故。完成装夹后，要注意将卡盘扳手及其他调整工具取出拿开，以免主轴旋转后甩出造成事故
8	停车处理	操作中出现工件跳动、打抖、异常声音、夹具松动等异常情况，应立即停车进行处理
9	急停后重启	紧急停车后，应重新进行机床"回零"操作，才能再次运行程序
10	工作完毕	将机床导轨、工作台擦干净，并认真填写工作日志

附录 E　加工中心安全操作规程

序号	操作步骤与内容	注 意 事 项
1	机床通电	检查各开关、按键是否正常、灵活,机床有无异常现象;检查电压、气压、油压是否正常,有手动润滑的部位要先进行手动润滑
2	手动回零	各坐标轴回机械原点,机床空运转15分钟以上,使机床达到热平衡状态
3	工作台回转	台面上、护罩上、导轨上不得有异物
4	程序输入	认真核对,保证无误
5	夹具安装	按工艺规程安装、找正夹具
6	工件坐标系设定	正确测量和计算工件坐标系,将工件坐标系输入到机床,认真核对
7	空运行	未装工件前,空运行,看程序能否顺利执行,刀具长度选取和夹具安装是否合理,有无超程现象
8	刀具补偿值输入	要对刀补号、补偿值、正负号、小数点进行认真核对
9	检查工装	注意螺钉压板、工件是否妨碍刀具运动
10	检查刀具	检查各刀头的安装方向及各刀具旋转方向是否符合程序要求;检查各刀具形状和尺寸是否符合加工工艺要求,是否碰撞工件和夹具;检查每把刀柄在主轴孔中是否都能拉紧
11	试切	加工第一件必须对照图纸、工艺规程和刀具调整卡,进行逐把刀具、逐段程序的试切。试切时,快速进给和切削进给速度倍率开关必须打到低挡。试切进刀时,在刀具运行至工件表面 30~50mm 处,必须在进给保持下,验证 Z 轴剩余坐标值和 X、Y 轴坐标值与程序数据是否一致
12	观察显示屏	在程序运行中,要重点观察显示屏上的坐标显示,工作寄存器和缓冲寄存器显示,主程序和子程序显示
13	刀具补偿值修改	对一些有试切要求的刀具,采用"渐进"的方法,如镗孔,可先试镗一小段,检查合格后,再继续加工。使用刀具半径补偿功能时,可边试切边修改补偿值。刃磨刀具和更换刀具后,要重新测量刀长并修改刀补值和刀补号
14	程序检索	注意光标位置是否正确,并观察刀具与机床运动方向坐标是否正确
15	程序修改	对修改部分一定要仔细核对
16	手动连续进给	必须先检查各种开关所选择的位置是否正确,弄清正负方向,认准按键,然后再进行操作
17	加工完毕	核对刀具号、刀补值,加工程序、刀具补偿应与调整卡及工艺规程中的内容完全一致
18	卸刀	从刀库中卸下刀具,按调整卡或加工程序,清理编号入库
19	资料入库	加工程序、工艺规程、刀具调整卡整理入库
20	清理	卸下夹具,清理机床

附录 F 数控机床的维护与保养

序号	检查周期	检查部位	维护要求
1	每天	导轨润滑油箱	检查油量，及时添加润滑油，润滑油泵应能定时启动、打油及停止
2	每天	X、Y、Z 及回转轴导轨	清除导轨面上的切屑及脏物，导轨润滑油应充分，导轨面上有无滑伤及锈斑
3	每天	压缩空气气源	气源供气压力保持在正常范围
4	每天	气源自动分水滤气器和自动空气干燥器	及时清理分水器中滤出的水分，保证空气干燥器能正常工作
5	每天	气液转换器和增压器	检查存油面高度并及时补油
6	每天	主轴润滑恒温油箱	恒温油箱正常工作，油量充足，温度范围合适
7	每天	机床液压系统	油箱、油泵无异常噪声，压力表指示压力值正常，油箱工作油面在允许的范围内，各管接头无泄漏和明显振动
8	每天	主轴箱液压平衡系统	平衡油路无泄漏，平衡压力指示正常，主轴箱快速移动时平衡阀工作正常
9	每天	电气柜及散热通风装置	进气排气扇工作正常，风道过滤网无堵塞，冷却散热片通风正常
10	每天	各防护装置	导轨、机床防护罩应动作灵敏而无漏水，刀库防护栏杆、机床工作区防护栏、检查门开关动作正常
11	每周	电气柜过滤网	清洗尘土
12	半年	滚珠丝杠螺母副	清洗丝杠上旧的润滑油脂，涂上新的油脂，清洗螺母两端的防尘网
13	半年	液压油路	清洗溢流阀、减压阀、滤油器、油箱箱底，更换或过滤液压油
14	每年	直流伺服电动机碳刷	用酒精清除碳刷窝内和整流子上碳粉，去毛刺，更换长度过短的碳刷，并应跑合后才能正常使用
15	每年	润滑油泵和过滤器	清理润滑油箱池底，更换滤油器
16	不定期	导轨镶条，压紧滚轮	按机床说明书规定调整
17	不定期	冷却水箱	检查水箱液面高度，冷却液太脏时需更换并清洗水箱底部
18	不定期	排屑器	经常清理切屑，避免卡位现象
19	不定期	废油池	及时取走废油池中废油，以免外溢
20	不定期	主轴皮带	按机床说明书要求，调整皮带的松紧程度

参 考 文 献

[1] BEIJING - FANUC 0i - MB 操作说明书. 2003.
[2] SIEMENS SINUMERIK 802D 操作编程. 2003.
[3] [美] 托马斯 M·克兰德尔. 数控加工与编程. 北京：化学工业出版社，2005.
[4] [美] 彼得·斯密德. 数控编程手册. 北京：化学工业出版社，2006.
[5] 杨继昌，李金伴. 数控技术基础. 北京：化学工业出版社，2005.
[6] 王洪. 数控加工程序编制. 北京：机械工业出版社，2006.
[7] 韩鸿鸾，宋维芝. 数控机床加工程序的编制. 北京：机械工业出版社，2004.
[8] 尹玉珍. 数控车削编程与考级. 北京：化学工业出版社，2007.
[9] 尤光涛. 数控铣削编程与考级. 北京：化学工业出版社，2007.
[10] 陈志雄. 数控机床与数控编程技术. 北京：电子工业出版社，2007.
[11] 周旭. 数控机床实用技术. 北京：国防工业出版社，2006.
[12] 黄翔，李迎光. 数控编程理论、技术与应用. 北京：清华大学出版社，2006.
[13] 顾京. 数控机床加工程序编制. 北京：机械工业出版社，2003.
[14] HANSER FACHBUCHVERLAG, Practical CNC-Training for Planning and Shop. 1990.

北京大学出版社高职高专机电系列规划教材

序号	书号	书名	编著者	定价	出版日期
1	978-7-301-12181-8	自动控制原理与应用	梁南丁	23.00	2012.1 第 3 次印刷
2	978-7-5038-4869-8	设备状态监测与故障诊断技术	林英志	22.00	2013.2 第 4 次印刷
3	978-7-301-13262-3	实用数控编程与操作	钱东东	32.00	2013.8 第 4 次印刷
4	978-7-301-13383-5	机械专业英语图解教程	朱派龙	22.00	2013.1 第 5 次印刷
5	978-7-301-13582-2	液压与气压传动技术	袁 广	24.00	2013.8 第 5 次印刷
6	978-7-301-13662-1	机械制造技术	宁广庆	42.00	2010.11 第 2 次印刷
7	978-7-301-13574-7	机械制造基础	徐从清	32.00	2012.7 第 3 次印刷
8	978-7-301-13653-9	工程力学	武昭晖	25.00	2011.2 第 3 次印刷
9	978-7-301-13652-2	金工实训	柴增田	22.00	2013.1 第 4 次印刷
10	978-7-301-14470-1	数控编程与操作	刘瑞已	29.00	2011.2 第 2 次印刷
11	978-7-301-13651-5	金属工艺学	柴增田	27.00	2011.6 第 2 次印刷
12	978-7-301-12389-8	电机与拖动	梁南丁	32.00	2011.12 第 2 次印刷
13	978-7-301-13659-1	CAD/CAM 实体造型教程与实训 (Pro/ENGINEER 版)	诸小丽	38.00	2012.1 第 3 次印刷
14	978-7-301-13656-0	机械设计基础	时忠明	25.00	2012.7 第 3 次印刷
15	978-7-301-17122-6	AutoCAD 机械绘图项目教程	张海鹏	36.00	2011.10 第 2 次印刷
16	978-7-301-17148-6	普通机床零件加工	杨雪青	26.00	2010.6
17	978-7-301-17398-5	数控加工技术项目教程	李东君	48.00	2010.8
18	978-7-301-17573-6	AutoCAD 机械绘图基础教程	王长忠	32.00	2013.8 第 2 次印刷
19	978-7-301-17557-6	CAD/CAM 数控编程项目教程(UG 版)	慕 灿	45.00	2012.4 第 2 次印刷
20	978-7-301-17609-2	液压传动	龚肖新	22.00	2010.8
21	978-7-301-17679-5	机械零件数控加工	李 文	38.00	2010.8
22	978-7-301-17608-5	机械加工工艺编制	于爱武	45.00	2012.2 第 2 次印刷
23	978-7-301-17707-5	零件加工信息分析	谢 蕾	46.00	2010.8
24	978-7-301-18357-1	机械制图	徐连孝	27.00	2012.9 第 2 次印刷
25	978-7-301-18143-0	机械制图习题集	徐连孝	20.00	2011.1
26	978-7-301-18470-7	传感器检测技术及应用	王晓敏	35.00	2012.7 第 2 次印刷
27	978-7-301-18471-4	冲压工艺与模具设计	张 芳	39.00	2011.3
28	978-7-301-18852-1	机电专业英语	戴正阳	28.00	2011.5
29	978-7-301-19272-6	电气控制与 PLC 程序设计(松下系列)	姜秀玲	36.00	2011.8
30	978-7-301-19297-9	机械制造工艺及夹具设计	徐 勇	28.00	2011.8
31	978-7-301-19319-8	电力系统自动装置	王 伟	24.00	2011.8
32	978-7-301-19374-7	公差配合与技术测量	庄佃霞	26.00	2013.8 第 2 次印刷
33	978-7-301-19436-2	公差与测量技术	余 键	25.00	2011.9
34	978-7-301-19010-4	AutoCAD 机械绘图基础教程与实训(第 2 版)	欧阳全会	36.00	2013.1 第 2 次印刷
35	978-7-301-19638-0	电气控制与 PLC 应用技术	郭 燕	24.00	2012.1
36	978-7-301-19933-6	冷冲压工艺与模具设计	刘洪贤	32.00	2012.1
37	978-7-301-20002-5	数控机床故障诊断与维修	陈学军	38.00	2012.1
38	978-7-301-20312-5	数控编程与加工项目教程	周晓宏	42.00	2012.3
39	978-7-301-20414-6	Pro/ENGINEER Wildfire 产品设计项目教程	罗 武	31.00	2012.5
40	978-7-301-15692-6	机械制图	吴百中	26.00	2012.7 第 2 次印刷
41	978-7-301-20945-5	数控铣削技术	陈晓罗	42.00	2012.7
42	978-7-301-21053-6	数控车削技术	王军红	28.00	2012.8
43	978-7-301-21119-9	数控机床及其维护	黄应勇	38.00	2012.8
44	978-7-301-20752-9	液压传动与气动技术(第 2 版)	曹建东	40.00	2012.8
45	978-7-301-18630-5	电机与电力拖动	孙英伟	33.00	2011.3
46	978-7-301-16448-8	Pro/ENGINEER Wildfire 设计实训教程	吴志清	38.00	2012.8
47	978-7-301-21293-4	自动生产线安装与调试实训教程	周 洋	30.00	2012.9
48	978-7-301-21269-1	电机控制与实践	徐 锋	34.00	2012.9
49	978-7-301-16770-0	电机拖动与应用实训教程	任娟平	36.00	2012.11
50	978-7-301-20654-6	自动生产线调试与维护	吴有明	28.00	2013.1
51	978-7-301-21988-2	普通机床的检修与维护	宋亚林	33.00	2013.1
52	978-7-301-21873-0	CAD/CAM 数控编程项目教程(CAXA 版)	刘玉春	42.00	2013.3
53	978-7-301-22315-4	低压电气控制安装与调试实训教程	张 郭	24.00	2013.4
54	978-7-301-19848-3	机械制造综合设计及实训	裴俊彦	37.00	2013.4
55	978-7-301-22632-2	机床电气控制与维修	崔兴艳	28.00	2013.7
56	978-7-301-22672-8	机电设备控制基础	王本轶	32.00	2013.7
57	978-7-301-22678-0	模具专业英语图解教程	李东君	22.00	2013.7
58	978-7-301-22917-0	机床电气控制与 PLC 技术	林盛昌	36.00	2013.8

北京大学出版社高职高专电子信息系列规划教材

序号	书号	书名	编著者	定价	出版日期
1	978-7-301-12180-1	单片机开发应用技术	李国兴	21.00	2010.9 第 2 次印刷
2	978-7-301-12386-7	高频电子线路	李福勤	20.00	2013.8 第 3 次印刷
3	978-7-301-12384-3	电路分析基础	徐锋	22.00	2010.3 第 2 次印刷
4	978-7-301-13572-3	模拟电子技术及应用	刁修睦	28.00	2012.8 第 3 次印刷
5	978-7-301-12390-4	电力电子技术	梁南丁	29.00	2010.7 第 2 次印刷
6	978-7-301-12383-6	电气控制与PLC(西门子系列)	李伟	26.00	2012.3 第 2 次印刷
7	978-7-301-12387-4	电子线路 CAD	殷庆纵	28.00	2012.7 第 4 次印刷
8	978-7-301-12382-9	电气控制及 PLC 应用(三菱系列)	华满香	24.00	2012.5 第 2 次印刷
9	978-7-301-16898-1	单片机设计应用与仿真	陆旭明	26.00	2012.4 第 2 次印刷
10	978-7-301-16830-1	维修电工技能与实训	陈学平	37.00	2010.7
11	978-7-301-17324-4	电机控制与应用	魏润仙	34.00	2010.8
12	978-7-301-17569-9	电工电子技术项目教程	杨德明	32.00	2012.4 第 2 次印刷
13	978-7-301-17696-2	模拟电子技术	蒋然	35.00	2010.8
14	978-7-301-17712-9	电子技术应用项目式教程	王志伟	32.00	2012.7 第 2 次印刷
15	978-7-301-17730-3	电力电子技术	崔红	23.00	2010.9
16	978-7-301-17877-5	电子信息专业英语	高金玉	26.00	2011.11 第 2 次印刷
17	978-7-301-17958-1	单片机开发入门及应用实例	熊华波	30.00	2011.1
18	978-7-301-18188-1	可编程控制器应用技术项目教程(西门子)	崔维群	38.00	2013.6 第 2 次印刷
19	978-7-301-18322-9	电子 EDA 技术(Multisim)	刘训非	30.00	2012.7 第 2 次印刷
20	978-7-301-18144-7	数字电子技术项目教程	冯泽虎	28.00	2011.1
21	978-7-301-18519-3	电工技术应用	孙建领	26.00	2011.3
22	978-7-301-18770-8	电机应用技术	郭宝宁	33.00	2011.5
23	978-7-301-18520-9	电子线路分析与应用	梁玉国	34.00	2011.7
24	978-7-301-18622-0	PLC 与变频器控制系统设计与调试	姜永华	34.00	2011.6
25	978-7-301-19310-5	PCB 板的设计与制作	夏淑丽	33.00	2011.8
26	978-7-301-19326-6	综合电子设计与实践	钱卫钧	25.00	2013.8 第 2 次印刷
27	978-7-301-19302-0	基于汇编语言的单片机仿真教程与实训	张秀国	32.00	2011.8
28	978-7-301-19153-8	数字电子技术与应用	宋雪臣	33.00	2011.9
29	978-7-301-19525-3	电工电子技术	倪涛	38.00	2011.9
30	978-7-301-19953-4	电子技术项目教程	徐超明	38.00	2012.1
31	978-7-301-20000-1	单片机应用技术教程	罗国荣	40.00	2012.2
32	978-7-301-20009-4	数字逻辑与微机原理	宋振辉	49.00	2012.1
33	978-7-301-20706-2	高频电子技术	朱小祥	32.00	2012.6
34	978-7-301-21055-0	单片机应用项目化教程	顾亚文	32.00	2012.8
35	978-7-301-17489-0	单片机原理及应用	陈高锋	32.00	2012.9
36	978-7-301-21147-2	Protel 99 SE 印制电路板设计案例教程	王静	35.00	2012.8
37	978-7-301-19639-7	电路分析基础(第 2 版)	张丽萍	25.00	2012.9
38	978-7-301-22362-8	电子产品组装与调试实训教程	何杰	28.00	2013.6
39	978-7-301-22546-2	电工技能实训教程	韩亚军	22.00	2013.6
40	978-7-301-22390-1	单片机开发与实践教程	宋玲玲	24.00	2013.6
41	978-7-301-14453-4	EDA 技术与 VHDL	宋振辉	28.00	2013.8 第 2 次印刷

相关教学资源如电子课件、电子教材、习题答案等可以登录 www.pup6.com 下载或在线阅读。

扑六知识网(www.pup6.com)有海量的相关教学资源和电子教材供阅读与下载(包括北京大学出版社第六事业部的相关资源),同时欢迎您将教学课件、视频、教案、素材、习题、试卷、辅导材料、课改成果、设计作品、论文等教学资源上传到 pup6.com,与全国高校师生分享您的教学成就与经验,并可自由设定价格,知识也能创造财富。具体情况请登录网站查询。

如您需要免费纸质样书用于教学,欢迎登录第六事业部门户网(www.pup6.cn)填表申请,并欢迎在线登记选题以到北京大学出版社来出版您的大作,也可下载相关表格填写后发到我们的邮箱,我们将及时与您取得联系并做好全方位的服务。

扑六知识网将打造成全国最大的教育资源共享平台,欢迎您的加入——让知识有价值,让教学无界限,让学习更轻松。

联系方式: 010-62750667, yongjian3000@163.com, linzhangbo@126.com, 欢迎来电来信。